U0181716

〃赵　洋〃

中国科技馆研究员，科技史博士。从事科学教育活动开发、科普展览设计、科技馆体系研究等工作，创设“华夏科技学堂”系列教育活动，参与中国科技馆新馆内容设计，担任“做一天马可·波罗：发现丝绸之路的智慧”“中国手工造纸的技·艺”“中国互联网 20 年”等大型展览策展人。参与编制《全民科学素质行动规划纲要（2021—2035 年）》《现代科技馆体系发展“十四五”规划（2021—2025 年）》。

图书代表作有《华夏之光——中国古代天文》《丝绸之路儿童历史百科绘本》《太空将来时》《航天巴士》《简说航天》《简说天文学》等。

〃袁　辉〃

中国科技馆古代科技展览部讲师，负责组织“华夏科技学堂”品牌教育活动的策划及实施，主要以古代科技展示资源为依托，面向青少年普及古代科技成就。曾参与“解密编钟——‘华夏科技学堂’主题教育活动开发”“中国古代科技展示教育资源调研”等多项课题研究，曾参与编写图书《华夏之光——中国古代科技史话》《体验科学 中国科学技术馆化学实践课》等。

妙手神工

赵洋 主编
袁辉 副主编

天地出版社 | TIANDI PRESS

图书在版编目（CIP）数据

妙手神工：给孩子的中国古代科技大百科 / 赵洋主编. —成都：天地出版社，2022.8

ISBN 978-7-5455-7039-7

Ⅰ.①妙… Ⅱ.①赵… Ⅲ.①技术史—中国—古代—青少年读物 Ⅳ.①N092-49

中国版本图书馆CIP数据核字（2022）第055363号

MIAOSHOU SHENGONG: GEI HAIZI DE ZHONGGUO GUDAI KEJI DA BAIKE

妙手神工：给孩子的中国古代科技大百科

出 品 人	杨 政	**责任编辑**	王 倩 刘静静 刘桐卓
主 编	赵 洋	**美术编辑**	曹 玲 苏 玥 卫萌倩
副 主 编	袁 辉	**插 画**	闫 威 秦 卓
总 策 划	戴迪玲	**营销编辑**	陈 忠 魏 武
特约策划	周 博 张国辰	**责任印制**	刘 元

出版发行 天地出版社

（成都市锦江区三色路 238 号 邮政编码：610023）

（北京市方庄芳群园3区3号 邮政编码：100078）

网 址 http://www.tiandiph.com

电子邮箱 tianditg@163.com

经 销 新华文轩出版传媒股份有限公司

印 刷 北京中科印刷有限公司

版 次 2022年8月第1版

印 次 2022年8月第1次印刷

开 本 880mm×1230mm 1/16

印 张 18

字 数 290千字

定 价 168.00元

书 号 ISBN 978-7-5455-7039-7

咨询电话：(028) 86361282（总编室）

购书热线：(010) 67693207（营销中心）

推荐序

传承是发展的基础

中国古代科学技术史、科技馆、科技教育，这可以说是此书涉及的几个关键词。这几个关键词之间，显然也存在着密切的关联。

2021年，在由国务院印发的《全民科学素质行动规划纲要（2021—2035年）》中专门提到，要“提升基础教育阶段科学教育水平。引导变革教学方式，倡导启发式、探究式、开放式教学，保护学生好奇心，激发求知欲和想象力”。而且，在涉及科技馆和科学教育的部分，也明确提出：“创新现代科技馆体系。推动科技馆与博物馆、文化馆等融合共享，构建服务科学文化素质提升的现代科技馆体系。加强实体科技馆建设，开展科普展教品创新研发，打造科学家精神教育基地、前沿科技体验基地、公共安全健康教育基地和科学教育资源汇集平台，提升科技馆服务功能。推进数字科技馆建设，统筹流动科技馆、科普大篷车、农村中学科技馆建设，探索多元主体参与的运行机制和模式，提高服务质量和能力。”“建立校内外科学教育资源有效衔接机制。实施馆校合作行动，引导中小学充分利用科技馆、博物馆、科普教育基地等科普场所广泛开展各类学习实践活动。”

在2022年教育部颁布的《义务教育科学课程标准（2022年版）》中，强调要培养学生的核心素养，在科学课程的核心素养中，首位的就是科学观念。“科学观念既包括科学、技术与工程领域的一些具体观念，如对物质、能量、结构、功能、变化的认识；也包括对科学本质的认识，如对科学知识的可验证性、相对性、暂时性的认识，对人与自然关系的认识，以及对科学、技术、社会、环境之间关系的认识。”

从以上两份涉及科学教育的文件的要求中，我们可以看到，学校和科技馆都是负责开展科学教育的重要机构。在科学教育对核心素养的培养要求中，了解科学本质是重要的目标之一，而科学本质又包括了对科学、技术、社会、环境之间关系的认识。要达到这样的学习目标，科学技术史是不可缺少的重要学习内容。这也正如《义务教育科学课程标准》中具体要求的："合理选择科技史素材。教材要结合科学探究和实践活动，合理选择科技发展史中具有深远影响的重大事件、经典实验、重要理论和思想、代表性人物，以及中国古代和近现代科技成就，让学生理解科学本质，体会科学思想，学会科学方法，形成科学态度。"

其实，学习科学技术史，特别是学习中国古代科学技术史，仅仅依靠教材，仅凭在学校课堂上有限的时间，显然是不足以达到理想的效果和目标的。对于科学技术史的教育，科技馆本应是重要的学习场所之一，但毕竟直接到科技馆去参观和学习还不是每个青少年都能方便做到的。而这本由中国科技馆以其"华夏之光"展区内容为蓝本，为广大青少年打造的《妙手神工：给孩子的中国古代科技大百科》一书，则以权威的编写，图文并茂、生动有趣地介绍了中华文明在数千年的时间跨度上，200 多项科技发明与创造，这些内容大大地补充了普通科学课程教材和在校学习的内容，可以让小读者更系统、更全面地了解中国古代科学技术史，也更好地理解中华文明的历史，这与当下的教育理念是非常一致的。当然，近年来在各种考试中经常出现的科学技术史相关题目，应考的需要或许也可以成为学生阅读此书的动力之一。尤其是，作为课外读物，此书让青少年的科学技术史教育能够不仅只限于学校和科技馆，而是让家庭也成为对青少年进行科学教育的更方便的学习场所。

教育，是为了促进人的发展和社会的发展，但发展并非凭空而来。学史使人明智，有助于素养的培养；学史是为了传承，而传承则是发展的重要基础。有传承根基的发展才是真正有价值的发展。

因而，我愿意向广大青少年和他们的家长推荐这本优秀的中国古代科学技术史读物，希望它能为青少年未来发展奠定良好的文化基础。

中国图书评论学会副会长、
中国科协－清华大学科技传播与普及研究中心主任、
清华大学科学史系教授

刘兵

2022 年 5 月 25 日于清华园荷清苑

前言

中国古代科技的成就是人类的一笔宝贵财富。

古人喜欢探索各种问题，在天文、地理、数学等方面取得了不同凡响的成果。他们用自己的智慧，创造了“四大发明”，为人类文明史写下浓墨重彩的一笔。

如今，这些智慧结晶有些已经消失在历史长河中，而更多的，则在历经漫长岁月之后，经过演变和革新，焕发出了新的光彩。

我们为什么要学习古代的科学技术？其实，了解古人的科学思想，能够为我们学习现代科学知识打下基础，也能够让我们更加深刻地体会到中华民族传统文化的伟大。

为了让更多的观众走近并了解中国古代科技，自2016年起，中国科学技术馆精心策划并开展了“华夏科技学堂”系列活动。活动秉承“体验科学、启迪创新”的科普理念，以中国古代科学技术和部分非物质文化遗产为主要教学资源，以少年儿童为主要教育对象，以展厅展品为依托，采用了探究式学习方法，让观众在学中做，在做中学，能够更好地感知中华民族传统文化的博大精深、中国古人的科学精神。

我们从“华夏科技学堂”已开展的近百个教育活动中精选三十个主题编撰了本书。本书主编为赵洋，副主编为袁辉。篇目作者均为在中国科学技术馆从事课程研发与教学的辅导教师。本书第二、六、十一、十三、十九、二十三章由马若涵撰写；第七、十五、十六、二十六章由张梓雍撰写；第一、五、十四、十七章由何海芳撰写；第八、十、二十一、二十七章由戴天心撰写；第四、十八、二十五章由张文娟撰写；第三、二十、二十八章由王晰玉撰写；第十二、二十九章由王立强撰写；第二十二章由李广进撰写；第九章由陈磊撰写；第三十章由袁辉撰写；第二十四章由张梓雍、何海芳共同撰写。

中国科学院科技史博士、湖南农业大学通识教育中心副主任史晓雷担任了本书的审订工作，谨在此致以诚挚的谢意！

本书如有不足之处，敬请读者不吝赐教。

本书编委会

目录

自然科技

衣食住行

建筑与艺术

四大发明

闲时意趣

你是什么时候知道时间概念的？是不是很早就学会了看时钟？

时钟的出现，让时间变得清晰明了。但是你知道吗？最早的时候，人们利用天上的太阳来计时，日出而作，日入而息，这就是“一天”；四季变换，春夏秋冬，这就是“一年”。

人类从发现昼夜交替、四季更迭，到发明计时工具，经历了十分漫长的过程。随着工具的进步，人们对时间的认知也越来越精确。

一个时辰、一刻、一盏茶、一炷香、一瞬……古人在文字里留下了许多这样的词汇，记载了千百年来人们对时间感知的变化。

时间在不停地前进，而中国人对时间的探索，也从未停步。

自然科技

第一章 感知时间

中国古代计时工具的发展

1. 日出而作，日入而息

太阳是人类最早的计时工具，古人会通过观察太阳的位置来判断时间。清晨，太阳升起，人们开始一天的劳作；正午，烈日当空，人们会稍作休息；傍晚，太阳落山，一天的劳作就结束了。在古代人的生活中，观察太阳是最直观的计时方式。

如果遇到阴雨天，没有太阳，人们会利用公鸡的鸣叫来判断起床时间。

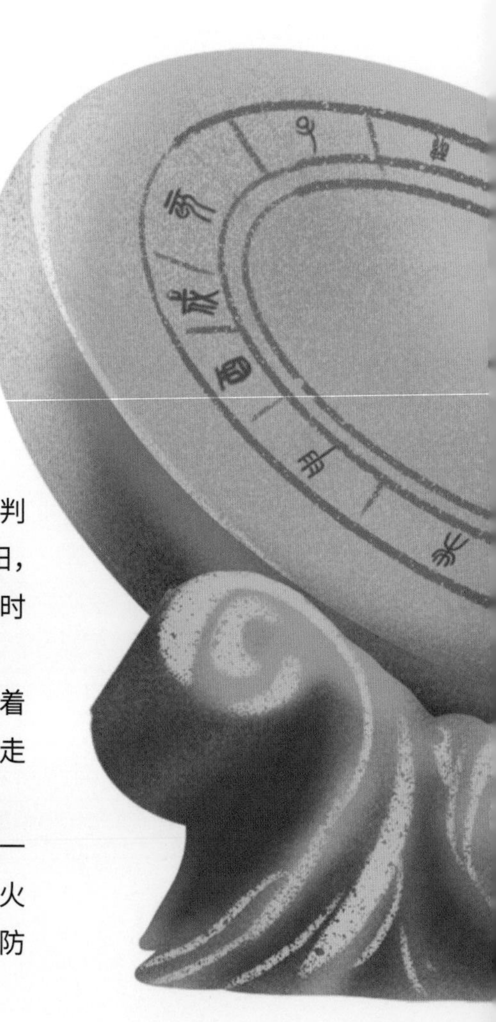

2. 打更（gēng）

随着夜生活的不断丰富，古人开始对判断夜晚的时间有了需求，但是晚上没有太阳，月亮的位置又变幻莫测，应该怎么精准计时呢？这个时候，更夫就出现了。

更夫是专门负责报时的人，他们会守着滴漏或燃香，每过一个时辰，就提着灯笼走街串巷，敲响竹梆子或锣，给人们报时。

我们常在电视剧里看到的更夫，都会一边敲锣，一边高喊：“天干物燥，小心火烛！”是的，更夫其实还承担着提醒防火防盗的工作。

3. 圭（guī）表

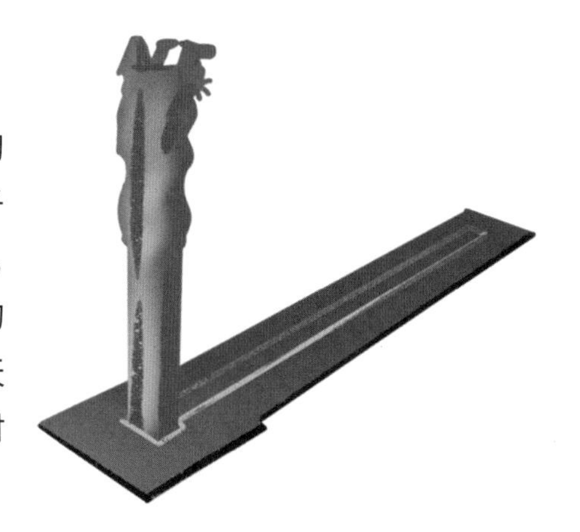

圭表是通过度量日影长度来判断时间的计时仪器，最早出现在陶寺遗址时期，距今 4000 多年。“圭”是指水平放置、测量太阳影子长度的标尺，“表”是指垂直于地面的直杆，两者组合起来，就是圭表。

汉代的学者曾以圭表为工具制定节令——也就是现在所说的“二十四节气”。他们还反复测量日影，确定黄河流域白昼最短的一天是冬至日，两个冬至日之间的时间间隔，就是一个回归年。汉武帝时期，“二十四节气”被纳入《太初历》，成为指导农事的重要参考。

4. 日晷（guǐ）

日晷大约发明于汉代之前，源于西周初期的土圭。日晷主要在白天使用，通过观测日影的位置来读出当时的时辰和刻数。相比圭表，它已经是一个成熟且复杂的计时仪器。

根据晷面摆放角度的不同，日晷可分为地平式、赤道式、子午式、卯酉式、立晷等，其中，最常见的是地平式和赤道式。

① 地平式日晷

《隋书•天文志》中提到，隋开皇十四年（594 年），袁充发明了短影平仪，即地平式日晷，也叫“水平式日晷”。这种日晷的晷面与地平面平行，观测时，把晷面放在地上，晷面和晷针之间的倾斜度等于当地纬度，然后根据影长和位置读取时间。

通常情况下，地平式日晷更适合在低纬度地区使用。

② 赤道式日晷

赤道式日晷的明确记载最早出现在南宋时期曾敏行的《独醒杂志》中。赤道式日晷也叫作“斜晷”，因晷面与赤道面平行而得名。

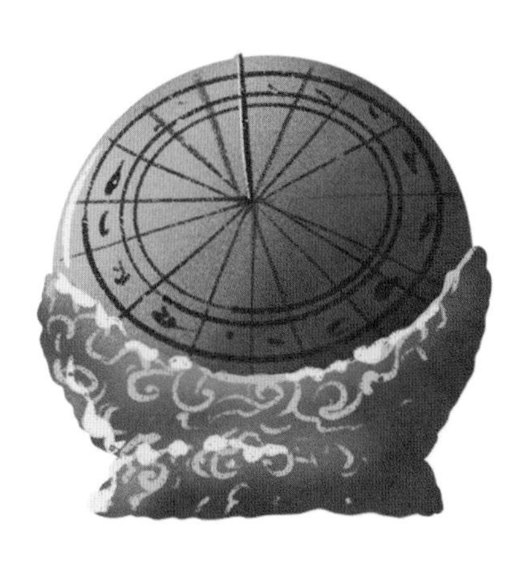

赤道式日晷的精度比地平式日晷稍高，因此适用范围更广。

5. 火钟

火钟是一种计量时间间隔的工具，在使用时，因为预定的燃料一样多，燃烧的速度一样快，因此可以根据其燃烧程度来判断时刻。我国最常见的火钟包括油灯钟和蜡烛钟。

❶ 油灯钟

油灯钟的刻度标于器皿的外侧，使用时，油的水平线因燃烧而下降，因此可以从刻度上读取时间。

❷ 蜡烛钟

蜡烛钟的刻度标在烛上，燃烧时，随着蜡烛的逐渐缩短，可以随时读取时间。

6. 漏刻

漏刻是一种无论昼夜都可以计时的仪器，由两部分构成：漏壶和刻箭。刻箭上标有时间刻度。漏刻分为泄水型和受水型。早期多为泄水型漏刻。使用时，漏壶盛满水，让水从出水口滴落，水面会随着时间推移逐渐下降，水中的刻箭也会跟着下降，查看刻箭所指示的刻度即可知道时间。

漏刻早在周代就已出现。《史记·司马穰（ráng）苴（jū）列传》中曾明确记载，春秋末期将领司马穰苴确定时间的仪器就是圭表和漏刻。

从周代开始，朝堂上就已经有了利用漏刻计时的专职机构；秦代太子宫中专门设有“太子率更令”一职；西汉设有“太史待诏”，利用漏刻观测天文；汉武帝时期，在光禄勋下设“郎官”，专门负责用漏刻为皇室提供计时服务。由此，古人对时间的重视可见一斑。

7. 铜壶滴漏

我国现存最完整的成组型滴漏，于元代仁宗延祐三年（1316 年）铸造。

多壶式铜壶滴漏利用每个滴落水珠的大小和形成时间相等的特性，让水滴从高度不等的几个容器里依次滴落，最后落入最底层有浮标的容器中，再根据浮标上的刻度读取时间。

相比单一的漏刻工具，多壶式铜壶滴漏度量的时间更为精确。

8. 沙漏

因漏刻和滴漏中的水在冬天容易结冰，所以人们将水改为流沙，形成沙漏。沙漏的工作原理与漏刻大致相同，根据流沙从一个容器漏到另一个容器的时长来计量时间。

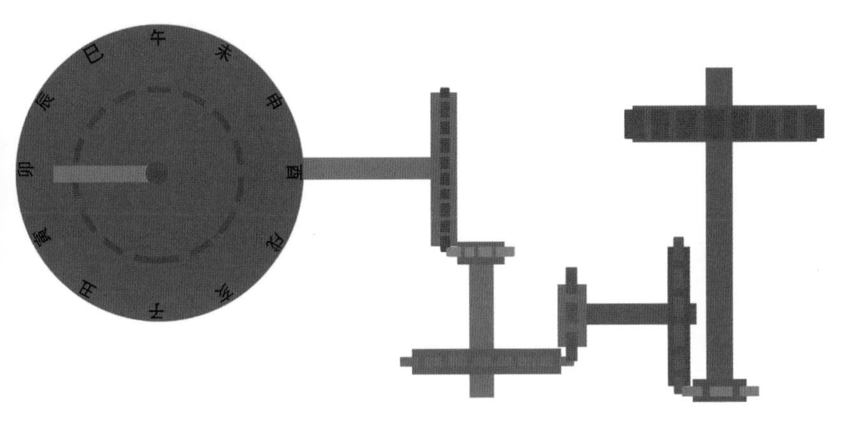

五轮沙漏示意图 *

9. 五轮沙漏

《明史 · 天文志》记载，元末明初，书法家詹希元在漏刻的基础上，用沙子代替水，创造了五轮沙漏，又称“轮钟”。严格来说，五轮沙漏并非沙漏，而是一种利用流沙带动齿轮运转的机械。

明代宋濂所著的《宋学士全集 · 五轮沙漏铭》中曾详细记载了五轮沙漏的制造尺寸、结构和齿轮的各轮齿数，并且说明第五个齿轮的轴上没有齿，而是安装了用于指示时间的测景盘。

明末，学者周述学扩大了流沙孔，以防堵塞，并改为使用六个齿轮，遂有了六轮沙漏。

---

* 本书为文图对照形式，只在图片表意不清、指代不明等特殊情况下（如上图），在图片下方补充文字说明，其余均不标注。
——编者注

10. 香篆（zhuàn）钟

香篆钟是一种很冷门的计时仪器，它的燃料一般为盘香。根据宋代学者薛季宣记载，这种奇妙的仪器通过标有刻度的燃香来计时，在 12 世纪中叶最为盛行。

11. 大明殿灯漏

元代天文学家郭守敬创制了举世瞩目的大型计时仪器——大明殿灯漏。它的工作原理是漏水计时，且因形状如宫灯，被放置在大明殿内，故名“大明殿灯漏”。

灯漏高约 5.4 米，主体用金和珠宝制作，内部分为四层：顶层是日、月、参宿、商宿的图案；下一层是青龙、白虎、朱雀、玄武的图腾，代表四个方位；再下层把一天的时间分为一百等份，即“百刻计时”；底层则有四个木偶小人，根据不同的时间自动报时，“一刻鸣钟、二刻击鼓、三刻击钲、四刻击铙”。

小朋友，你能根据文字描述，简单地画出我的内部结构吗？

12. 水运浑天仪

在古代，测量时间与观测天文往往是分不开的，水运浑天仪就是一个很好的代表。

水运浑天仪是一种依靠漏壶控水运转，能够模仿天体运行的天文仪器。它的结构精巧复杂，除了可以精准报时，还能够观测星宿的运动轨迹及日升月落的现象。

水运浑天仪是有明确历史记载的世界上第一架使用水力发动的天文仪器。早在 1800 多年前，我国古代人民就可以造出这样复杂的仪器，这是非常了不起的。

13. 水运仪象台

宋元祐七年（1092 年），天文学家苏颂和天文仪器制造家韩公廉共同制造的水运仪象台落成。它是一个底为正方形的木结构仪器，历时 7 年制成，台高约 12 米，底宽约 7 米。

水运仪象台解剖图

水运仪象台共有三层。上层是一个“板屋”，放置着铜质浑仪，用来观测星空；中层是一个“密室”，用来放置浑象，展现天象变化；下层则放着报时装置和动力结构，作为整台仪器的支撑。三层仪器通过齿轮环环相扣，与头顶的星空完美同步运行。

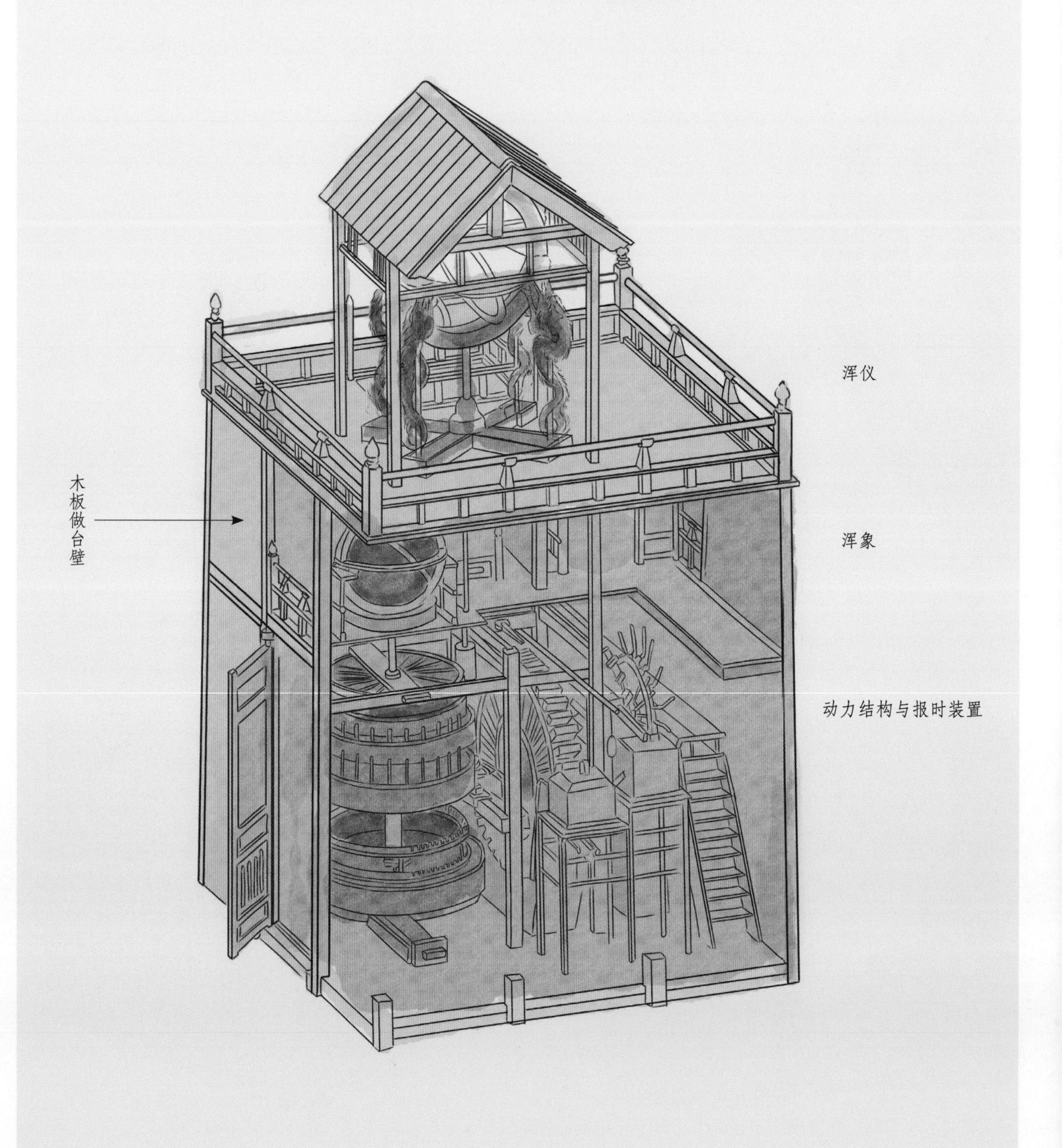

在水运仪象台正面左下角，是一座塔形报时装置。它吸收了北宋初年天文学家张思训所制报时仪器的长处，由 162 个小木人构成，不仅可以显示时、刻等时间单位，还能报昏旦时刻和夜晚的更点。

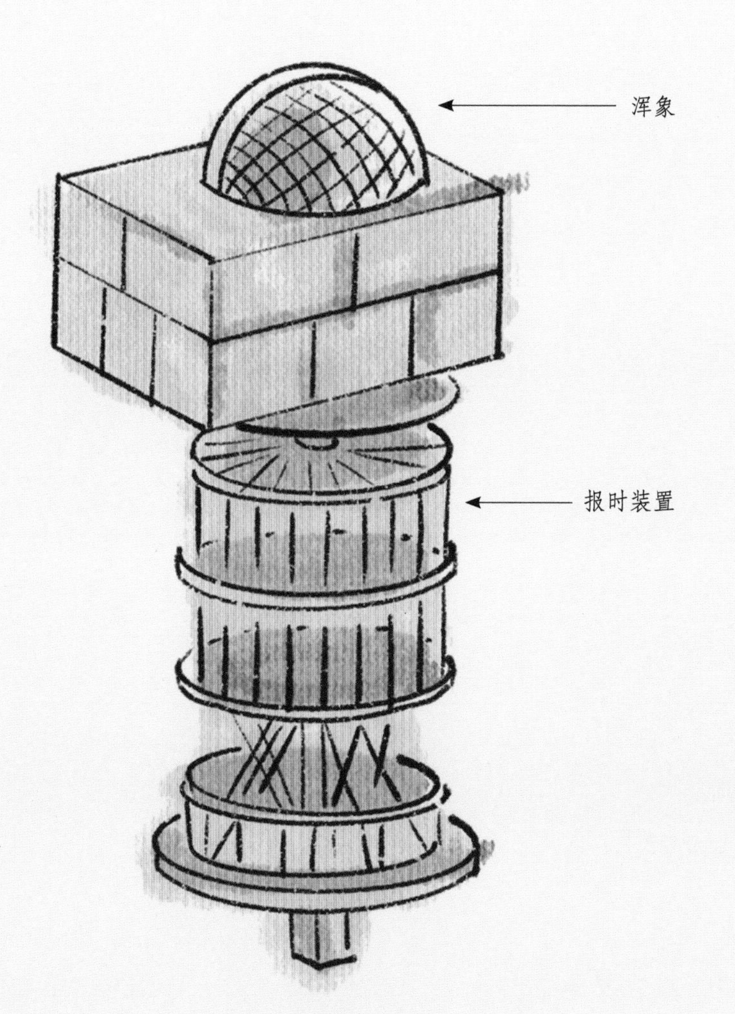

天柱传动系统结构图

水运仪象台的核心系统叫作“天柱传动系统”，由两套子系统构成。一套自浑仪而下，包括前毂（gǔ）、后毂、上轮、中轮、下轮；另一套则从浑象而起，包括天轮、机轮轴、拨牙机轮等一系列部件。这两套子系统通过枢轴相连，而枢轴的另一侧，则连接了一套更为重要的装置。

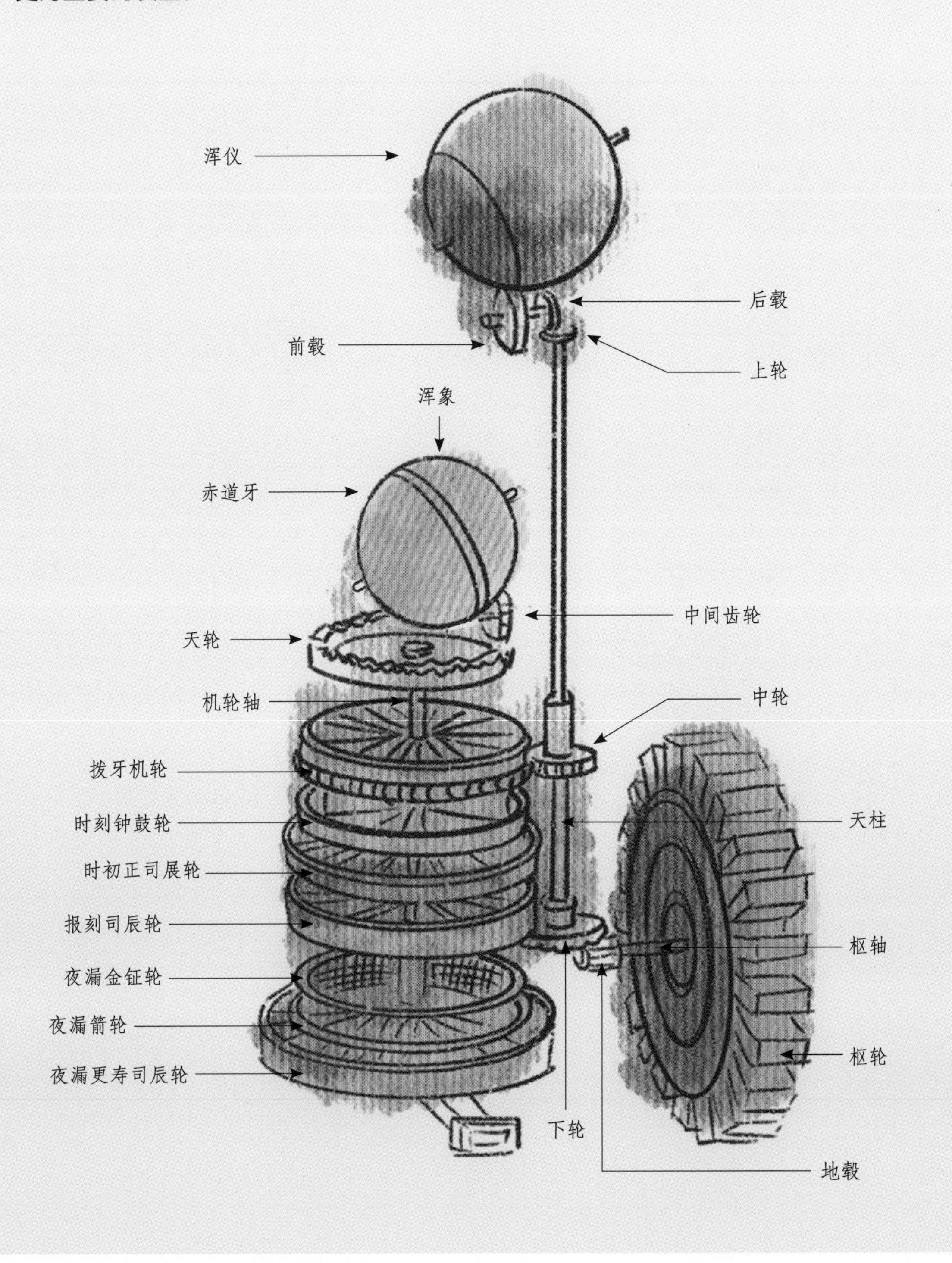

水运仪象台枢轮传动装置结构图

水运仪象台最为精妙的部分是枢轮右侧所连接的这套杠杆装置。通过这套装置，水运仪象台能够实现精度较高的回转运动。而这一装置在现代被广泛应用于机械表的关键部件——擒纵器。因此，水运仪象台被誉为世界上最古老的天文钟。

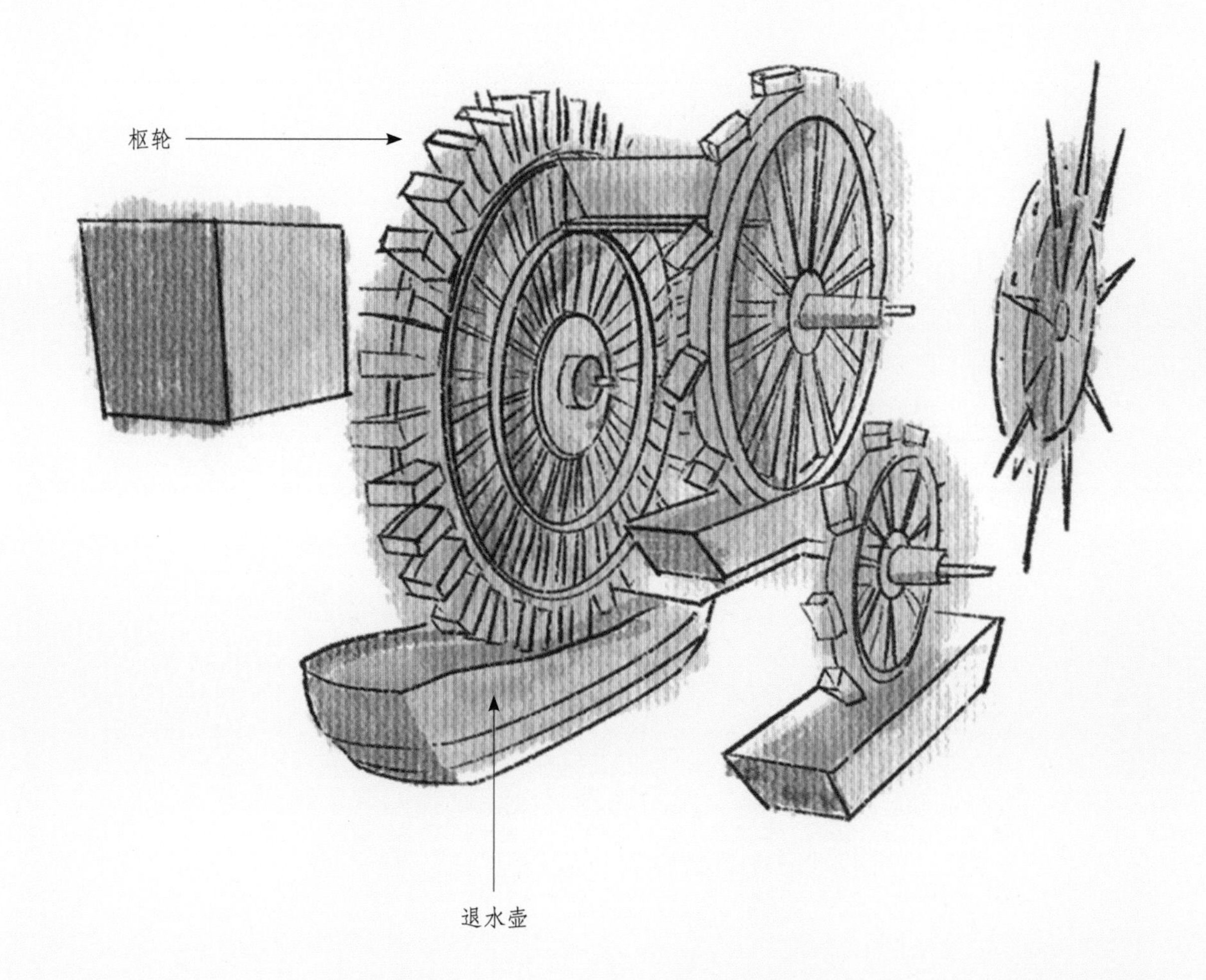

水运仪象台代表了中国古代天文仪器制造的巅峰。它证明，古代中国的力学知识应用程度已经走在了世界前列。

古人从一片混沌中探寻到了时间的真谛，于是把目光望向了深邃的星空。

楚国诗人屈原曾经创作了长诗《天问》。诗中有：“九天之际，安放安属？隅隈多有，谁知其数？天何所沓？十二焉分？日月安属？列星安陈？”他所提出的这些问题表现了2000多年前古人对宇宙的探索。自那之后，不断有人提出假说，进行实验，一代又一代的天文学家为了“追星”而付出了一生的心血。

如今，航空航天技术的发展已经让我们“手可摘星辰”，那些埋藏在故纸中的问题，也将被一一揭晓。

第二章 天问

古代星图

古代星图大致分为两种，一种是示意性星图，一种是科学星图。前者多绘制于建筑物或器物上，起装饰作用；后者则是古代天文学家观测天象的科学成果。张衡所绘制的《灵宪图》是有记载的第一张完备星图。

1. 彩绘二十八宿图衣箱

衣箱出土于曾侯乙墓，漆盖上所绘制的巨大“斗”字，代表星空的枢纽北斗；顶盖两侧分别绘出青龙、白虎，代表东西二宫，二十八宿名称则按顺时针排列，与《史记·天官书》中的星宿一一对应。这说明，我国至少在战国早期，就已经形成了二十八宿体系。

2. 北魏元乂（yì）墓星图

这幅图绘制于北魏孝昌二年（526 年），图的直径约 7 米，其中绘制的星体有 300 多颗，最为明显的是北斗星，图的正中间还有银河贯穿。

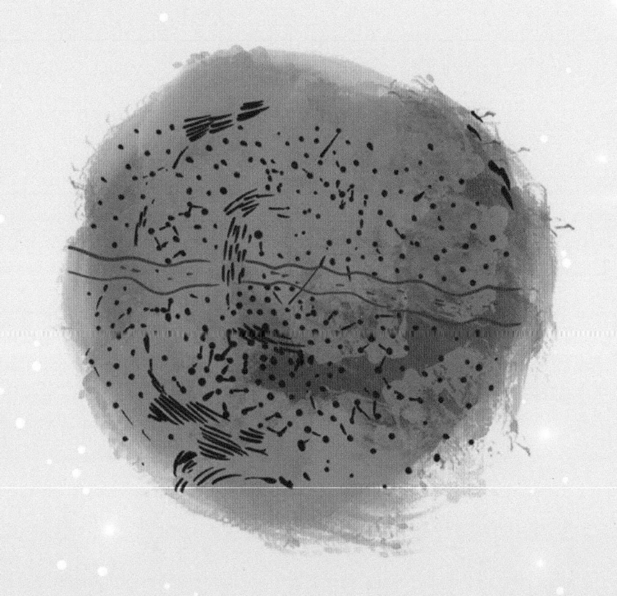

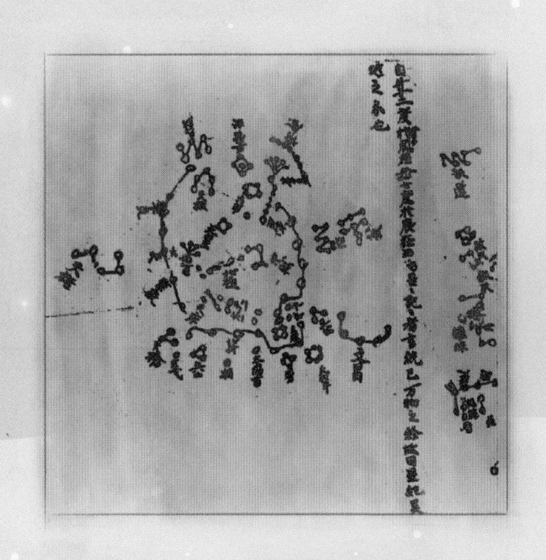

3. 敦煌星图

敦煌星图被发现于敦煌经卷中，学者猜测它的绘制时间大约是唐中宗时期（705 ～ 710 年）。图上画出了 1350 多颗星体。

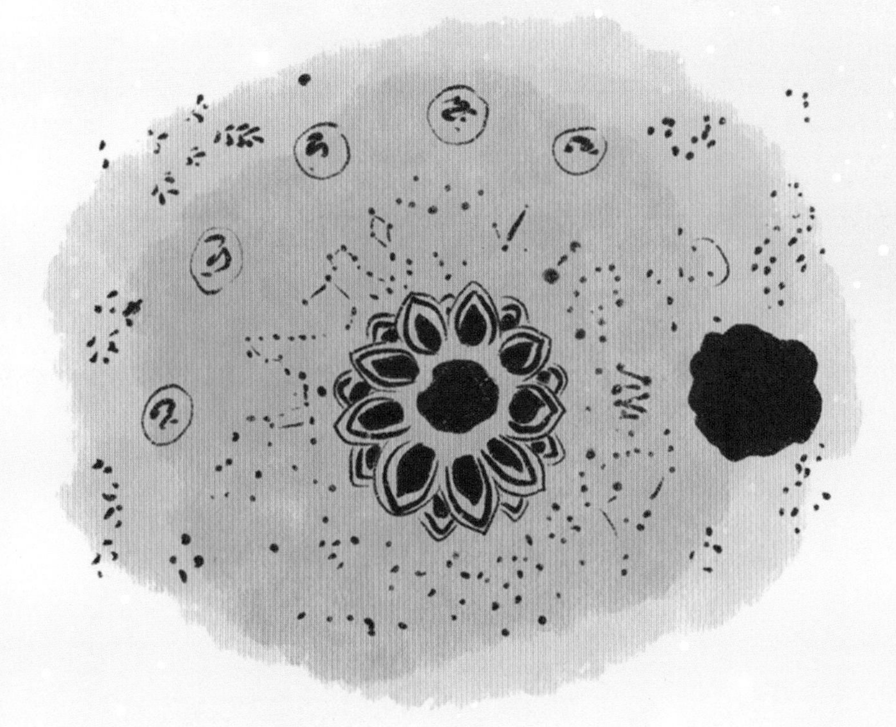

4. 河北宣化辽墓星象图

这幅星象图绘制于公元1116年。它的正中间镶嵌着直径35厘米的铜镜，铜镜周围绘莲花图案，外层是日月五星和北斗星，再外面是二十八宿，最外圈则绘制了隋唐时期来自西域的黄道十二宫。

5. 苏州石刻天文图

这幅天文图是世界上现存最古老的大型石刻星图之一。它的观测时间在北宋元丰年间（1078～1085年），而刻制的时间在南宋时期的1247年。星图自内而外画了3个同心圆，分别代表恒显圈、天赤道和恒隐圈，辐射状的28条不等距的线条则代表了二十八宿，1400余颗恒星分布其间。

天文仪器的发展

天文与时间是不可分割的，因此，许多测量时间的仪器都为早期的天文研究做出了贡献。例如用圭表确定二分、二至和回归年，用日晷确定时辰，用水运浑天仪报时和测量天体位置等。

浑天仪的基础理论学说是“浑天说”。古人认为，天的形体浑圆如弹丸，地球与天的关系，就好像蛋黄被包裹在鸡蛋内部，因此有了“浑天说”。我们所熟知的浑天仪，就包括了观测天体的浑仪和演示天体运动的浑象。

1. 浑仪

浑仪的制造始于汉代的天文学家落下闳，唐代天文学家李淳风设计了浑天黄道仪，中国现存最早的浑仪则制造于明代。

浑仪由三层圈环组成，外层称为“六合仪”，包括地平圈、子午圈和赤道圈；中层为“三辰仪”，由黄道环、白道环和内赤道环构成，白道环主要用来观测月亮的位置；内层称为“四游仪”，包括一个四游环和一个窥管，四游环上刻着周天度数，移动窥管的位置，就可以观测到任何天区。

2. 浑象

浑象是用来演示天体运动的仪器，最早由西汉时期的耿寿昌发明，后被东汉时期的张衡改进为水运浑象仪，我们介绍过的宋代水运仪象台则是浑象仪发展的巅峰。

在浑象仪上，古人标明了赤道、黄道、恒隐圈、恒显圈和二十八宿的位置，它们围绕着一个象征地轴的中心转动。即使在观测不到星空的情况下，浑象仪也能够模拟天体运动，方便人们进行研究。

浑象和浑仪虽然只有一字之差，但用处完全不同。浑象相当于现代的天球仪，而浑仪则是兼具了多种功能的综合性天文仪器。

4. 登封观星台

登封观星台是中国现存最古老的天文台。观星台位于河南省登封市，由元代天文学家郭守敬主持建造。它的作用几乎等于圭表，可测量日影长度，所以又称“量天尺”。它见证了当时世界上最先进的历法——《授时历》的诞生，也是元代天文学高度发达的历史证明。

3. 简仪

元代天文学家郭守敬和数学家王恂在早期浑仪的基础上，创造了简仪。他们认为，原来的浑仪太过复杂，观测起来极不方便，因此取消了白道环和黄道环，只保留了浑仪最核心的赤道经纬仪、地平经纬仪（立运仪）和窥管。

5. 北京古观象台

北京古观象台始建于明代正统七年（1442 年），是明清两代的官方天文台。它担任天文观测工作近 500 年，现存仪器有赤道经纬仪、天体仪、象限仪、黄道经纬仪、地平经纬仪、纪限仪、玑衡抚辰仪等。

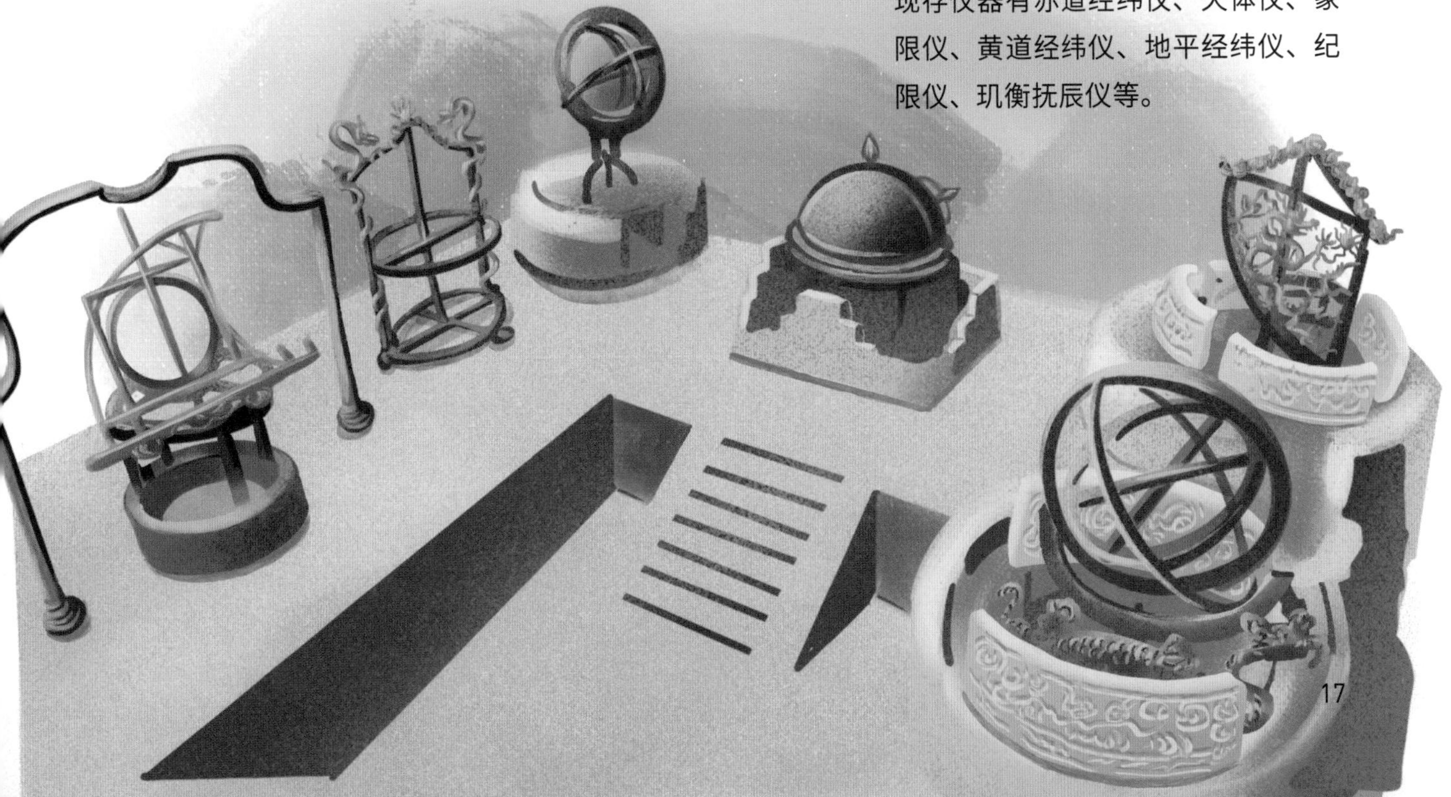

天文仪器的结构原理

天体测量仪器代表——浑仪。

浑仪由刻有周天度数的圆环与窥管组成，以赤道坐标表示天体位置。它由三层圈环组成：外层的六合仪包括地平圈、子午圈和赤道圈；中层的三辰仪由黄道环、白道环和内赤道环构成；里层的四游仪包括一个四游环和一个窥管。以窥管照准天体，可测量天体的赤道坐标（去极度、入宿度）。

演示天体运行仪器代表——浑象。

浑象将二十八宿等天体的位置标注在一个球面上，即使在看不见星体的情况下（如阴雨天、白天、在室内等），人们也能通过浑象来了解某时某刻的天体运动轨迹。其功能相当于现代的天球仪。它在一个可绕轴转动的圆球上刻画出星宿、赤道、黄道、恒隐圈、恒显圈等，在仪器运作时，不但可以在白天看到星星和月亮的运动轨迹，也能在阴天和夜晚看到太阳的运动轨迹。

天文计时仪器代表——圭表和日晷。

圭表利用日影的长短变化来测量时间、确定方向和节气，并进而确定回归年长度。日晷利用一天之内日影方向的变化来确定时刻。

试一试。自己动手做一个简单的圭表或者日晷吧！

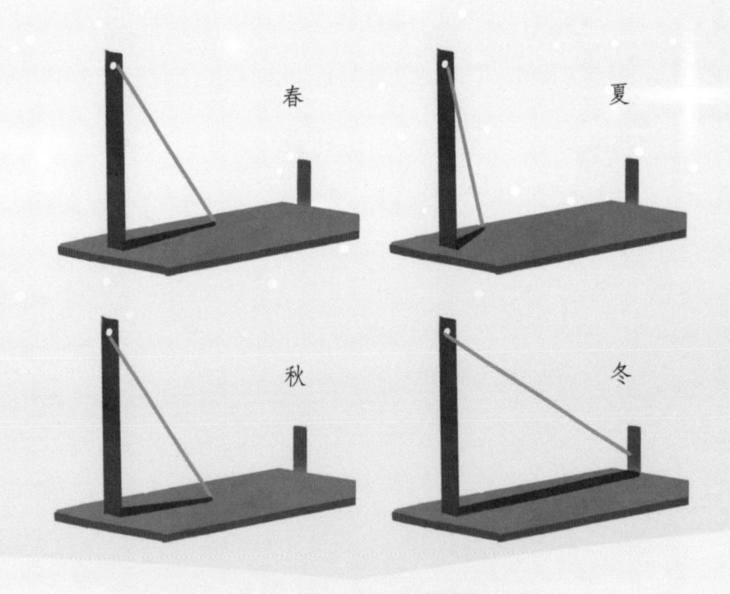

圭表测日影示意图

地震是一种常见的自然现象，它产生的原因是地球上板块与板块之间相互挤压碰撞，导致两个板块的边沿和内部产生破裂。中国是一个多地震的国家，因为地处环太平洋地震带和欧亚地震带之间，受印度板块、菲律宾板块和太平洋板块的挤压，地壳运动十分活跃。

无论在什么年代，地震的发生都会给人们带来难以估量的损失，我国仅史书中所记载的 8 级及以上地震就有 18 次。因此，古代科学家们致力于发现地震的原因，试图通过预测来防范地震。

地动仪的发明，就是一个漂亮的答卷。

第二章 地动仪

古人怎样预测地震

1. 观星

早在商周时期，古人就试图通过观测天上的星象来预测吉凶。《晏子春秋》记载，晏子曾问太卜："昔吾见钩星在四心之间，地其动乎？"齐国大臣也曾在夜间观测到"维星绝、枢星散"，认为会发生地震。而《晋书》记载："客星入东井，所在地震，前后一百五十六（日）。"观星预测虽然并没有科学依据，但这些记载反映了当时人们对预测地震的渴望。

2. 震兆六端

震兆六端，详细记载于陈国栋所著《重修隆德县志》中，指的是古人会从井水、池水、风浪、光线、云彩、气温等六个方面进行观测，来预测地震的发生。比如，清澈的井水突然变得浑浊，池中的水向上冒泡翻腾，原本风平浪静的海面出现浪潮，半夜黑暗的时候出现光照，晴朗的天空突然有黑云蔽空，酷热的日子里突然有冷气，都是地震前的预兆。

地震云

地震波

在详细讲述地动仪之前，我们先来了解一下地震波。

地震波一共有三种：纵波、横波和面波。其中，纵波最先到达震中，表现为地面上下晃动，但破坏力并不强；横波慢一步到达，会发生左右晃动，破坏性较强；面波则是横波和纵波交替形成的混合波，只能沿着地表传播，通常情况下，建筑物倒塌就是因为面波。

当地震刚发生的时候，我们首先会感受到上下颠簸，然后会看到悬挂物左右摇晃。

纵波

横波

地动仪的发明和复原

汉顺帝阳嘉元年（132 年），东汉科学家张衡发明了世界上第一架地震仪——候风地动仪。根据史书记载，张衡用这台仪器成功地测报了陇西发生的地震。

但是，因为年代久远，张衡的地动仪已经失传，后人只能从历史文献中发掘出文字记载，尝试还原。

候风地动仪复原图

从 1875 年开始，国际上共有 14 种地动仪复原模型。目前，最具代表性的地动仪是由王振铎先生在 1951 年复原的“直立杆式候风地动仪”和中国地震局冯锐教授自 2003 年起历时十年复原完成的“悬垂摆式候风地动仪”。下面我们就以“悬垂摆式候风地动仪”为例，来探寻千年前这个伟大仪器的运作机制。

根据史书记载，地动仪“形似酒樽，其盖穹隆，饰以篆文山龟鸟兽之形”，内部由都柱、道、关、机、丸五部分组成。

悬垂摆式候风地动仪内部结构

都柱 在冯锐教授复原的地动仪模型中，都柱是一根巨大的柱子，悬挂在地动仪中央，属于悬垂摆结构，当地震发生后，都柱会发生水平晃动。

道 为铺设在地动仪周围的八条滑道，代表着东、南、西、北、东南、东北、西南、西北八个方位，有八只蟾蜍对应上方的龙口。发生地震后，会有小球滑入相对应的滑道内。

关 为尖锥上的“小关铜球”，当地震发生后，铜球会滑入相应滑道内。

机 即“牙机”，共八条，与龙口里的舌头相连，当发生地震后，铜球触发牙机使龙口张开。

丸 即龙口里的铜球。发生地震后，铜球落到蟾蜍口中发出声响，就起到了报警作用。

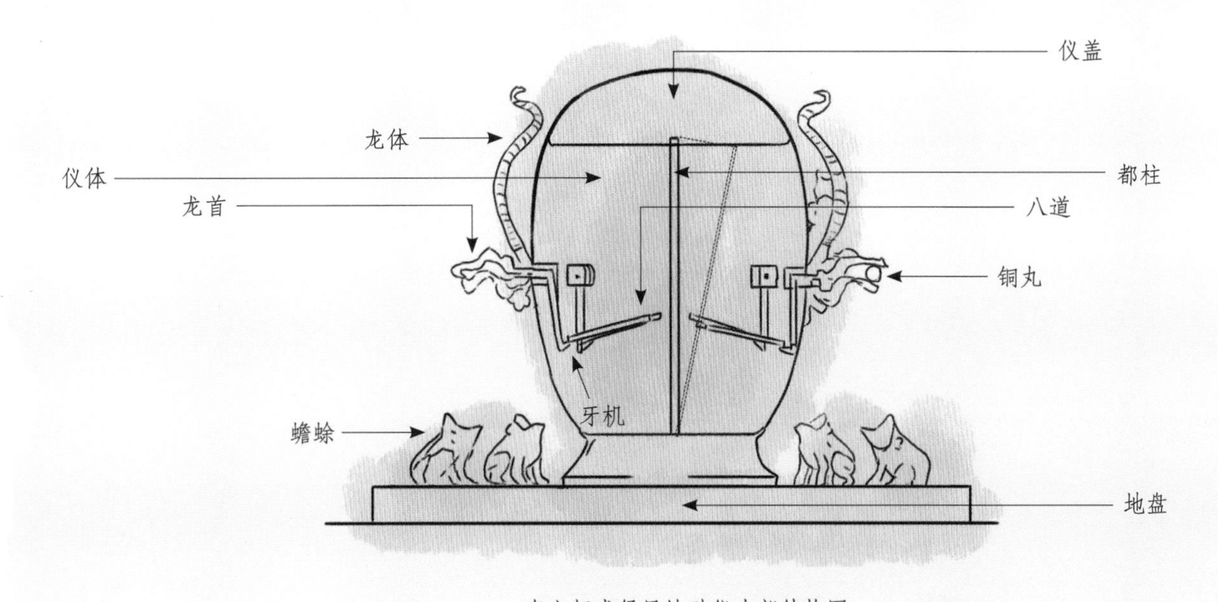

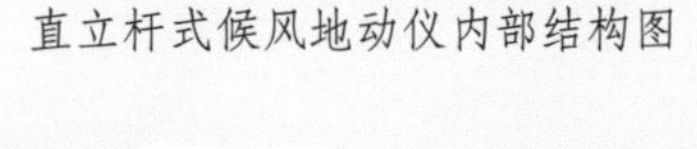

直立杆式候风地动仪内部结构图

地震时，地面出现水平晃动，都柱沿某一方向摆动，拨动小关铜球沿该方向滚动，小球击发控制龙口的机关，使龙口张开，将铜球吐出，铜球落到蟾蜍口中发出声响，这样人们就知道是哪个方向发生震动了。

地动仪的出现，反映了古人对地震原理的不懈探索。

世界上有很多科学家为复原地动仪做出过努力，如服部一三、约翰·米尔恩、吕彦直、荻原尊礼、李志超等人相继复原出地动仪。地动仪到底能否测报地震，古往今来一直存在着争议，复原的各种模型也都难以让人满意。但不可否认的是，张衡的一生，对天文、机械和地震学的发展做出了重大贡献。

为纪念张衡，1970 年，国际上把月球的一个环形山命名为“张衡环形山”；1977 年，国际上把太阳系的一个小行星命名为“张衡星”。

说一说。你对地震了解多少呢？

数学是最重要的学科之一，古人把数学叫“算术”，又称“算学”，最后才改为数学。

中国古代数学比较侧重于解决实际问题，例如在最为出名的《九章算术》中，就有大部分篇幅介绍如何计算田地面积、交换谷物的比例、工程方面的体积等内容。因此，我们能够在数学典籍中看到古代劳动人民的智慧。

除此之外，数学和天文历法脱不开关系。在那个只有毛笔和算筹的年代，天文学家们计算出了精密的天文历法，为科技进步做出了巨大贡献。

第四章 算学与数学

算学萌芽

1. 手指计数

手是我们天然的计数工具。在语言和文字尚未形成的时候，聪明的古人用手指来比画，约定俗成，创造了最早的计数方法。

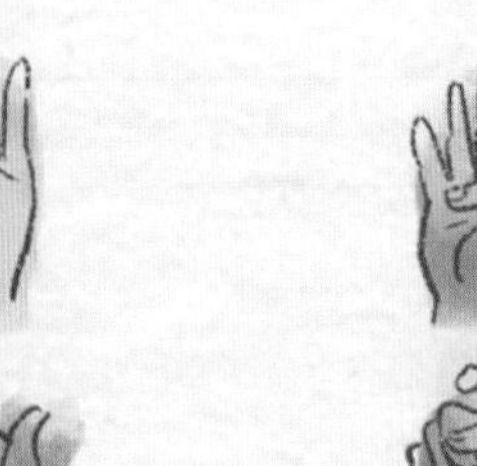

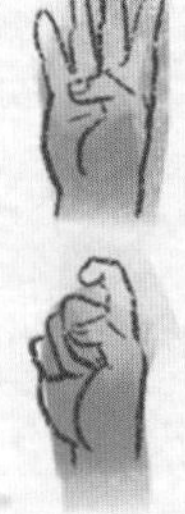

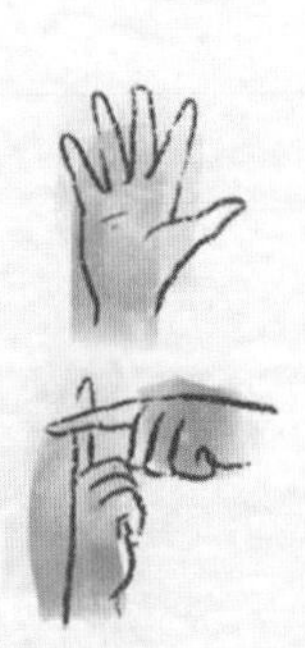

2. 石子计数

人只有十根手指，因此手指计数有着显而易见的局限性，这个时候，古人学会了利用身边最常见的石子作为计数工具。例如今天捕获了四只羊，就用四粒石子表示，非常直观。但是，随着生产力的发展和客观环境的改变，石子计数逐渐赶不上计量规模，人类需要寻找更适应更大规模计数要求的计算工具。

3. 结绳计数

结绳计数发生在语言产生以后、文字出现之前。这种古老的计数方式，在古代大部分地区广为流传。甚至到 20 世纪，云南有的少数民族同胞依然在使用。无独有偶，在世界各地的不同民族之间，也有着类似的计数方法。

4. 契刻计数

契刻计数的产生时间比结绳计数稍晚一些，主要目的是留存证据。在订立契约关系时，最容易引起争端的就是数字。因此，古人在竹片或石片上刻记号，以此表示数目的多少。在已出土的仰韶文化时期（公元前 5000 ～前 3000 年）的陶器上，就已经有了契刻的符号。

5. 算筹

古代的算筹实际上是一根根十几厘米长的小棍子，多用竹子制成，也有用木头、骨头、象牙、金属等材料制造的。算筹携带方便，可以在需要的时候随时取出来在任何地方使用。算筹最晚产生于春秋战国时期，在此后的数学史上立下了汗马功劳。通过算筹进行各种运算的方法叫作“筹算”。

6. 珠子算

《数学记遗》记载了“珠算”，它与之后的珠算既有联系又有不同。为了区别，一般也称它为“珠子算”。它是在一块刻板上进行计算，刻板分为上中下三部分，上面有一个珠子，以一当五。中间用来确定个十百千万。下面有四个珠子，以一当一。珠子算是对筹算的改造，使得运算更为便捷。

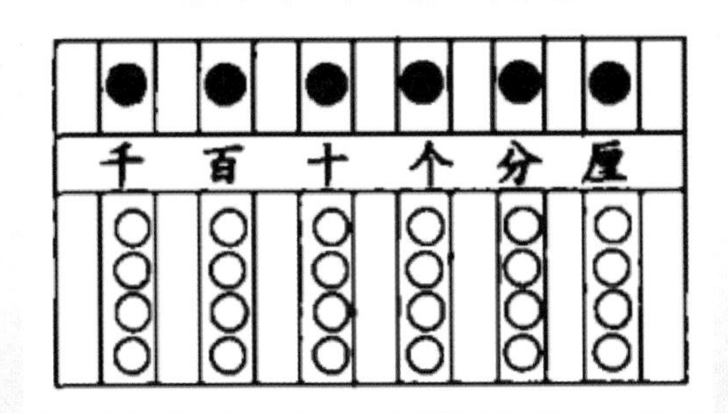

7、规、矩、准、绳

规、矩、准、绳是四种作图和测量的工具。根据《史记·夏本纪》记载，大禹治水时，左手拿着准绳，右手拿着规矩，走到哪里就量到哪里，最后顺利地疏通水道，让水流入大海。

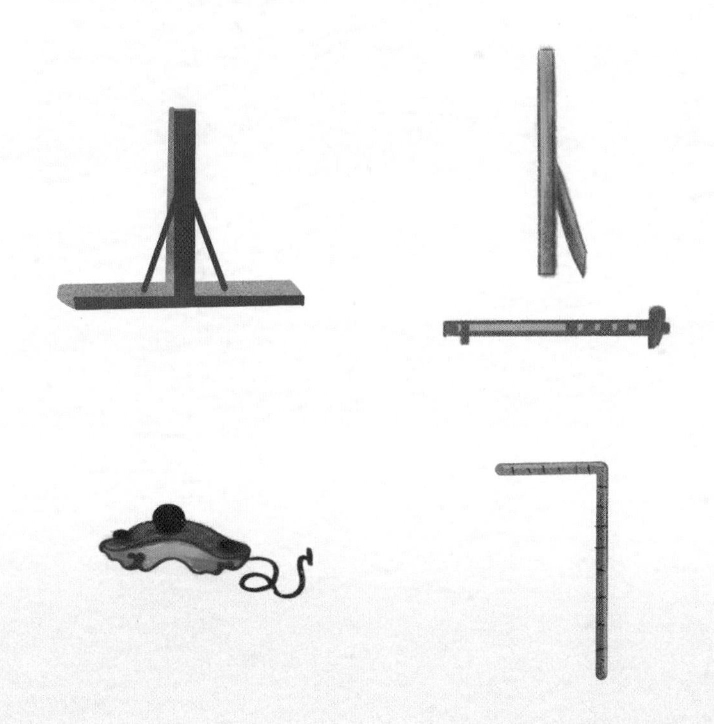

8. 甲骨文中的数字

商代中期，甲骨文中已经有了数字，其中最大的数字是三万。与此同时，商代还形成了一套完备的十进制计数法和四则运算，这为算筹的使用提供了很大推力。

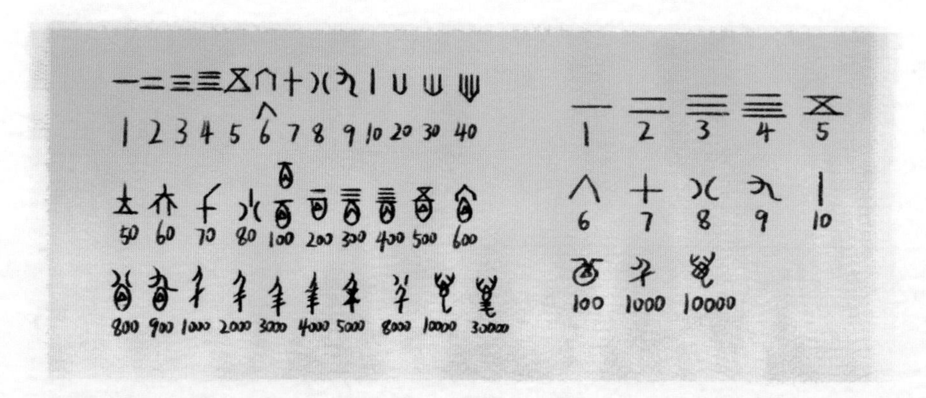

甲骨文：
金 文：
汉朝文字：
现代文字：一 二 三 四 五 六 七 八 九 十

9. 勾三、股四、弦五

数学家们在西汉初期的《周髀算经》中详细介绍并证明了勾股定理——“勾广三，股修四，径隅五”。

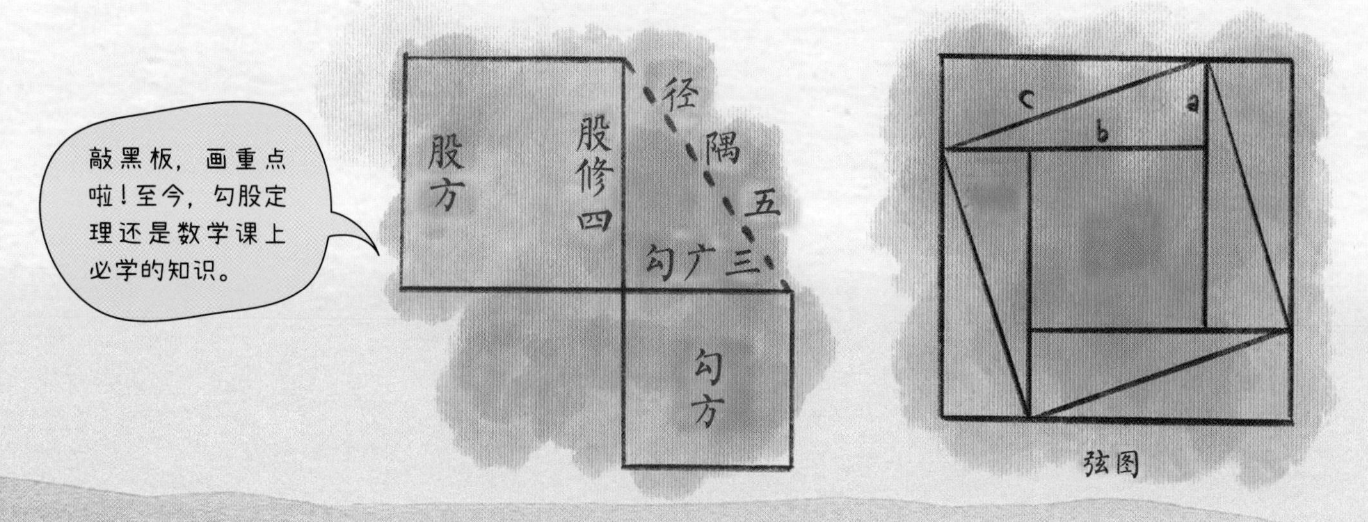

弦图

10. 礼、乐、射、御、书、数

《周礼·地官司徒·保氏》提到，西周贵族子弟从九岁开始便要学习算术，他们要受礼、乐、射、御、书、数的训练。作为“六艺”之一的数已经开始成为专门的课程。

11. 一尺之棰，日取其半，万世不竭

战国时期的百家争鸣也促进了数学的发展。《庄子·杂篇·天下》提出了“一尺之棰，日取其半，万世不竭”的命题，意思是一尺（约 0.3 米）长的木棍，每天截取一半，永远也截不完，用来说明事物的无限可分性。

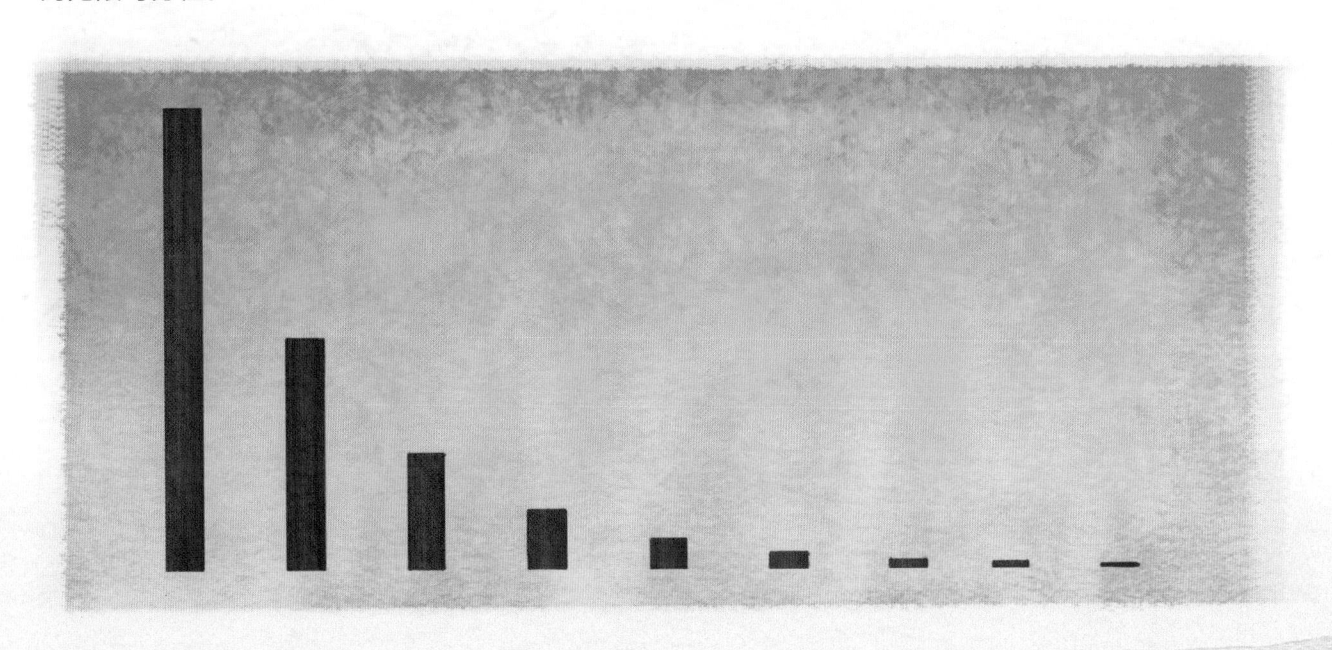

古代数学成就

1.《周髀（bì）算经》

《周髀算经》原名《周髀》，约成书于公元前 1 世纪，是中国最古老的天文学和数学著作。它主要阐明了当时的“盖天说”和四分历法，介绍了勾股定理及其在测量上的应用，并将其应用到天文计算中。

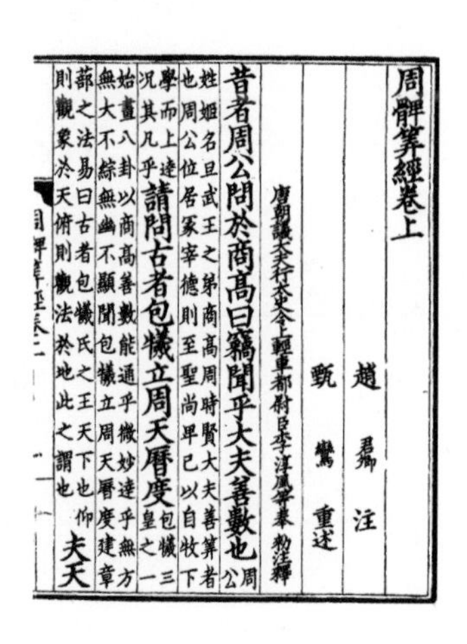
周髀算經卷上
趙君卿注
甄鸞重述
唐朝議大夫行太史令上輕車都尉臣李淳風等奉勑注釋
昔者周公問於商高曰竊聞乎大夫善數也 周公姓姬名旦武王之弟商高周時賢大夫善算者也周公位居冢宰德則至聖尚卑己以自牧下學而上達況其凡乎
請問古者包犧立周天曆度 包犧三皇之一始畫八卦以商高善數能通乎微妙達乎無方無大不綜無幽不顯聞包犧立周天曆度建章蔀之法易曰古者包犧氏之王天下也仰則觀象於天俯則觀法於地此之謂也
夫天

2.《九章算术》

《九章算术》是由西汉时期的张苍、耿寿昌整理的一部经典著作。书中总结了中国先秦至西汉时期的数学成果，收集了 246 个生活中的应用问题及其解法。它创造性地使用了正负运算法则。

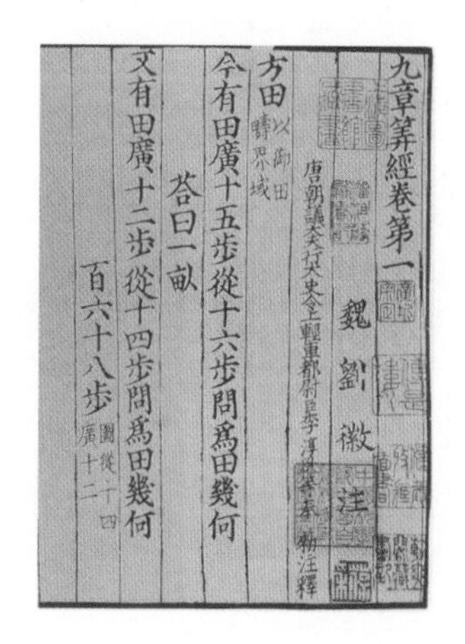
九章算經卷第一
魏劉徽注
唐朝議大夫行太史令上輕車都尉臣李淳風等奉勑注釋
方田 以御田疇界域
今有田廣十五步從十六步問為田幾何
荅曰一畝
又有田廣十二步從十四步問為田幾何
百六十八步 圖從十四廣十二

3.《九章算术注》

《九章算术注》的作者是魏晋时期数学家刘徽。他通过割圆术，成功证明了圆面积的精确公式，并且给出了计算圆周率的方法，算出了圆内接正 192 边形的面积和正 96 边形的面积，得出了圆周率范围：3.141024 ＜ π ＜ 3.142704。这就是“徽率”3.14 的来源。

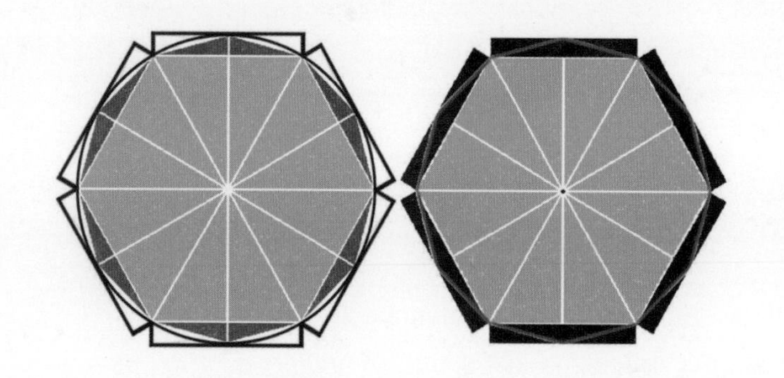

4. 祖冲之和圆周率的推算

南北朝时期，数学家祖冲之利用算筹完成了圆周率的计算，称“祖率”。祖率包括约率和密率，约率为 22/7，密率为 355/133，如果分子和分母为 1000 以内的整数，那么密率是最理想的圆周率结果。他还利用刘徽的割圆术，首次把圆周率的值算到小数点后第七位（3.1415926 ＜ π ＜ 3.1415927）。直到 15 世纪，阿拉伯数学家阿尔·卡西才打破这一纪录。此外，祖冲之致力于研究天文历法，他编制的《大明历》是当时最先进的历法。

5.《孙子算经》

《孙子算经》约成书于公元 400 年前后，是算经十书之一。书中第一次详细地记述了算筹记数制度和筹算乘除法，还提出了许多流传至今的问题，例如我们常见的“鸡兔同笼”。同时，《孙子算经》首次提出了“物不知数”问题和一次同余方程组的解法，因此被称为“中国剩余定理”，即“孙子定理”。

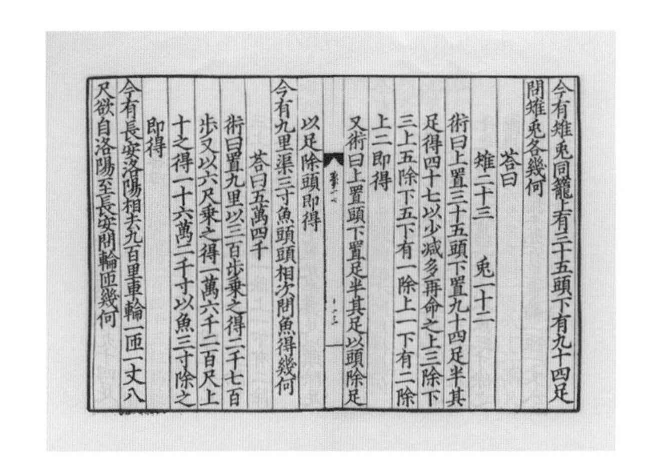

今有雉兎同籠上有三十五頭下有九十四足
問雉兎各幾何
荅曰
雉二十三　兎一十二
術曰上置三十五頭下置九十四足半其
足得四十七以少減多再命之上三除下
三上五除下五下有一除上一下有二除
上二即得
又術曰上置頭下置足半其足以頭除足
以足除頭即得
今有九里渠三寸魚頭頭相次問魚得幾何
荅曰五萬四千
術曰置九里以三百步乘之得二千七百
步又以六尺乘之得一萬六千二百尺上
十之得一十六萬二千寸以魚三寸除之
即得
今有長安洛陽相去九百里車輪一匝一丈八
尺欲自洛陽至長安問輪匝幾何

6. 贾宪三角

北宋著名数学家贾宪创造的二项式的系数表及其构造法，被称为“贾宪三角”，比法国数学家帕斯卡的同类研究早了约 600 年。同时，他提出了“增乘开方法”，用来解决高次方程问题。这是中国代数学上领先世界的成果之一，比英国数学家霍纳创造的同类方法早 770 年。南宋数学家杨辉在其著作《详解九章算法》中辑录该二项式系数表，因此它也被误称为“杨辉三角”。

7. 秦九韶和《数书九章》

公元 1247 年，宋代数学家秦九韶在著作《数书九章》中，对“物不知数”问题做出了完整系统的解答。在书中，他提出了大衍总数术、正负开方术和三斜求积术，对后世数学发展产生了广泛的影响。

8. 沈括和隙积术

北宋时期，沈括在笔记体著作《梦溪笔谈》中提到了长方台形垛积的算法，即隙积术。隙积术探讨了高阶等差级数求和问题。

9. 杨辉和垛积术

南宋数学家杨辉在《详解九章算法》和《算法通变本末》中，丰富和发展了沈括的隙积术成果，提出了新的计算公式——垛积术。隙积术和垛积术可用来解决高次等差数列问题，还可用来处理天文历法问题。

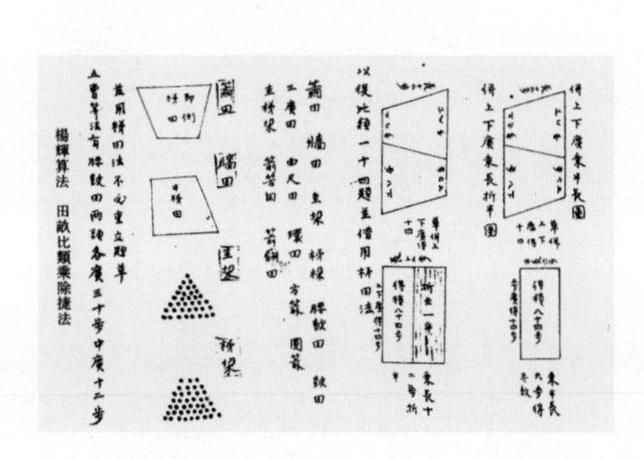

10. 李冶和天元术

宋元时期，数学家李冶系统介绍了天元术，也就是一种利用未知数列方程的方法，与现代数学中列方程的方法大体一致，但比欧洲的数学家早 3 个世纪。此后，数学家们又把这种方法应用到了多元高次方程组。

步得[illegible]為兩个大差也以乙東行步乘之
得[illegible]為圓徑冪寄左然後以天元冪與左
相消得[illegible]以平方開之得二百四十步
卽城徑也合問
又法半之乙東行步乘南行步為實半乙東行
步為從一步常法得半徑
草曰立天元一為半城徑減甲南行步得[illegible]
[illegible]為大差也以半之東行步乘之得[illegible]卽
半徑冪寄左然後以天元冪為同數與左相

測圓海鏡卷三　知不足齋叢書

消得[illegible]開平方得一百二十步倍之卽
城徑也合問
或問甲出西門南行四百八十步而止乙從艮
隅亦南行一百五十步望見甲問荅同前
法曰兩行步相乘為實南行步為從方一為
隅得半徑
草曰立天元一為半城徑以減乙南行步得
[illegible]為半梯頭以甲行步為梯底以乘之得
[illegible]為半徑冪寄左然後以天元冪與左相

11. 朱世杰和四元术

朱世杰在天元术的基础上，用天、地、人、物表示四个未知数，类似于现代数学中的 x、y、z、w，来解决不超过四元的多元多次方程问题。这种方法就是四元术。四元术的关键问题之一是消元。朱世杰的消元法比法国数学家贝祖的消元法早近 500 年。

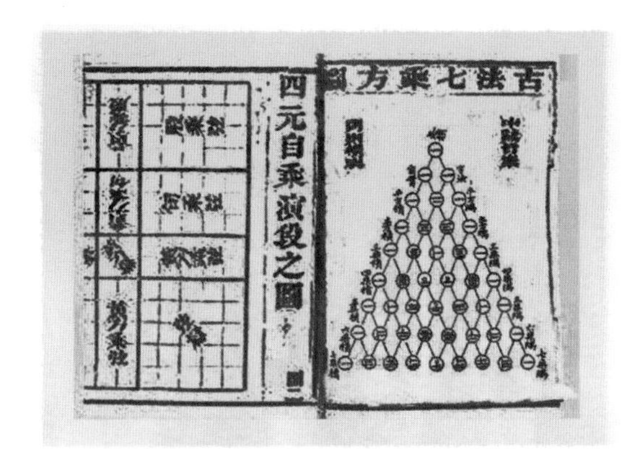

12.《授时历》和 招差术

公元 1276 年，元世祖忽必烈命令许衡、王恂、郭守敬等人共同研究制定《授时历》。为了精确推算星辰运行的速度和位置，他们创用了三次差内插公式——招差术，在中国古代数学上进行了又一次创新，也把天文历法计算工作推进了一大步。

13. 徐光启和《几何原本》

《几何原本》是古希腊数学家欧几里得的一部巨著。它是被意大利传教士利玛窦带到中国的，他和明代数学家徐光启共同翻译了《几何原本》前 6 卷。这本书几乎改变了中国数学的发展方向。

14. 其他著作

清代薛凤祚撰写了天文历法书《历学会通》，梅文鼎著《方程论》《笔算》《筹算》《勾股举隅》等，梅珏（jué）成等编纂（zuǎn）《数理精蕴》。古人的每一次探索，都在推动着数学的发展。

算盘与珠算

珠算是一种以算盘为工具进行数字计算的方法，而算盘是古代劳动人民发明创造的一种便于计算的工具。宋代《清明上河图》中可以发现算盘的身影。之后珠算逐渐成为中国的主要计算工具和方法，一直到二十世纪的七八十年代。

在学习珠算之前，我们先来认识一下算盘。

你知道吗？珠算已经被正式列入“非遗”了哦！

顶珠
上珠
梁
档
下珠
框
底珠
定位点（表示个位所在的位置）

算盘是由框、梁、档、珠四部分构成。其中，珠又分为顶珠、底珠、上珠、下珠四种。上珠的一个算珠表示数字 5，下珠的一个算珠表示数字 1。此外，还有一个定位点，表示个位所在的位置。

加法口诀术语

“上”是指拨下珠靠梁。“下”是指拨上珠靠梁。

“去”是指将靠梁的算珠拨去靠框。

“进”是指在前位（左边一档）上加数。

口诀中的每句第一个字表示要加的数，最后一个字表示要拨动算珠的数。

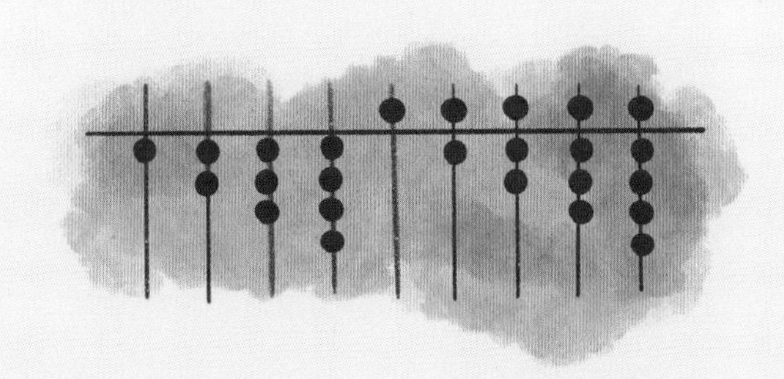

减法口诀术语

“上”是指拨下珠靠梁。

“下”是指拨下珠离梁靠框。

“去”是指拨去靠梁的算珠，离梁靠框。

“进”是指在前位（左一档）上加数。

“退”是指在前位（左一档）上减数。

“还”是指在退去前位数后应在本位上加数。

口诀中的每句第一个字表示要减的数，后面的一个字表示要拨动算珠的数。

珠算口诀表

	珠算加法口诀				珠算减法口诀			
	不进位的加法		进位的加法		不退位的减法		退位的减法	
	直加	满五加	进十加	破五进十加	直减	破五减	退位减	退十补五的减
一	一上一	一下五去四	一去九进一		一下一	一上四去五	一退一还九	
二	二上二	二下五去三	二去八进一		二下二	二上三去五	二退一还八	
三	三上三	三下五去二	三去七进一		三下三	三上二去五	三退一还七	
四	四上四	四下五去一	四去六进一		四下四	四上一去五	四退一还六	
五	五上五		五去五进一		五下五		五退一还五	
六	六上六		六去四进一	六上一去五进一	六下六		六退一还四	六退一还五去一
七	七上七		七去三进一	七上二去五进一	七下七		七退一还三	七退一还五去二
八	八上八		八去二进一	八上三去五进一	八下八		八退一还二	八退一还五去三
九	九上九		九去一进一	九上四去五进一	九下九		九退一还一	九退一还五去四

随着科技的发展，算盘逐渐退出舞台，其使用功能也日渐被电子计算器所取代。但是，珠算式心算因在教育和启智方面有所作为，在现代社会依然散发着活力。

先秦时期，民间有歌谣流传：“日出而作，日入而息，凿井而饮，耕田而食。”

中国自古以来是一个农耕大国，早在远古时期，就有“刀耕火种”的农耕方式，当时的人们用石斧砍下杂草树木，晒干并焚烧，然后将焚烧得到的草木灰作为农作物的肥料。

早期的人们只会使用简单的工具耕种，如石斧、石锄等。后来，由于居住环境逐渐稳定，人们有了更多的饮食需求，农耕生产成为主要的生活来源。因此，先民们发挥自己的聪明才智，创造出各式各样的农具。这些农具代代流传，不断改进，成为后人生产生活中不可或缺的日常用品。甚至到了今天，我们依然能够在一些地区看到有人使用这些来自千年前的农具。

第五章 农耕古国的智慧

农具的演变

1. 石斧

石斧是远古时期用于砍伐或捕猎动物的一种石质工具。一般是梯形或者长方形，呈两面刃，通常是打磨而成。

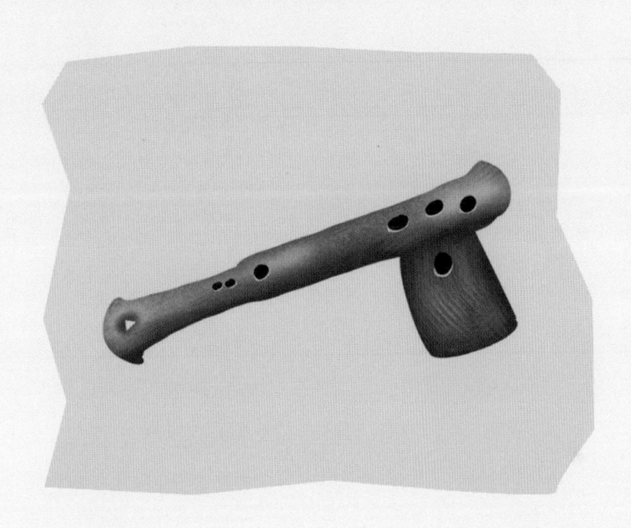

2. 石锄

石锄是一种横斫（zhuó）式的石质翻土工具，锄体较短，整体比石斧薄。早期石锄大多为尖刃式，后期发展为宽刃式。

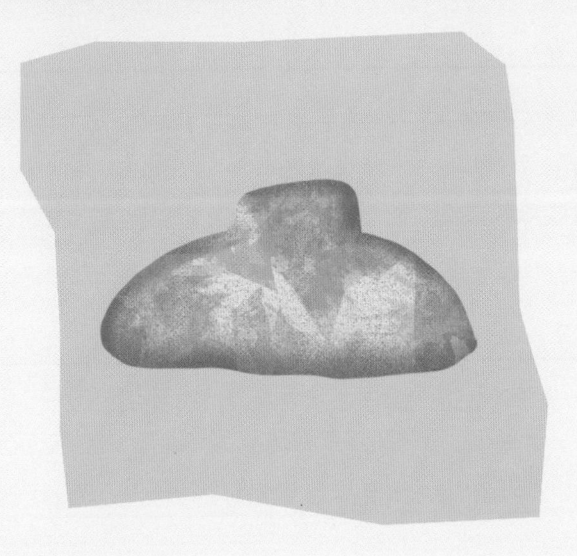

3. 骨铲

骨铲是用截断的鹿角制成的。制作时，先在一端刮出约 45 度的刃口，再进行磨制。它的用途是挖土、除草或是当餐具使用。

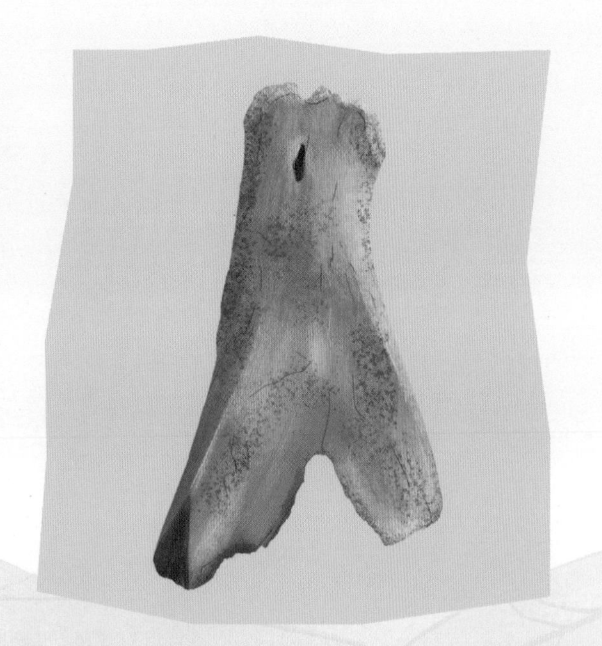

4. 耒（lěi）耜（sì）

耒耜是一种古老的农具，相传是神农发明的，用来翻土。耒耜整体像个木杈，是犁的前身。耒是耒耜的柄，通常是尖头木棍；耜则是下端用于起土的部分。

5. 石犁

石犁头大都呈三角形，薄且扁平。器身上端装有凹形的木柄，中部有一个单向的钻孔，单面有刃，背部平直，常安装于木犁床上，用于耕地翻土。

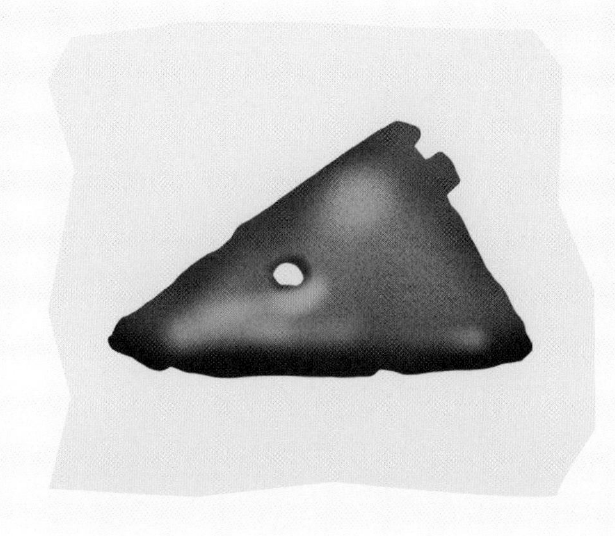

6. 骨耜

骨耜是用偶蹄类动物的肩胛骨制成的。柄部凿一个横孔，刃部凿两个竖孔。横孔插入一根横木，用藤条捆绑固定；两竖孔中间安上木柄，再用藤条捆绑固定。使用时，手持木柄，用脚踩踏骨耜入土后，转动手腕，就可以将地里的土翻转过来了，使用起来轻巧方便。

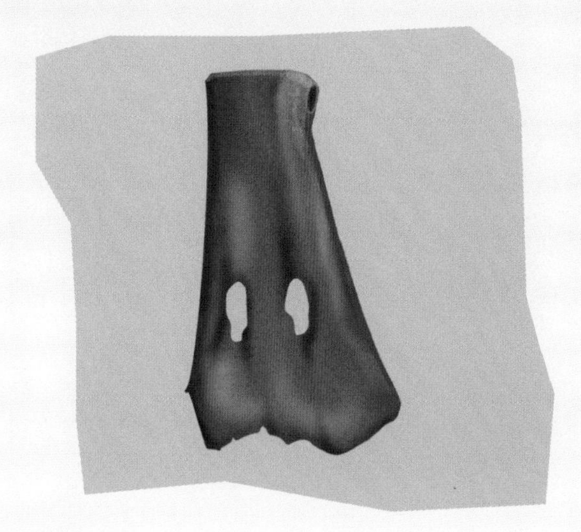

7. 铁犁

铁犁最早出现在春秋战国时期。当时，随着铁器的应用，农具也逐渐从木质发展到了“木心铁刃”，最常见的组合是木柄和铁犁头相结合。铁犁的普及，大大提高了生产力。“V”字形铁质犁头不仅可以减少耕地时的阻力，还能够增加翻土的深度，磨损后更换起来也十分方便。

8. 犁壁

犁壁在汉代被广泛使用。在犁壁出现前，耕犁不能一次性达到碎土、松土、起垄的目的，而是需要依靠锄类等农具再进行二次耕作。犁壁发明后，便可一次性完成上述工作，省时省力。

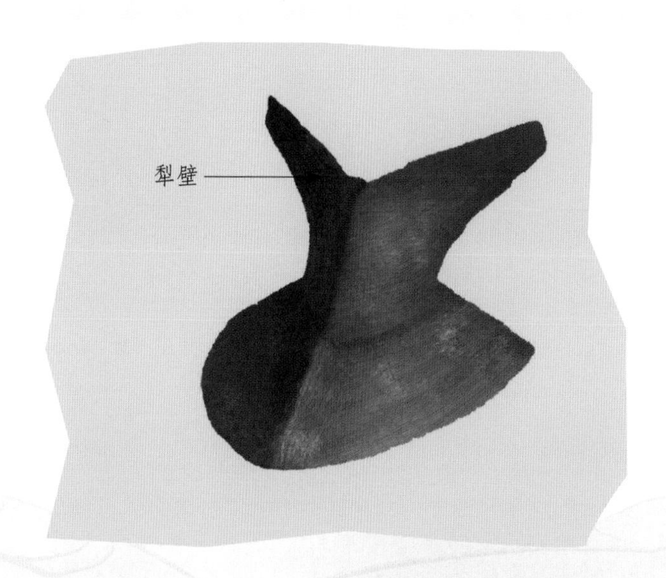

9. 曲辕犁

曲辕犁发明于唐代，是一种轻便的农作工具。比起传统的畜力牵引耕犁，曲辕犁在设计上将之前的直辕、长辕改为曲辕、短辕，还安装了可以自由转动的犁盘，因此操作更为灵活，便于深耕，方便掉头和转弯，节省了人力和畜力。

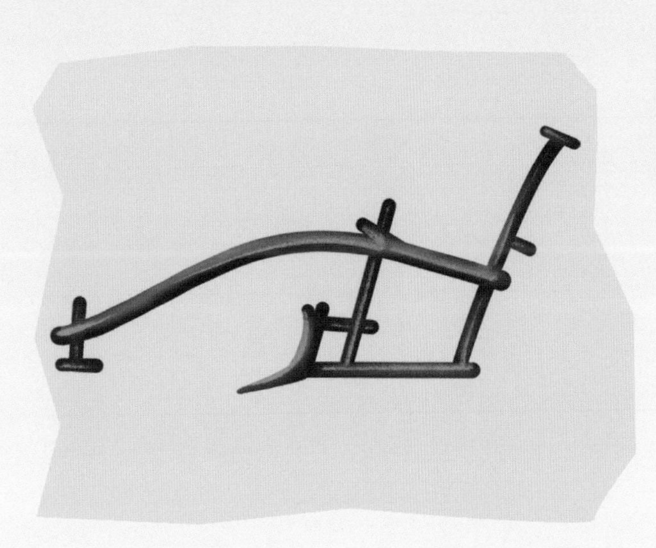

10. 耧（lóu）车

耧车是一种条播机，一般由三只耧脚组成，下面有三个开沟器，也称“三脚耧”。使用时，依靠牲畜牵引，人在后面扶耧，可以在土地上一次性完成开沟播种和覆土的工作，达到“日种一顷”的效率。

11. 秧马

秧马外形像小船，前方翘起，在插秧或拔秧时使用，可以减轻劳动强度。插秧时，一人坐在秧马背上用手将放置在秧马前端的秧苗插入田中，脚蹬带动秧马滑行；拔秧时，将秧苗拔起捆好，放在秧马后端，提高了工作效率。

12. 桔（jié）槔（gāo）

桔槔又叫“吊杆”“秤杆”，早在春秋时期就已经被广泛应用，是一种原始的汲水工具。它的构造运用了杠杆原理。在竖立的架子上加一根横杆作为杠杆，中间为支点。横杆的前端系一水桶，末端捆绑大石块，使用时一起一落，便可汲水，十分省力。

13. 辘（lù）轳（lu）

辘轳由辘轳头、支架、井绳、水斗等部分组成，是一种利用轮轴原理制成的起重工具，可有效地解决深井取水的问题。

14. 龙骨水车

提水工具的一种，用于灌溉农田或排除积水。我国古代的链传动应用的实物。它以龙骨叶板作为链条，置于长槽内，把水车的下半部分没入水中。使用时，以人、畜或水流为动力，驱动链轮和叶板转动，便可将水“刮”上岸。

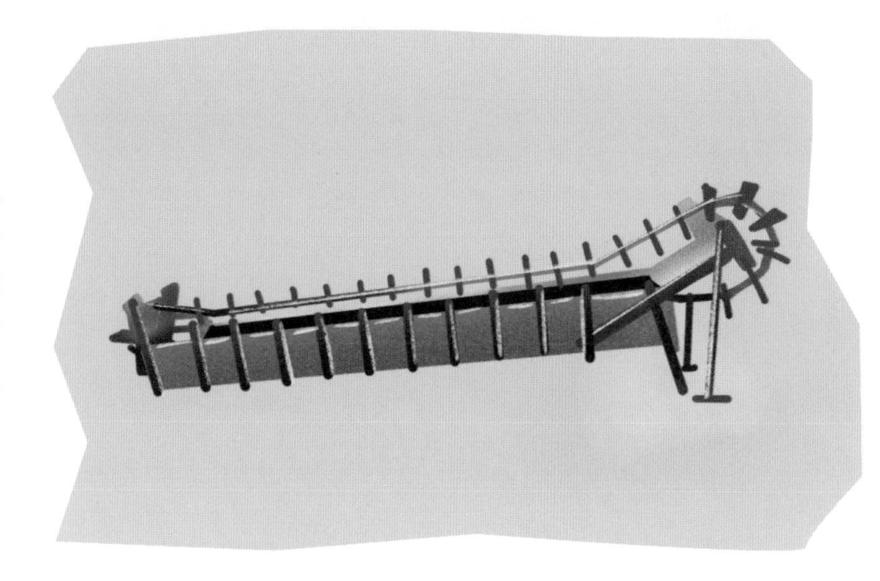

15. 高转筒车

一种提水机械，提水的高度比一般的筒车高。高转筒车利用水流的冲击和链传动，能够自行提水灌溉。一般放置于湍急的河流中，适用于水低岸高的地方。

16. 水转翻车

水转翻车是一种水力灌溉农具，特点是利用水流作为动力，通过齿轮系统，驱动翻车，进行提水灌溉。相比人工翻车，它利用了大自然的力量，可以日夜不息地工作，提高了效率，节省了人力和畜力。但是因为龙骨板脆弱，水势太强时容易毁坏。

17. 虫梳

虫梳是一种稻田除虫工具，外形像古代女子使用的篦（bì）子，由竹木制成。操作时需两个人端起虫梳的两端，顺着农作物的长势“梳”过去，可将害虫从农作物上清除掉。

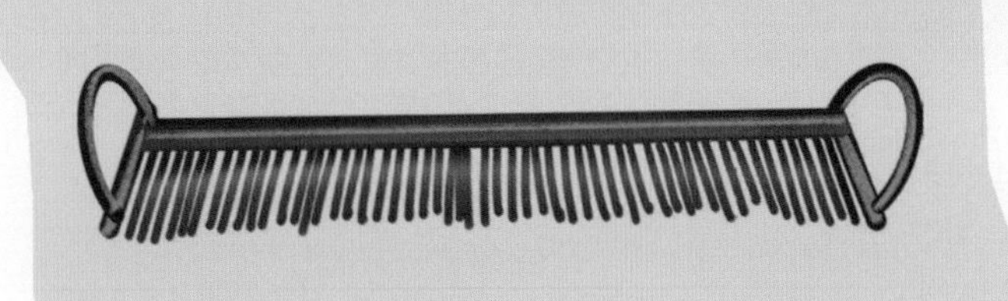

18. 扇车

扇车也叫“风车”，是一种用来清粮的风力机械。使用时，转动手柄带动叶片转动产生风力，较轻的杂物被吹出排杂口，谷物则落至出粮口排出。用于清除谷物中的颖壳、灰糠及瘪粒等。

19. 连枷（jiā）

连枷属于手工脱料器具，专门用来击打晒场上的谷物。连枷的长木柄上装有平排的木条或竹条，使用时上下挥动长柄，使它绕轴转动拍打谷物，用以打谷脱粒。

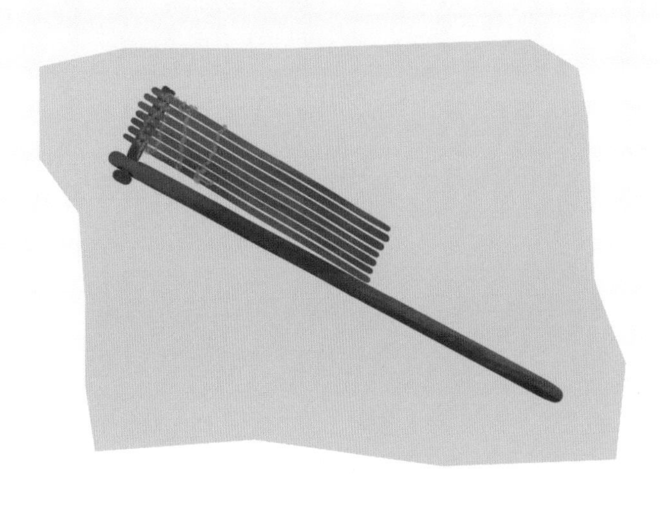

20. 石磨

石磨是一种用来把粮食加工成为粉、浆的机械。通常由两块圆石组成，在上下圆石的接合面凿有磨齿。最早的石磨要依靠人力或者畜力转动，费时费力。而到了晋代，人们发明了依靠水力驱动的石磨，节省人力的同时，还提高了生产效率。

古代服饰的面料十分多样。

在原始社会，人们将兽皮拼接成衣服御寒。到了商代，已经有了皮、革、丝、麻作为主要材料的衣物。随着纺织技术的不断发展，丝麻织物占据了重要地位。西周时期出现了严格的等级制度，因此产生了冠服制度，规定每个阶层的人都有固定的穿着。

春秋战国时期，织绣工艺取得了巨大进步，服饰的布料开始呈现多样化，出现了薄如蝉翼的纱罗、精美的锦缎和各种巧夺天工的绣品。

汉代，随着中国对外输出贸易规模的扩大，中国的丝织品经由丝绸之路传往中亚、西亚，最终抵达欧洲，中国的丝绸生产技术也传播到了全世界。

衣食住行

第六章 从棉麻到丝绸

各类纺织品的原料

葛

葛，通称“葛麻”，是最早应用于纺织的植物之一。早在旧石器时代，我们的祖先就发现，用葛编结的藤条虽然外表粗糙，但十分坚韧。后来，人们把葛藤放在沸水中煮，待其变软后，从它的皮中分离出一缕缕白如丝的葛纤维。把葛纤维加工成纱线，就可以用来编织纺织品，因此产生了葛布。葛布透气性能好，古时常被用来缝制夏衣。

苎（zhù）麻

苎麻是我国特有的一种草本植物。苎麻纤维和葛纤维一样，透气性和吸湿性都很好，尤其适合夏天使用。但是，苎麻纤维的加工比葛纤维更复杂，人们最早只能采用自然发酵的方法进行脱胶。后来到了秦汉时期，苎麻的生产和加工达到了一个新的高度，苎麻布便普及全国各地。即便后来有了棉织品，苎麻布依然被广泛使用。

大麻

大麻对土壤和气候的适应性较强，因此种植范围很广。大麻纤维长而坚韧，可以用来织布、纺线、编织渔网和造纸。我国人工种植大麻的历史大约始于新石器时代，但是随着苎麻和棉花的推广，大麻逐渐淡出了纺织品原料的行列。

苘（qǐng）麻

苘麻的纤维短而粗，纺纱性能远不如大麻和苎麻。春秋时期以前，多用它作为丧服或下层劳动者的服装用料。秦汉以后，大都用它来编织麻袋、搓绳索、编麻鞋等。

蕉麻

蕉麻是一种芭蕉科的纤维作物，它的纤维细长、坚韧，织成的布叫“蕉布”。这种布质地极轻，唐代白居易有“蕉叶题诗咏，蕉丝著服轻”的诗句，明代宋应星有“取芭蕉皮析缉为之，轻细之甚”的赞语。唐、宋两代，广东、广西、福建所产蕉布声名远扬，常作为贡品献给朝廷。

蚕丝

蚕丝是一种天然动物纤维，具有强韧、纤细、光滑、耐酸和弹性好等特点。根据考古发现，早在 4700 年前，我国就已经开始利用蚕丝编织衣物，商周时期则发展出了锦、绢、缎、罗、纱等各种类型的丝织品。到了汉代，丝绸沿丝绸之路远销海外。

棉花

棉花最早是在南北朝时期的边疆种植，也有史书记载，棉花从海外传播而来。元代，著名棉纺织改革家黄道婆前往海南岛，学习了当时最先进的棉纺织技术，并推广到了全国。到了明代，棉花种植已在全国普及。棉纤维的特性优良，明朝统治者也极力提倡种植，因此棉花品种越来越多，棉花也逐渐成为人们日常衣着的原料。

丝、麻、棉的获取

蚕丝

桑蚕的一生十分短暂，经历蚕卵、幼虫、蚕蛹、成虫四个发展阶段。桑蚕出生不久就开始吃桑叶，吃得多，长得快，从蚁蚕长成一条成熟的蚕，体积会比原来大400~500倍，经历四次蜕皮后就成了熟蚕。这时候胸部和腹部开始呈半透明状，熟蚕不再吃桑叶了，头部高高昂起，开始吐丝。三四天后茧子就结好了。蚕丝的获取工艺又叫“缫（sāo）丝”，就是把蚕丝从蚕茧中抽取出来。

1. 手工缫丝

在原始社会，人类主要通过手工缫丝获取生丝，但这样得到的丝粗细不均，丝质也不好，脆而易断。

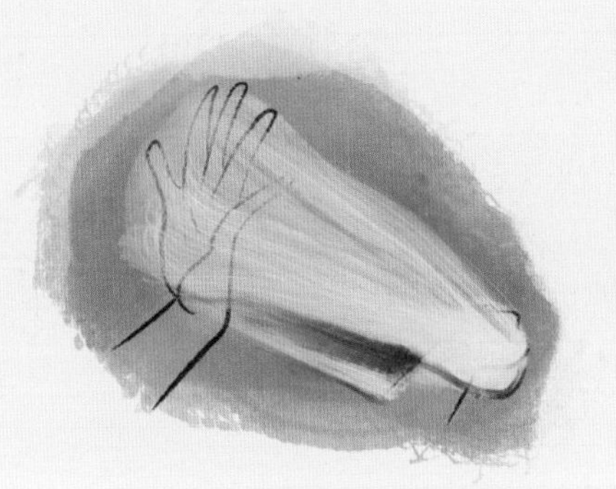

2. 索绪

将蚕茧放入热水中，通过振动蚕茧或者使用索绪帚，索取蚕丝的工艺过程。

3. 纺车雏形

根据商代出土的丝织品分析，当时已经出现了手摇纺车的雏形。

4. 缫丝丝架

商周时期，出现了缫丝丝架工具。

5. 手摇纺车

手摇纺车由木架、锭（dìng）子、绳轮和手柄四部分组成。关于纺车，最早的文献是西汉扬雄所著的《方言》。后来考古学家们还挖掘出了描绘汉代纺织场景的壁画，由此可以看出，纺车在汉代已经成为普遍使用的纺纱工具。

魏晋南北朝时期，人们在手摇纺车上安装了纺锭，并采用了固定的卷绕并捻的方法。

6. 脚踏缫（丝）车

脚踏缫车出现在缫丝技术迅速发展的宋代，由传动机架、集绪和捻鞘、卷绕等部分组成。比起手摇式缫丝车，它解放了双手，让使用者能够同时进行索绪、添绪等工作，生产效率大为提高。

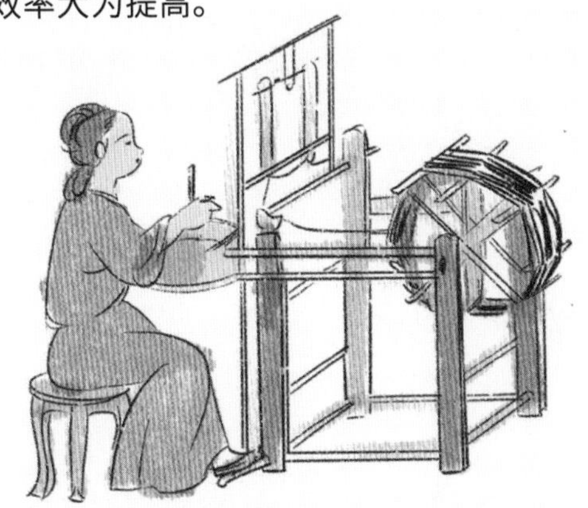

7. 南北缫车

到了元代，出现了南缫车、北缫车两种类型。南北缫车的原理基本一致，只是北缫车的构件更完整，车架更低，丝的导程更短。后来，缫丝技法经过南北交融，统一了工艺要求。

8. 明清时期的发展

明代，脚踏缫车已经普遍应用，但是在工艺上更加注重制丝用水的选择，因此发展出了著名的湖丝。清代在机械上没有重大改革，只是更加注重质量和技术，以此提高生丝的质量和产量。清代晚期引进了蒸汽动力缫丝机，缫丝技术进一步发展。

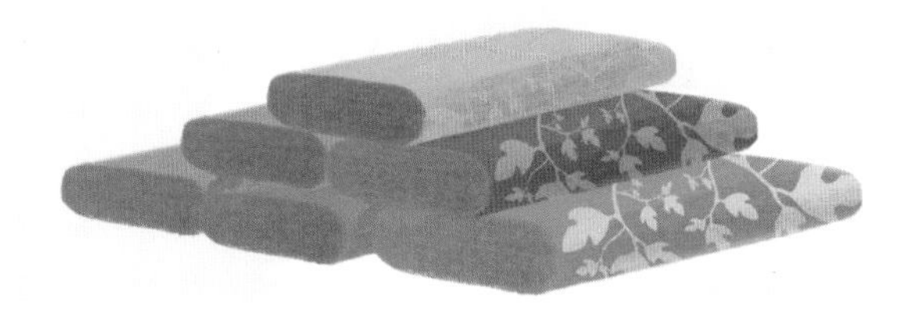

麻

麻的获取流程，主要是从苎麻等麻类植物中通过脱胶技术，分离出可纺纤维。考古研究发现，早期的麻类衣物没有经过脱胶。后期的脱胶有很多办法，其中一种和获取蚕丝方法类似，是将麻放在热水里煮沸脱胶。放在热水里让果胶等融化，再用木棒轻轻捶打就可以得到脱胶后的麻纤维。

脱胶技术的发展

1

新石器时代晚期

直接剥取不脱胶或自然沤（òu）渍（zì）。

2

商周时期

人工沤渍。缓慢流动的池水温度较高，水中微生物数量增加便于沤渍脱胶。

3

秦汉时期

为了使麻能像蚕丝一样柔软，人们在夏至之后20天沤麻。

4

北魏时期

脱胶的关键技术已经被全面掌握。

5

宋元时期

麻脱胶的新工艺出现。

6

明代

采用半浸泡半晾晒和水洗交替进行的方式，使纤维更为白净。

棉

棉的获取主要是通过种植棉花。棉花的花朵初开时是乳白色的，之后会逐渐变成深红色，凋零后留下的是绿色的蒴果棉铃。棉铃里有棉籽，棉籽上的绒毛从表皮里长出来，棉铃成熟之后裂开就可以看到柔软的棉纤维。摘出来的棉纤维便可以用来纺织。

棉的引入和发展史

1

根据记载，棉花的种植最早出现在大约公元前5000年的印度河流域。

2

在2000年前，棉花传入广西、云南、新疆等地，但在中原地区仅作为观赏植物存在。

3

唐宋时期，棉花开始向中原移植。

4

元代初年，棉布已经成为主要纺织布料，官府甚至设立木棉提举司，征收棉布织物。

5

明代，种植棉和棉纺织技术已经遍布全国。

古代丝绸生产工艺流程图解

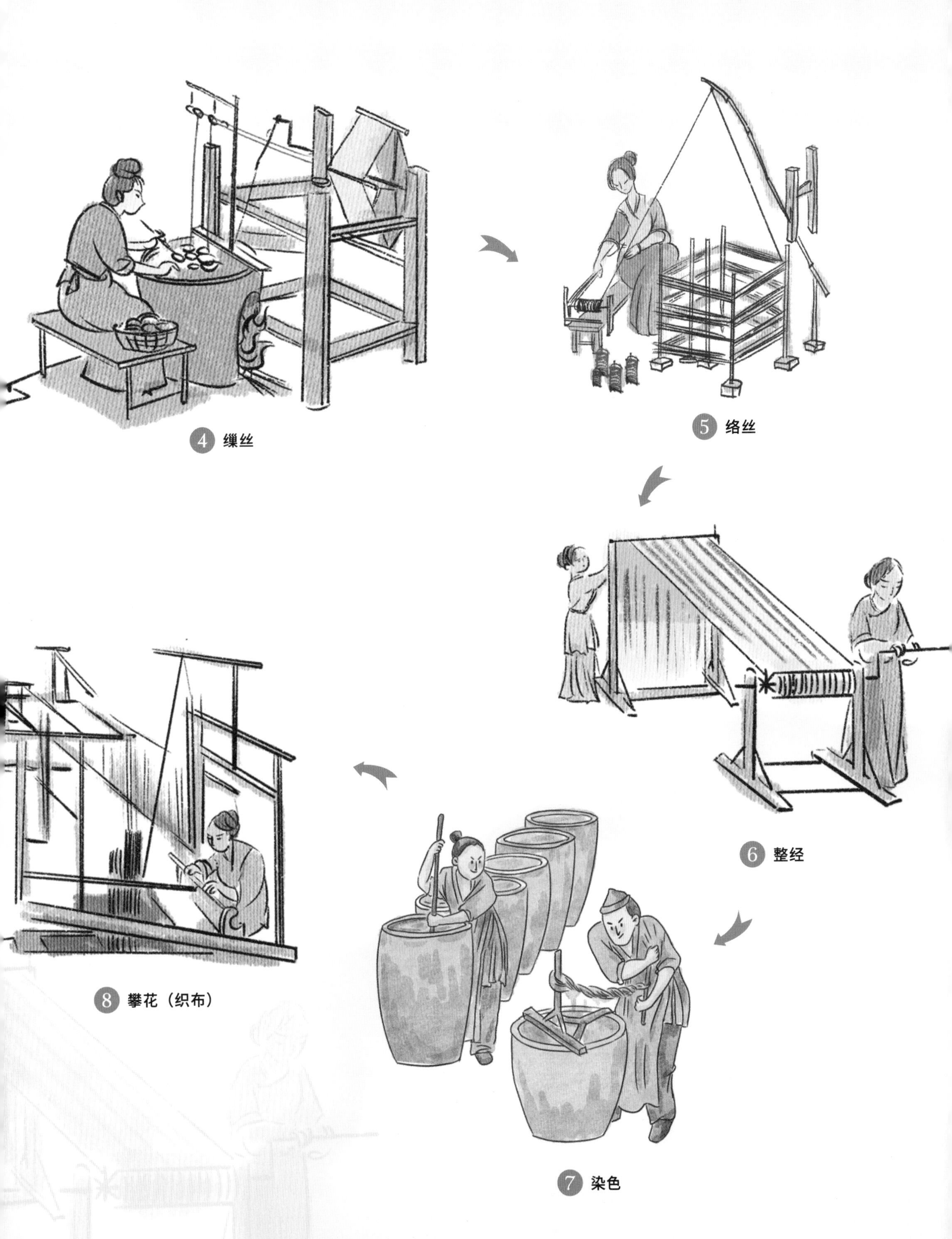
4 缫丝
5 络丝
6 整经
7 染色
8 攀花（织布）

最初，人类为了抵御寒冷，用草叶和兽皮蔽体。后来，人类又学会采集野生植物和鸟羽兽毛，织成粗陋的衣服，开始进行编织、裁切、缝缀等纺织活动。

纺织，顾名思义，“纺”在先、“织”在后。“纺”就是将丝、麻、棉、毛等纤维拧成纱或线，为“织”提供材料。“织”则是利用这些纱或线来编成网或布等织物，用于渔猎、捆物或制衣。随着时代发展、技术进步，纺织的材料、工具及方法都发生了天翻地覆的变化。

我国是最早发现和利用蚕丝作为纺织原料的国家，从纤细易断的蚕丝线到透气柔韧的丝织品，中国的丝绸工艺技术成为古代科技文明最为重要的创造性成果之一。华夏先祖在实践中积累了丰富的纺织经验，为我们留下了一笔珍贵的科技遗产。

第七章 衣天下

纺织工具的演化

缫具的发展

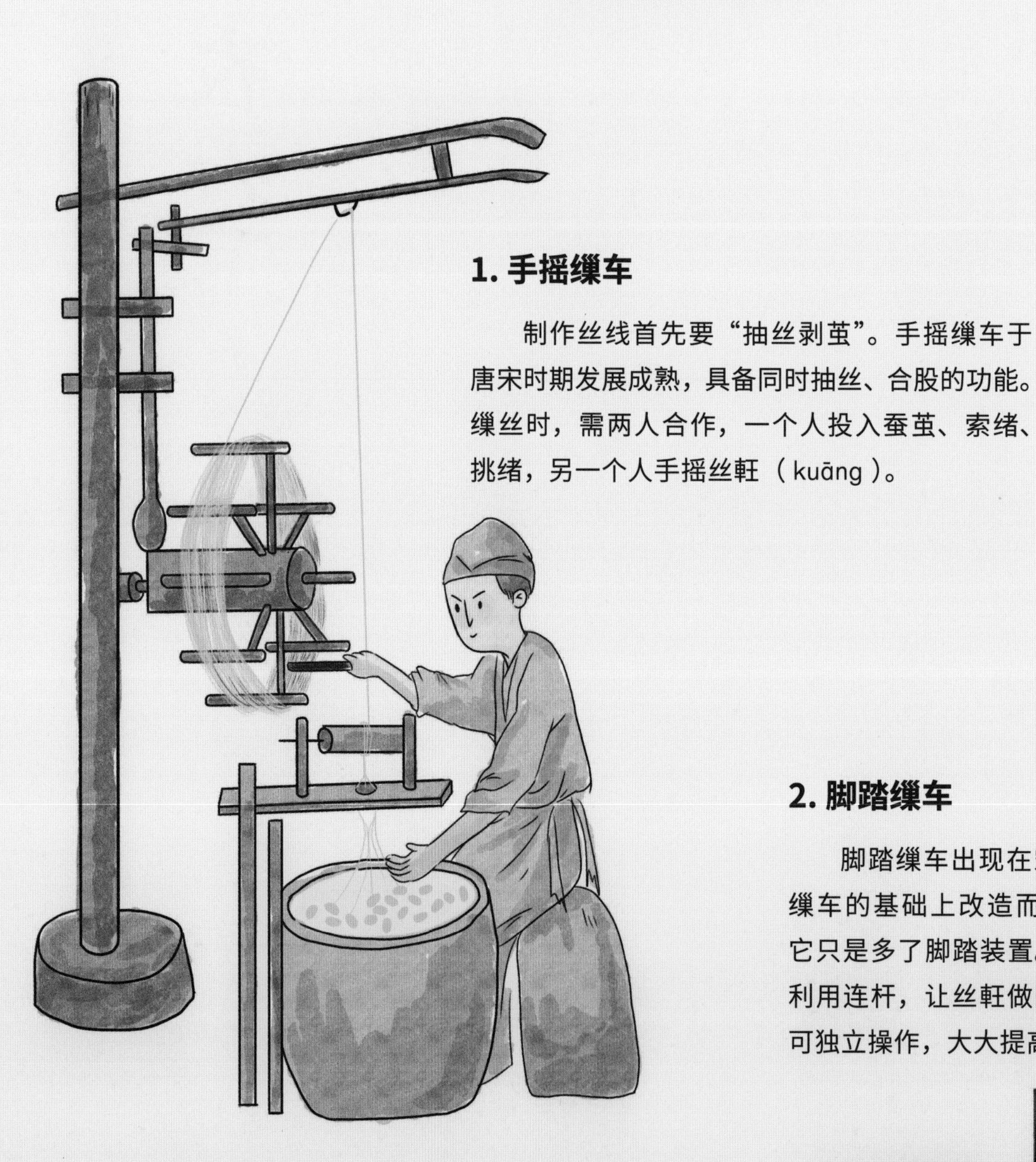

1. 手摇缫车

制作丝线首先要“抽丝剥茧”。手摇缫车于唐宋时期发展成熟，具备同时抽丝、合股的功能。缫丝时，需两人合作，一个人投入蚕茧、索绪、挑绪，另一个人手摇丝軖（kuāng）。

2. 脚踏缫车

脚踏缫车出现在宋代，它是在手摇缫车的基础上改造而成的。相比之下，它只是多了脚踏装置。但是使用者可以利用连杆，让丝軖做回转运动，一人便可独立操作，大大提高了生产力。

纺具的发展

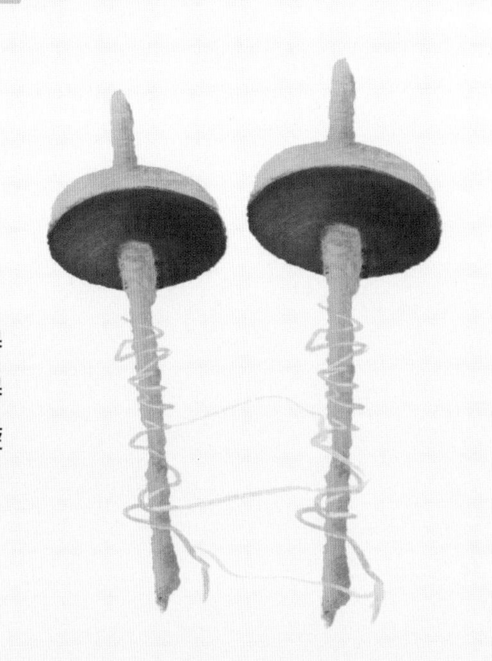

1. 纺坠

纺坠是最古老的纺纱工具之一，最早出现于旧石器时代晚期，至新石器时代已广泛使用，多用兽骨或陶器制成。纺坠是我国最早用来纺制蚕丝的工具，使用时旋转纺坠，利用纺轮自身的重量和惯性对丝线进行加捻。

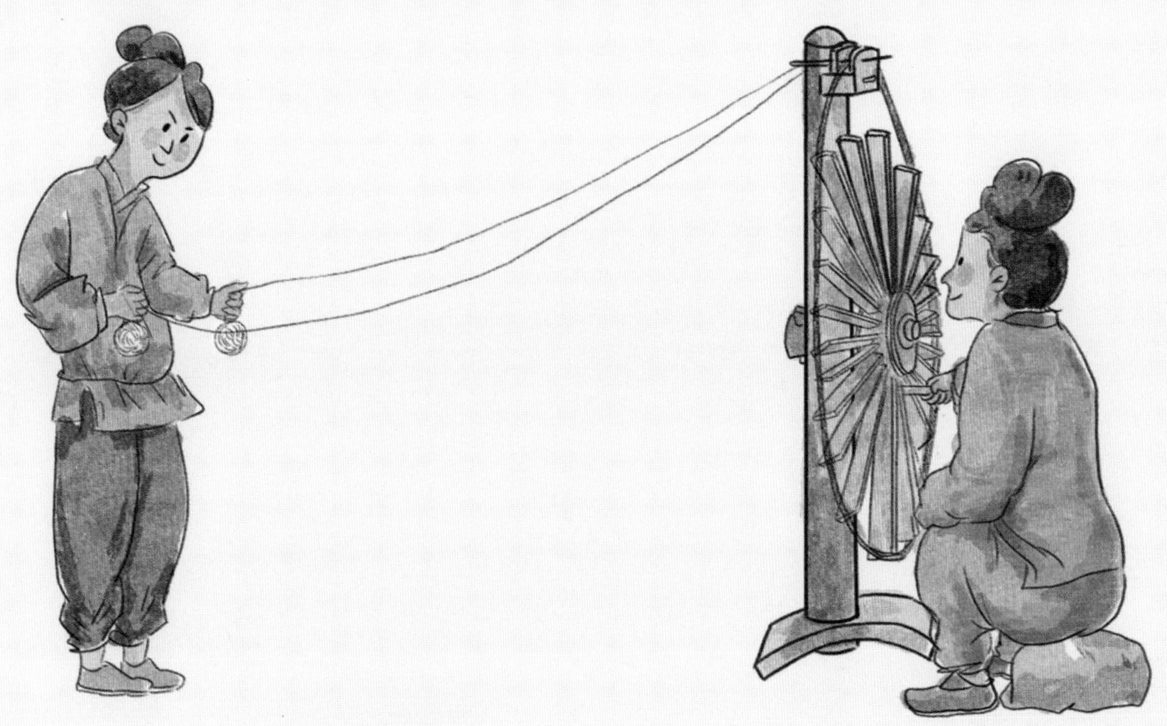

2. 立式手摇纺车

目前最早的形式见于五代。操作时需要两人配合，一个人坐在纺车前摇动绳轮、控制锭子转动，另一人站在对面抻线。

3. 卧式手摇纺车

卧式手摇纺车大约在宋元时开始流行。主要由木架、锭子、绳轮和手柄四部分组成。锭子在左，绳轮和手柄在右，中间用绳弦传动。操作简易，一人即可独立完成纺线。

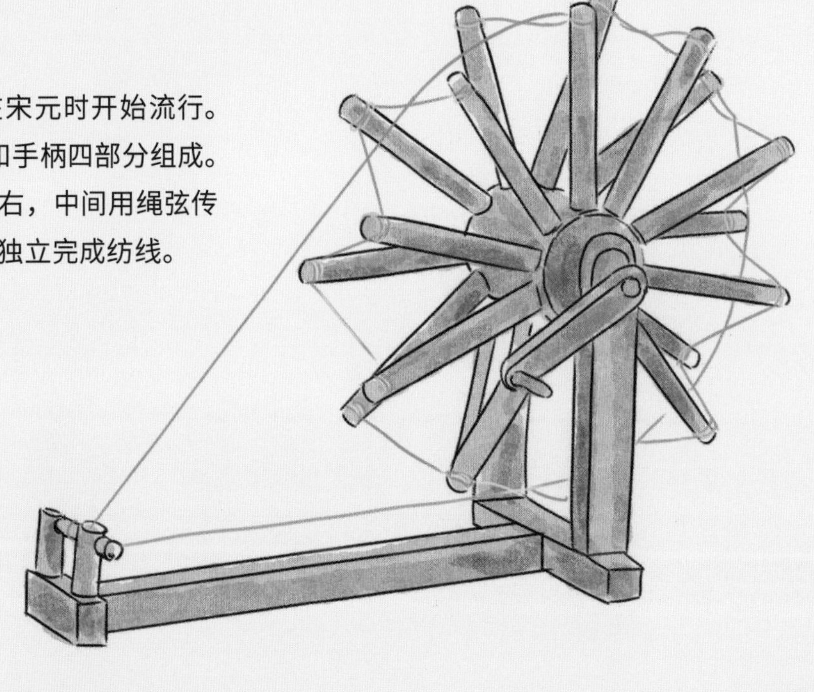

4. 脚踏三锭纺车

晋代时，人们在一架纺车上安装三个锭子。使用时，左右手配合纺纱，脚踏踏杆来转动锭子，劳动生产率得到了显著的提升。

5. 大纺车

北宋时期的大纺车与旧纺车的区别在于，纺纱的锭子多达 32 枚，极大地提高了生产力。大纺车由加捻、传动和原动三个部分组成。其中，传动系统已经有了现代机械传动的雏形。可见古人已经认识到改进动力传输在提升机械效率中的作用。

6. 水转大纺车

水转大纺车是南宋时期发明的一种用水力驱动的纺织机械。它起初用于纺麻，在元代盛行于中原地区，是当时世界上最先进的纺纱机械，发明时间比西方早了约 400 年。但是，元、明以后，棉织品得到大力发展，水转大纺车失去了用武之地。

织具的发展

1. 骨针

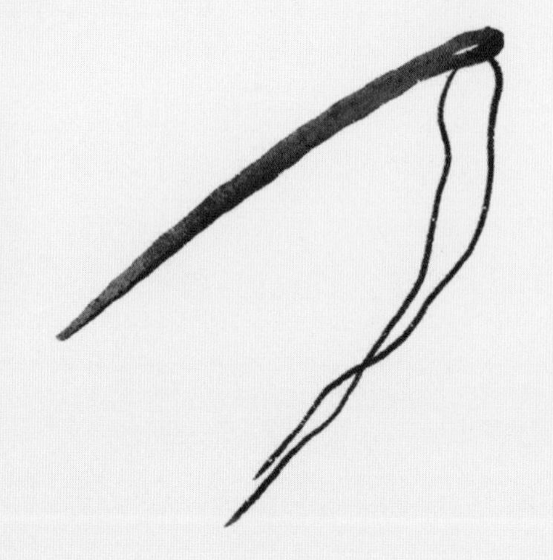

骨针是人类最早的缝纫工具。旧石器时期，我国的先民就已经开始使用骨针，一直到秦汉时期铁针出现后才逐渐淘汰。在北京周口店山顶洞人居住遗址出土的骨针表明，至少在18000年前，我们的祖先就已经可以利用纺织工具缝制简单的衣物了。

2. 打纬刀

打纬刀是一种原始织机的工具部件，用于击打纬纱，使纬纱更加紧密（纬纱与经纱交织，才能形成符合设计要求的织物）。浙江余姚河姆渡遗址发现了大量新石器时代的纺轮、打纬刀和绕线棒等原始纺织工具。

3. 原始腰机

原始腰机是世界上最古老、构造最简单的织机之一。使用时，织工用身体作为机架，把织轴绑在身上。原始腰机能上下开启织口、左右穿引纬纱、前后打紧纬密，使人们告别了纯手工方式的纺织阶段。

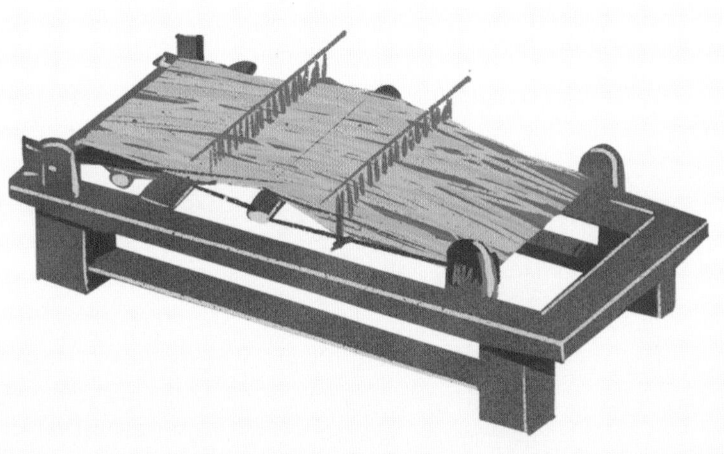

4. 双轴织机

商、周时期发明的双轴织机，是在原始腰机的基础上改良而成的，它的主要特点是有着卷布轴和经轴的双轴系统，且均固定在机架上。

5. 罗机

据推断，罗机在商代就已经问世了。它在普通织机上加装了特殊的起绞装置，能使经纱相互扭绞而非互相平行。罗机的打纬工具仍然是古老的打纬刀。

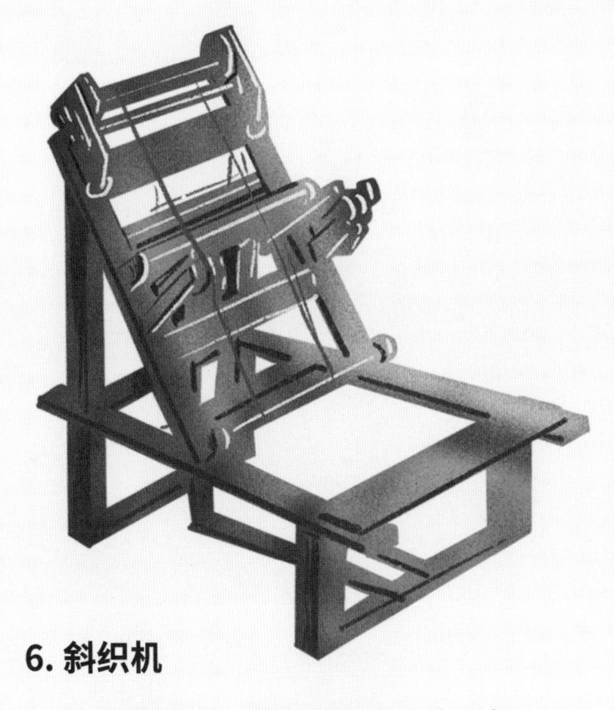

6. 斜织机

汉代斜织机，因经纱平面和水平机座呈斜角而得名。织造者能够在织造的时候一目了然地看清楚织物的情况，还能脚踏提综，减轻劳动强度。

7. 立织机

在东汉时期便已经用于毛地毯生产的立织机，又称“竖机”或“立机”，经纱平面完全垂直于地面。最初人们用它织造地毯、挂毯等绒织物。至唐宋时期，一些地区也用立织机织造丝和棉织物。

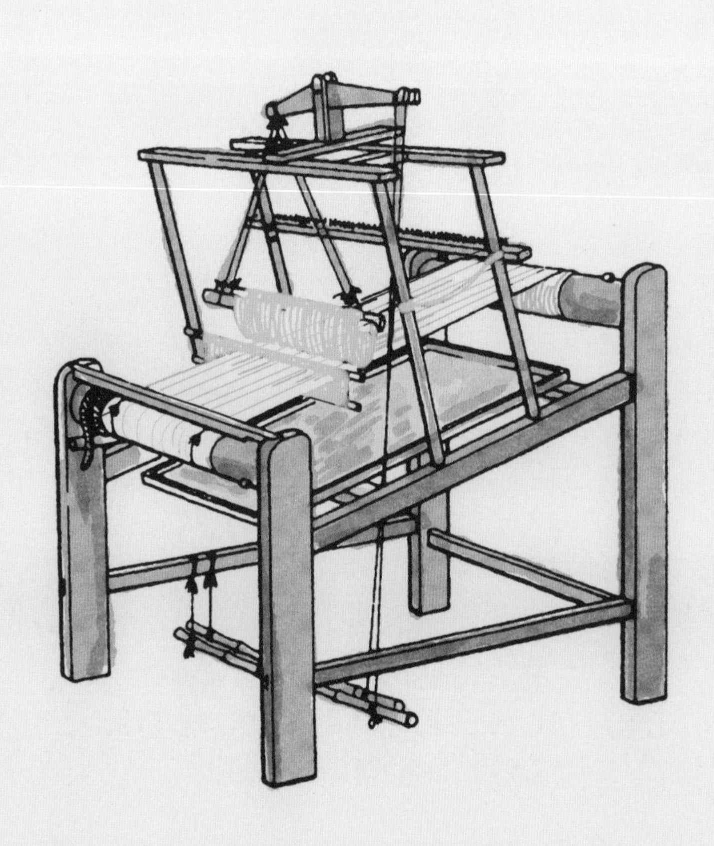

8. 缂（kè）丝机

从考古和传世的实物来看，缂丝至少出现在汉代。唐代，缂丝工艺日臻完善。缂丝，即以本色丝做经纱，彩色丝做纬纱，用特制的小型梭子以“通经断纬”的织法制造。缂丝技术是中国丝绸技艺的精华，具有很高的观赏性。

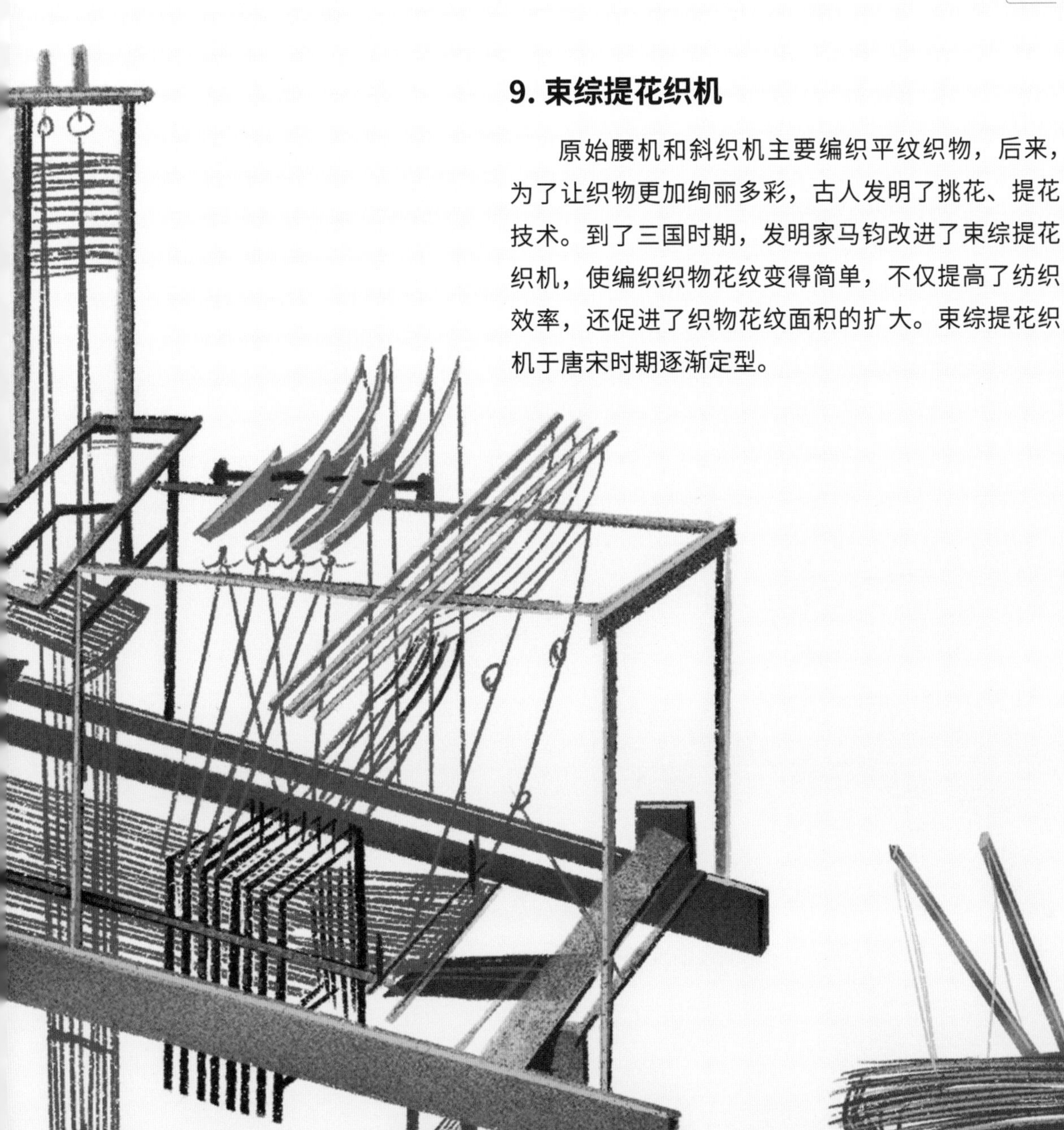

9. 束综提花织机

原始腰机和斜织机主要编织平纹织物，后来，为了让织物更加绚丽多彩，古人发明了挑花、提花技术。到了三国时期，发明家马钧改进了束综提花织机，使编织织物花纹变得简单，不仅提高了纺织效率，还促进了织物花纹面积的扩大。束综提花织机于唐宋时期逐渐定型。

10. 竹笼机

竹笼机最早出现在宋代，因用竹笼存储织物而得名。机架上的杠杆用来提拉地综和编结织物的花纹。如今，竹笼机在广西的少数民族地区应用较广，多用来织造壮锦。

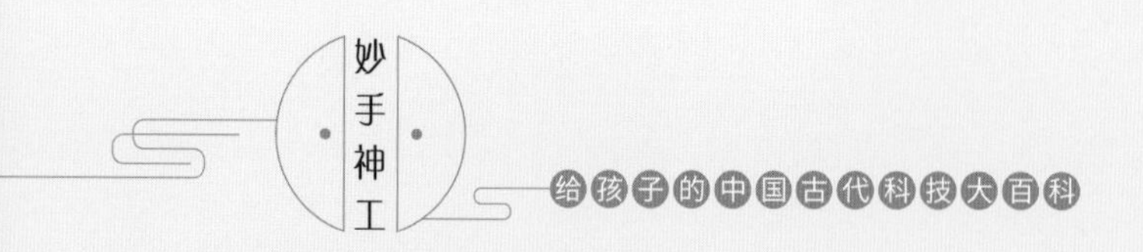

提花织机里的织造奥秘

束综提花织机又叫作“花楼机”，因为它的束综装置非常像高楼。而它的另一个显著特征，就是在织机上方有一个“花本”。如果把织机看成一台计算机，那么花本就是存储提花程序的存储器。它将提花图案转化为线绳，并预先挂在了织机上。这样，织工的操作流程就变得简单而规律。

织造需要两人配合完成，在花楼上的挽花工需要识别花本的提花程序，双手提拉束综；下方的织工则脚踏蹑杆，提起对应的综框。经纱分成两层，形成织口；然后织工把绕着纬纱的梭子从织口里投过去；最后再用打纬刀打紧纬纱，一行就织好了。

以经锦为例，需要显色的经纱在纬纱上方，不显色的经纱在下方，所有的经纱都穿过综框，和束综相接。

如果把 5 色经线设为一组，只有 1 根显色在纬纱上，设为“1”；另外 4 根在下，设为“0”。这样，就可以把整个提花图案看成是由“1”和“0”组成的矩阵。像不像二进制编码？没错，这就是这台“计算机”编程的基本原理。

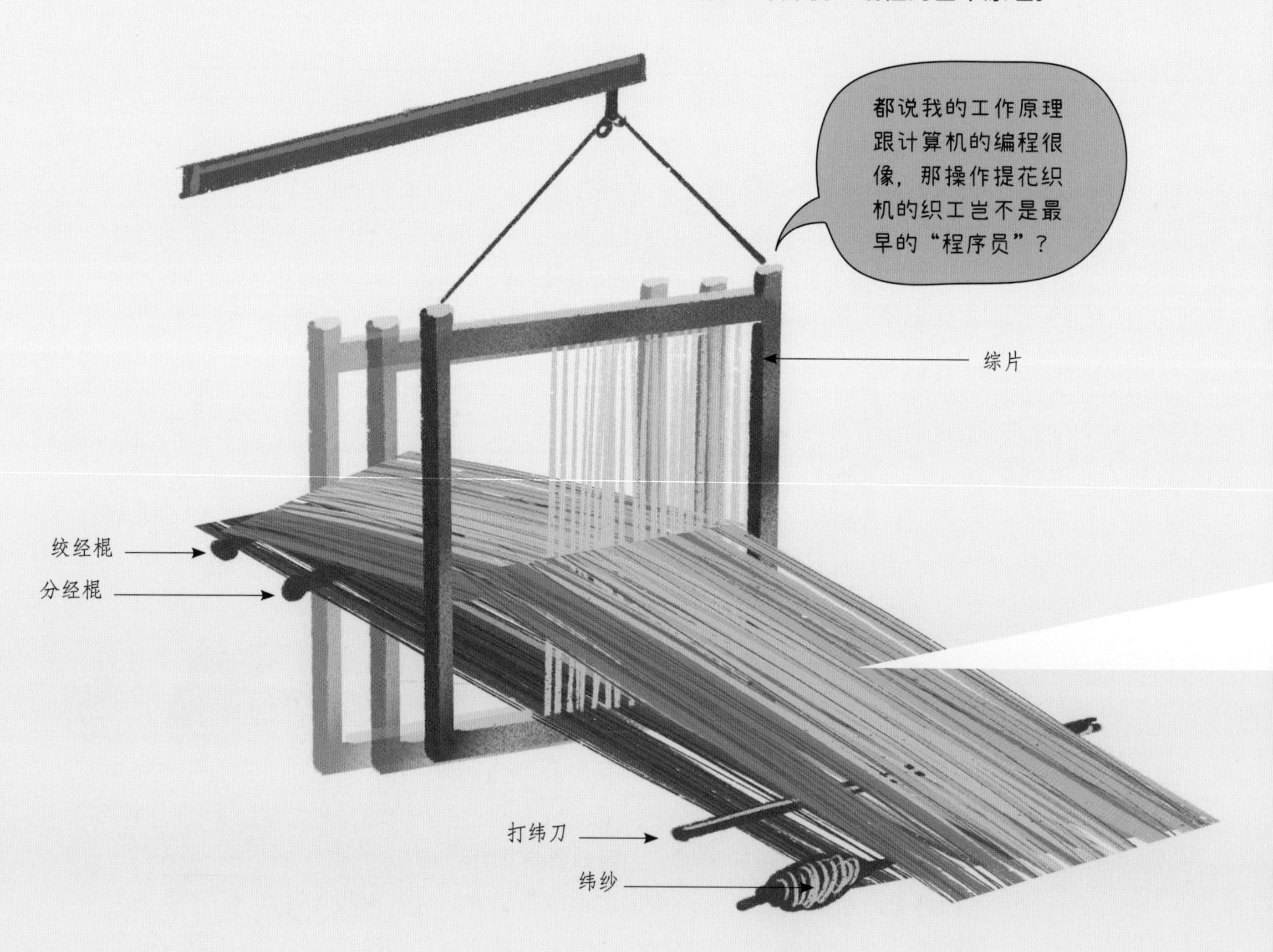

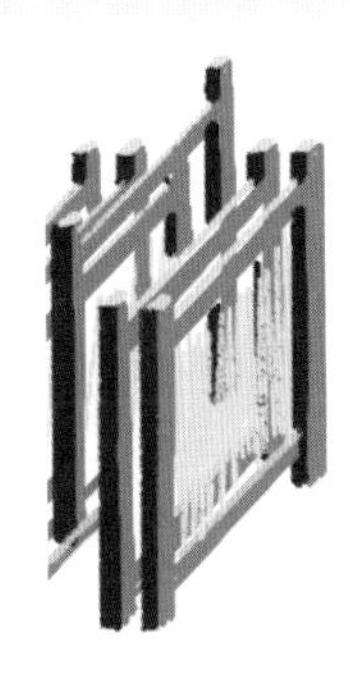

织机综片的作用是控制经纱，使其有次序地做升降运动，保证经纱和纬纱错综在一起，交织成不同图案的织物。

提综杆的作用是提起综片，带起经纱，将经纱分为上下两层，让经纱有规律地穿过综片上的综孔。

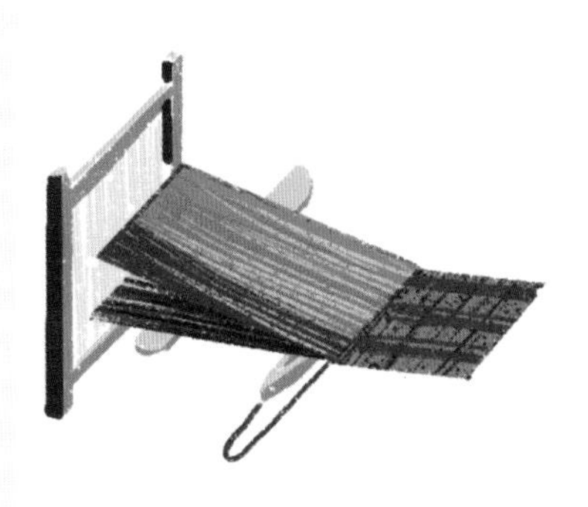

梭子从下层经纱上方、上层经纱下方的空隙处穿过，放出纬纱，通过交织编成布。

丝绸之路

丝绸对中国古代的经济、文化有着至关重要的影响。

在“男耕女织”的中国古代农业社会中，养蚕丝织在农业生产中占有重要地位。一方面，丝绸装点着中国人的生活；另一方面，丝绸作为国家的重要经济支柱，铺就了丝绸之路。

汉武帝派遣张骞出使西域，打通了连接欧亚大陆的陆上贸易通道，成为中国、印度、希腊三个古代主要文明的交流纽带。这条路促进了技术交流，实现了商贸发展，推动了文化融合。

在 21 世纪，丝绸之路也迎来了全面新生，我国于 2013 年提出建设“新丝绸之路经济带”的构想，“开放包容”“互学互鉴”的理念在国际上引起了高度共鸣，得到了广泛赞誉。如何构建人类命运共同体或许可以从纺织中得到启示：经纱和纬纱和谐又紧密地交织成美丽而温暖的织物。

平纹组织是最简单的一种织物组织方式，由经线和纬线一上一下交织而成。

色彩是一种文化符号。

颜色给古人带来的是生活的多姿多彩，也代表着技术和科学的进步。人们发明了衣服，又从矿物和草木中提取出了颜色，让服装颜色变得不再单调。

五千年华夏文明中，每一种颜色都有着悠久的历史，每一件衣服都表达着浓浓的人文关怀。

第八章 中国美色

矿物颜料的种类

▷ 染红色的染料

赤铁矿

赤铁矿在自然光线下呈现暗红色，是中国古代应用最早的矿物之一。商周时期，也就是三四千年前，古人就用它来做颜料了。

辰砂

注意啦，我有一定毒性。使用时要控制用量哟！

辰砂又叫“朱砂”，它的主要成分是硫化汞，颜色鲜艳，是古代重要的绘画颜料、着色颜料。加工辰砂时，需要先把它研磨成粉，再用水漂洗，最后用胶漂洗。早在新石器时代，古人就知道如何使用辰砂了。

▷ 染白色的染料

胡粉

胡粉是一种人工合成染料，用矿物铅制成。古时人们用它为衣物染色或制作化妆品。

白云母

白云母是一种云母类矿物，可以作为白色颜料使用，把它研磨成特别细的粉末，涂在织物表面，能够使织物具有珍珠般的光泽。

▷ 染蓝色、绿色的颜料

天然铜矿石

天然铜矿石被用作重要的蓝色和绿色颜料。

孔雀石

孔雀石因颜色酷似孔雀羽毛上的绿色而得名。古时候，人们也将孔雀石称为“绿青”“石绿”。

蓝铜矿

蓝铜矿也叫“石青”，是中国古代蓝色颜料的主要来源，在我国有着悠久的使用历史。马王堆汉墓中就曾出土了染有蓝铜矿所制颜料的帛画。

▷ 染黄色的颜料

雌黄和雄黄

雌黄通常呈现出鲜艳的柠檬黄色，暴露在空气中后颜色会很快变得暗淡。雄黄所呈现出的颜色则更多样，从鲜黄到偏红都有，以黄色居多。研究表明，最晚在西周时期，人们就开始用它们来染色了。

雌黄

雄黄

矿物颜料也是有缺点的哟！它们不耐水洗，容易从织物上脱落，会影响织物的颜色和效果。

植物染料的种类

1. 蓝草

蓝草又叫作“蓝靛（diàn）”，可以提取靛蓝染料用于染布。它是我国应用最早、使用最多的染色植物，大约从周朝就开始使用了。人们将蓝草浸泡、捣碎，然后加入石灰制作成固体的锭状，方便搬运、保存和贩售。蓝草的根部就是我们最熟悉的中药板蓝根。

2. 茜（qiàn）草

早在商周时期，人类就开始使用茜草作为红色染料。茜草中含有的色素叫作“茜素”。茜素不能直接附着在布料上，需要其他物质的辅助才能染出赤色、绛色等红色调，这些辅助染色的物质叫作“媒染剂”。

3. 红花

红花是一种可以直接在纤维上染色的植物，而且上色比较牢固，因此在红色染料中占有极为重要的地位。红花自西汉时期传入内地以来，应用极为广泛。比如，把红花素加入淀粉中，可以做成胭脂。

4. 苏木

苏木也是一种著名的红色系染料。树干中含有“巴西苏木素”，本来是无色的，与空气接触氧化后生成紫红色素。将苏木水和绿矾水混合，能把布料染成大红色。唐代，人们就用苏木来为四品官员的官服染色。

5. 栀（zhī）子

栀子的果实是天然的黄色染料，染出的黄色非常鲜艳，但容易因日晒而褪色。

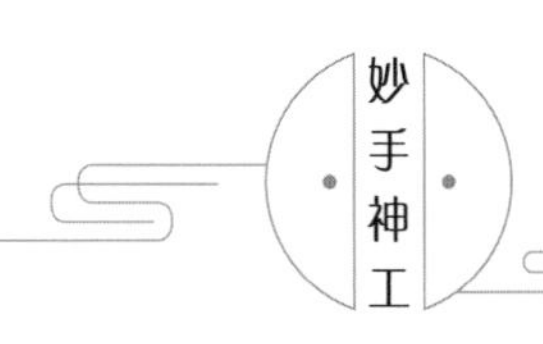

6. 槐花

槐花的花蕾通常称为“槐米”。用槐花染出的黄色特别鲜艳，而且比用栀子染出的黄色更加牢固。自宋代开始，越来越多的人用槐花染色。

动手试一试，将槐花在水中煮 20 分钟，然后看看它的染色效果吧。

7. 黄栌（lú）

黄栌是一种观赏树，它的木材呈黄色，从它的树干中可以提取出一种黄色染料。

8. 黄檗（bò）

黄檗是一种落叶乔木。浸泡它的木材和树皮之后可以得到黄色染料。经由黄檗染过的纸张可以防虫蛀。此外，如果用它和靛青套染，能染出豆绿、蛋青等颜色。

9. 姜黄

姜黄又叫“黄姜”，它是我国最早使用的有香味的染色材料。染色时，通过浸泡根部即可出色。

10. 鼠李

鼠李是天然染料。使用时煮沸果实和茎皮，就可以得到染液。

11. 紫草

古人用紫草染紫色。紫草的花和根都是紫色的，从它的根、茎部可以提取出紫色染料。但它是媒染性的染剂，不添加媒染剂就没法在丝麻等纤维上着色，和明矾等媒染剂作用后才能获得紫红色。

12. 狼尾草、鼠尾草、五倍子

在古代，黑色是十分重要的颜色。狼尾草、鼠尾草和五倍子等植物含有鞣质，是黑色染料的来源。

狼尾草　　鼠尾草　　五倍子

13. 乌桕（jiù）

乌桕的叶片是传统的黑色染料。它的叶片和铁化合物进行媒染可以得到灰色色素，通过多次复染可得到黑色。乌桕最适合用来给棉麻织物染色。

各种各样的染色方法

用植物染色的方法叫作“草木染”，方式多样，包括生叶染、媒染、煎煮染、发酵染、敲拓染、套染等。

生叶染

这种方法适用于可以直接提取出色素的植物染料。将植物根、茎、皮、叶、果等部分直接榨取出汁，提取出充满色素的汁液，是最简易的染色方式。

媒染

媒是指媒介，媒染就是通过某种媒染剂或者化学品做桥梁，使色素依附于织物上的染色方法。媒染剂能使染色素附着于布料，不仅可延长颜色保持的时间，还能影响染色的效果。

煎煮染

有些染料的色素在常温状态下无法提取，因此需要用煎煮的方式。将需要染的布料和捣碎后获取的植物汁液一起放进锅里煎煮，可让色素达到好的依附效果。

发酵染

发酵染的主要代表是靛蓝染。染色时，把蓝草完全浸入水中，放置一段时间，将浸出的液体过滤，倒入容器里，按一定比例加入媒染剂，例如石灰，同时用木棍急速搅动，让蓝草里的色素与空气中的氧气加速反应，然后把产生的沉淀贮存在其他容器里，等水分蒸发到一定程度，就制成了靛蓝染料。明代的宋应星在《天工开物》里记载了类似的方法。

敲拓染

敲拓染只需要一把锤子或者一块石头，然后把植物紧贴在布料上，进行敲打，使植物的颜色和形状直接印到布料上。

套染

古人在长期实践中发现，将含有不同色素的染料进行叠加使用可以获得不同的色彩，于是发明了套染。汉代的书籍记录了三四十种颜色。隋唐时期，染色技术进一步发展。到了明清时期，人们甚至能通过套染得到七百多种颜色。

蓝布印染

靛蓝染料不容易脱色，耐脏耐磨，染色效果既朴素又美观，因而从春秋时期直到明清时期，百姓的服装、日用纺织品都大量使用靛蓝染色。

蓝布印染的图案参考了民间剪纸、刺绣、织锦、木雕等传统艺术的图案或花纹，纹样丰富，寓意吉祥。

制作蓝印花布的步骤可以简单概括为：

1

挑选平整、干净的白布，先用碱水处理，再用清水洗干净，然后把布晒干。

2

由专业的技师将花纹图案刻在裱糊好的纸上，给纸的正反面刷上油，晾干，做成花版。

3

把黄豆粉和石灰按一定比例混合，并加水调成糊状，刮涂到罩了花版的白布上，接下来，把白布放在盛有染料的染缸里染色。

4

经过几次清洗、晾晒，蓝印花布就制作完成了。

工业化时代，机器染色逐渐替代了手工染色。机器染色效率高、产量大、节省人力；而手工染色的优势则是图案活泼、有生命力，染出的每个花纹都不完全相同。在科技快速发展的今天，手工染色作为一种古代流传下来的技艺，依然散发着无穷的活力。

“民以食为天”，在悠久的华夏文明中，食物是最不能越过的一环。

古人对食物的要求很高，在烹饪方法上有煎、炒、烹、炸、烤、蒸、烩，在菜肴品质上还讲究色、香、味俱全。美食不仅是对味蕾的满足，也是一种精神上的追求。

人们在食用天然食物之余，还制作了许多独特的食物，如醋、酒、饴糖等。这些食物是通过发酵而制作出来的，成为中国饮食文化不可或缺的组成部分。

第九章 食材的酿造

各类发酵食物

1. 酒曲

中国人酿酒的独门秘籍是酒曲。酒曲由产生曲霉分生孢子的谷物制成。酿酒离不开酒曲，因为酒曲分泌的酶可以将谷物中的淀粉、蛋白质转变成糖和氨基酸。

制曲是酿酒的重要环节。北魏时期的农书《齐民要术》详细地介绍了古代酿酒的技术与经验，全面总结了制曲的方法。中国比较常用的是大曲与小曲，大曲主要用来酿蒸馏酒（也就是白酒），小曲主要用来酿黄酒。

2. 醪(láo)糟(zāo)

醪糟又叫“甜酒”“米酒”，旧时称作“醴（lǐ）”，是由糯米经过酵母发酵制成的一种风味食品。通常情况下酒精度很低，如果继续让它发酵，就会形成米酒。

3. 醋

醋是日常生活中的必需品，经常用作调味料。现代医学证明，酒精氧化成醋酸的过程中所产生的氨基酸、维生素等对人体有很多好处。

中国人酿醋的历史至少有 3000 年了，春秋战国时期就已经出现了酿醋的作坊；到汉代，醋开始普遍生产；南北朝时期，《齐民要术·作酢法》对醋的酿制方法进行了总结；唐宋之际，醋成为寻常百姓家中的必备调味品。南宋吴自牧的《梦粱录》中记载了当代人很熟悉的开门七件事：“盖人家每日不可缺者，柴米油盐酱醋茶。”

4. 酱

中国是酱的创始国，已经有数千年历史了。酱不仅能激发人的食欲，还可以促进肠胃对食物的消化与吸收。

早期的酱是用肉、鱼加酒和盐等混合制成的一种食品，称为“醢（hǎi）”。豆酱出现在西汉，并逐渐作为调味品进入了民间。到了唐宋时期，制酱的工艺日渐完善。明清时，豆酱的种类越来越多，鱼酱和肉酱渐渐被淘汰。

5. 酱油

酱油是由酱演变而来的，以大豆、小麦、食盐为原料酿成，通常是红褐色液体。酱油可分为生抽和老抽两类，“抽”是提取的意思。生抽是先提取出的酱油，颜色浅，用于给菜品提升鲜味；老抽是后提取出的酱油，颜色深，里面还加了焦糖，用来给菜品上色。

酱油在古代有很多别称，如清酱、豉油等。最早记录“酱油”一词的是宋代林洪所写的《山家清供》一书，里面提到了用酱油、芝麻油来炒菜。唐代的鉴真和尚把酱油酿制的方法传到了日本，进而传到亚洲以及世界各地。

6. 豆豉（chǐ）

豆豉在古代称为“幽菽”，是一种具有中国传统特色的发酵豆类调味品，原料主要是黑豆或黄豆，是利用曲霉或蛋白酶的作用发酵而成的。

中国制作豆豉的历史可以追溯到秦汉时期，在《史记·货殖列传》中就有了关于豆豉的记录。《齐民要术》记载了豆豉的制作技法。东汉时期，人们还把豆豉用作药物。明代的医学家李时珍在《本草纲目》中对豆豉推崇备至，称它可以“开胃增食，祛风散寒”。

7. 腐乳

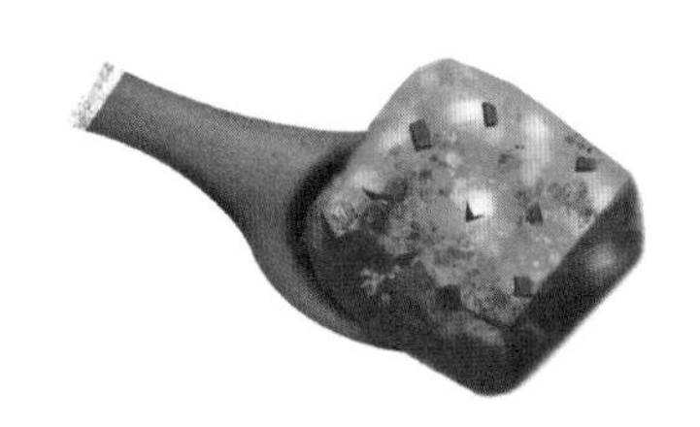

腐乳也叫“豆腐乳”“酱豆腐”，是豆腐经过霉菌发酵后腌制而成的，口感甜中带咸，营养丰富，既可作为菜品，也可作调味品。腐乳一般分为红方、白方、青方三大类。红方在制作时加入了红曲米；白方则保留了原来的颜色；青方便是闻着臭、吃着香的臭豆腐乳。

腐乳历史悠久。北魏时期就出现了关于腐乳制作的文字记载；明清时期，腐乳的生产规模进一步扩大；如今，腐乳已成为深受广大食客喜爱的佐餐佳肴和调味品。

8. 饴（yí）糖

史前时代，人类就已经知道从大自然中摄取甜味。后来，古人利用小麦、大麦等谷物风干后发酵，提取饴糖。饴糖的俗称是“麦芽糖”，分为软硬两种：软饴糖为黄褐色的黏稠液体，俗称“糖稀”；硬饴糖是提纯过滤后的黄白色糖块。

酿醋的流程

我们的祖先为了食酸，经历了从“嚼蚁而酸（捕捉蚂蚁当酸味调料）”到从动植物中提取醋酸的过程。在公元前 1058 年，《周礼》一书中就已经出现了关于酿醋的记载。几千年来，中国人一直在探索既科学又简便的制醋方法。

古法制醋共分为蒸、酵、熏、淋、陈五个步骤，制醋的原料有高粱、大米、小麦、糯米等。

原材料

第一步

用石磨将原料粉碎，加水泡软后上锅蒸熟。

第二步

把蒸熟后的原料放入大缸中封存使其发酵形成醋醅(pēi)。等到产生酒香后，加入麸皮或谷糠等候醋酸的发酵。在发酵完成前，每天都要翻动醋醅。

第三步

高温熏蒸醋缸，直到醋醅发黑。

第四步

从醋醅中提取醋液，这一步骤叫作“淋”，从而形成新醋。

第五步

将新醋封缸，放在室外沉淀，使醋脱去一半以上的水分，之后放回室内存放，最终制成的便是味道醇厚的陈醋。

人类的味觉非常敏感，能够尝出许多味道。

一些食材自带比较强烈的味道，例如辣椒的辣味、柠檬的酸味；而另一些食材，例如部分根茎类、叶类食材，味道就不那么明显。肉类则带有特殊的腥味，会影响食用的口感。因此，很多食材经过调味之后才能食用。

调味品不仅能够增加菜肴的色泽，满足色、香、味的要求，还能够在一定程度上改善食物的口感，满足人们去腥、除膻、提鲜、增色等方面的需求。

第十章 舌尖上的文明

酸

食醋

从一定程度上来说，最早的醋是酿酒失败的产物。到了唐宋时期，醋作为一种生活必需品进入百姓家里。人们发现通过不同的原材料和酿造方法，可以获得米醋、麦醋等。宋代以后，醋的酿造规模扩大。明清时期，酿醋技术达到了高峰。

青梅

古人很早就知道利用梅子含有的果酸来为鱼肉去腥，《尚书》就记载了西周时期王宫里举行宴会，需要用到盐和梅作为调料。汉代以前，梅子是常见的酸味调料。

甜

蔗糖

蔗糖是一种外来调料。秦汉时期，“石蜜”作为异域贡品，通过丝绸之路来到中国。唐代，唐太宗派人学习了印度制糖法。宋代，出现了中国第一部甘蔗炼糖的著作《糖霜谱》，其中提到可以通过压榨甘蔗取得蔗汁，并将它浓缩结晶，得到砂糖。明代，宋应星在《天工开物》中叙述，通过采用特定的工艺可以从蔗汁中提炼出“赤糖”，再制成白糖，经过加工得到冰糖。

饴糖

饴糖是人类历史上第一种经过加工的甜味剂，大概是殷商时期的发明。饴糖的主要成分是麦芽糖，由淀粉经过糖化作用生成。《齐民要术》中记载了饴糖的制作方法。

蜂蜜

先秦时期，古人使用的甜味剂是蜂蜜、饴糖和蔗浆。先民能够获取的野生蜂蜜数量很少，所以他们开始饲养蜜蜂。唐宋以后，人工养蜂已经很普遍了。

咸

食盐

食盐是人类必不可少的调味品，它的主要成分是氯化钠。在自然界，大部分食盐以混合物的形式存在，不能直接食用，需要把它们从混合物中提取出来。周代，人们用不同方法制得了盐。宋代时，盐的产量大增，而且不少于十种。到了明代，海盐产量占到盐总产量的 80%。

获取固体盐有两种常用的方法，一种是将富含盐分的海水在一定环境下晒干或者煎煮；另一种是从地下蕴含的卤水中提取盐，人们称之为“开采井盐”。

酱

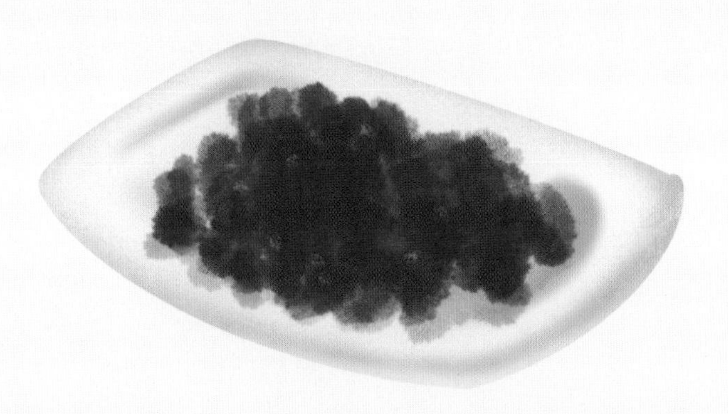

从古至今，酱一直是许多菜肴不可缺少的调味品。制酱的过程中需要用到食盐、酱曲和香料，因此酱可以为菜肴增添咸鲜味，使食物的口感更厚重。而且，中国“八大菜系”中的鲁菜，还把酱的使用发展成了一种烹调方法，有“酱爆”“酱烧”“酱渍”等做法。

香

花椒

花椒这一称谓最早出现在《诗经》里，因此至少在先秦时期人们就已经开始使用花椒了。秦汉时期，花椒的药用价值被开发。南北朝时期，人们开始用花椒给食物调味。唐宋时期，花椒在全国广泛使用。

孜然

孜然的气味芳香，不仅能够作为调味品，还可以用来提取香料。它是排在胡椒之后的世界第二香料作物。在中国，只有新疆和甘肃河西走廊一带出产。孜然是烧烤食品必备的上等作料，风味独特。

辛香作料

韭、葱、姜、蒜、芹、芫（yán）荽（suī）等用于烹饪菜品时，可以去腥、增加食物的香味，使人增加食欲。战国之后，古人使用的调味品有葱、蒜、梅、芥、蓼等，辛辣味调料则主要使用花椒、桂皮、茱萸、姜等。从汉代至南北朝时期，西域的植物香料从丝绸之路而来，比如胡芹、胡椒。唐、宋以后，东南亚的豆蔻、丁香、砂仁、茉莉传入中国。宋朝人还喜欢往食物里加入芥末。明朝，来自美洲的辣椒登上了中国人的餐桌。

其他

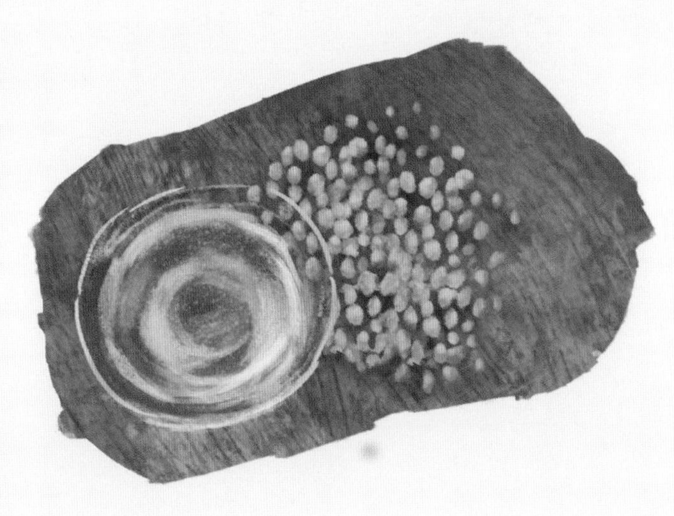

大豆油

大豆是重要的油料作物，起源于中国，古代称为“菽”，秦汉以后用“豆”这个名称代替了“菽”。战国时期，大豆已经是重要的粮食作物。秦汉时，人们已经知道如何用大豆制作豆豉和豆腐。宋代，大豆榨油技术出现。

菜籽油

菜籽油是从油菜籽里提炼出来的食用油。新石器时代的华夏先民就发现了菜籽。北魏时期，油菜在黄河流域广泛种植。明代，开始用油菜种子制油。清代时，油菜成为中国主要的油料作物。

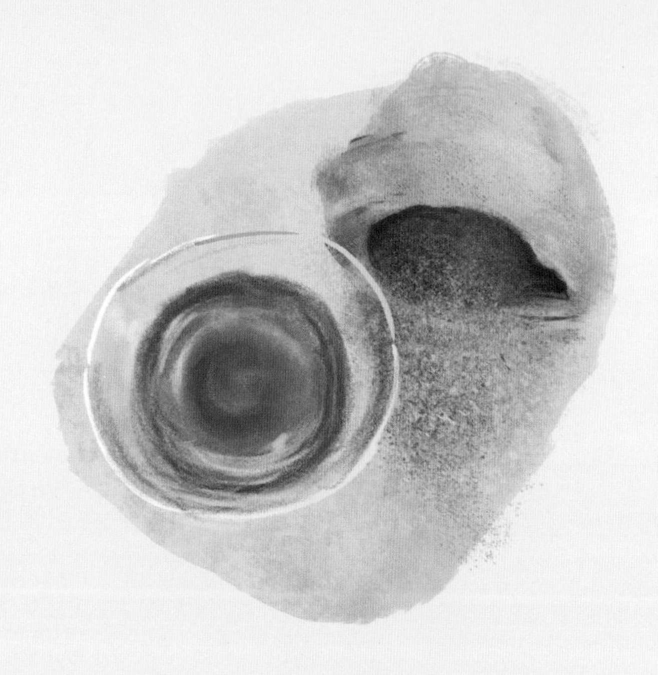

芝麻油

芝麻是最早的油料作物之一，过去被称作“胡麻”。最早产自印度和波斯，后来经由丝绸之路引进中国。芝麻油又叫“香油”“麻油”，营养价值十分丰富。

动物油（猪油、牛油等）

动物油就是动物的脂肪。在先秦时期，动物油被称为“脂”“膏”。动物油有着不可替代的特殊香味，但是热量高，含有的饱和脂肪酸和胆固醇也较多，不宜食用过多。

酒

最早完整记载酿酒技术的古籍是《礼记·月令》。先秦时期，官府对酿酒进行了严格管理。汉代以前的酒，酒精含量都比较低。隋唐以前，北方用小麦，而南方用稻米来酿酒。唐代时，人们大量使用药酒。元代，马奶酒和葡萄酒引入中原。

井盐的开采流程

清道光年间（1821～1850 年），井盐业已经形成了一套完善、细致的钻凿工序，大致包括选井位、开井口、下石圈、锉大口、捣泥、下木柱、锉小口等步骤。

❶ 踩碓

选井位就是由有经验的工人确定凿井的位置，然后在要钻井的地方整理出约 20 平方米的平地，架设凿井设备。凿井设备主要包括碓架和平车。碓架前后各有两根立柱，上窄下宽，用于支撑踩板。在碓架中部，还有用两根竹竿捆成的扶手，方便工人撑、握。平车是升降钻具和捣泥筒的提升装置。

❷ 开井口

选定井位后，首先需要按地形将井基铲高、填平，然后用人工挖掘或凿子开凿的方法开井口，直到打到坚硬的岩层为止。

井口打好后，需要下入层层叠叠的石圈。为防止地面泥沙崩陷，还要用木料做成圆筒置于石圈之上。

❸ 下石圈

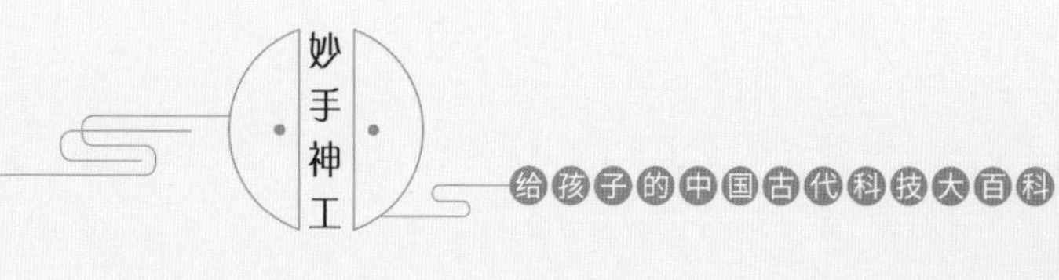

石圈下好后，要在井场安置碓架和平车等凿井及提升设备，然后用人力捣碓锉大口。

4 锉大口

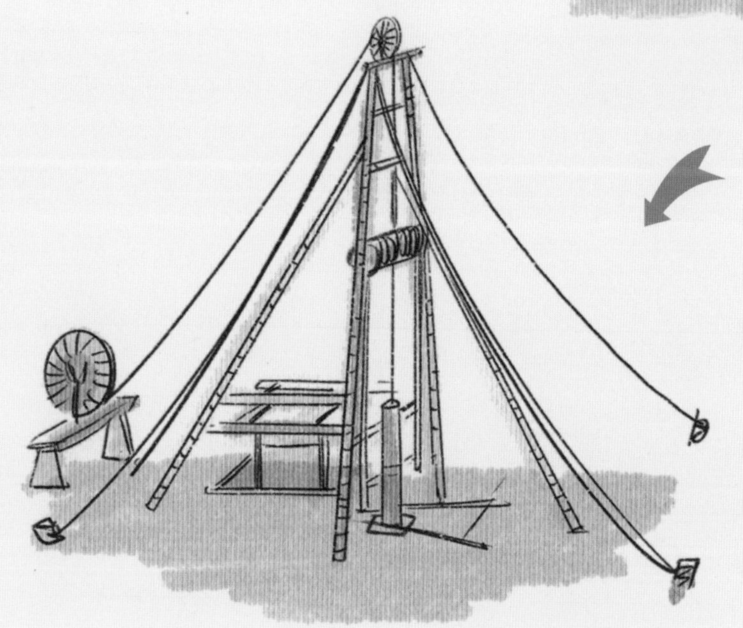

木柱又称“木竹”，最早出现于北宋庆历年间（1041～1048 年）四川的卓筒井内。下木柱的目的在于加固井壁和封隔浅层淡水。

5 下木柱

用附有活塞的竹质汲筒将钻凿过程中产生的岩屑注水后汲出。掮泥筒由小于井径的竹筒做成。

6 掮泥

木柱安好后，以木柱的内径为准继续往下钻凿，名为锉小口。锉小口是凿井过程中时间最长的一道工序。从开井口到下木柱，需数月完成，而锉小口则需几年，甚至十几年才能凿成。小口凿成后，还要继续下凿一段深度，这样既能把盐卤和天然气层凿穿，又能使泥沙活动于水中，随卤水推汲出井。这个过程结束后，整个钻井的工序才算完成，可以将井交付使用。

7 锉小口

8 汲卤

盐井开凿工程完毕后，就要建造汲卤机械。这种机械由畜力带动运转，效率高于“卓筒井”。

人们开采盐井的过程中，地底的天然气会逸出，形成火井。在井周围筑灶，用竹筒导气，引火井的火煮盐，这样可以使盐的产量倍增。

9 煮盐

居所，是一个生物最依恋的地方。自然界中的动物都有自己的巢穴，人类也不例外。

人类与其他动物不同的地方在于，我们不仅需要一个休息的地方，这个地方还要足够安全、温暖，让我们能够安心从事生产劳动。最初，人们从鸟巢、蜂房、蚁穴、鼠洞等自然生态中得到了启示，就地取材，用树枝、木条搭设棚架，盖起了一栋栋房子。又用芦苇、树皮、草根、石块作为围栏和遮蔽，围起了院子。

陶渊明曾在《读山海经》中写过：“众鸟欣有托，吾亦爱吾庐。”鸟儿们都会因为有巢穴的庇护而感到欢欣，我也爱自己的茅庐。

即使是陋室，却也是一个温暖的家。

第十一章 古代民居

古代民居的起源

从新石器时代晚期开始，就已经有了入地较深的袋穴和坑式的地穴，也有入地较浅，墙壁与地面用草泥烤制成的半穴式建筑。除此以外，还有一些简单房屋，室内有柱子，屋顶和墙壁用泥土和草混合搭建起来。

仰韶文化遗址出土的半坡型建筑，常见于北方地区，主要分布在黄河中下游，是窑洞的祖先。

南方地区建筑类型以河姆渡文化为代表。当时的房屋是从像鸟类一样在树上筑巢演变而来的，叫作“橧（zēng）巢”，后又由橧巢逐步发展成为干栏式建筑。

古代民居的发展

1. 夏商周时期

夏、商、周三代遗存下来的建筑较少，那时的建筑主要是从原始社会过渡而来，大量使用了土木结构，同时，具备社会功能的建筑也逐渐形成，如宫殿、坛庙、陵墓、官署、监狱、作坊、民居等。这一时期的建筑起到了承前启后的作用。

2. 春秋时期

春秋时期，各国兴建高台建筑，城市和宫殿得到大力发展。士大夫阶级的官员住宅平面设计上多采用对称的形式，在中轴线两边对称地建造房屋，每座建筑都有门和厅堂。

3. 汉代

西汉时期的建筑主要都是封闭起来的，相对之前的建筑，出现了合院一类的建筑。东汉时期，开始出现一种坞壁式建筑群（也叫“坞堡”），有高墙环绕，能够保护居民的人身和财产安全。

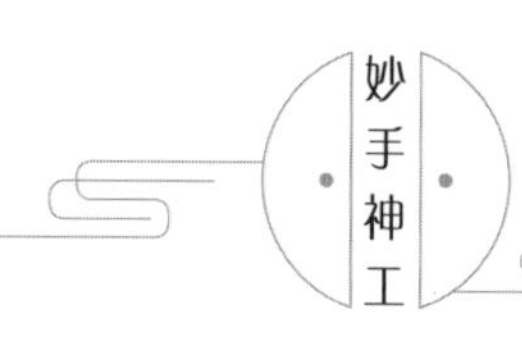

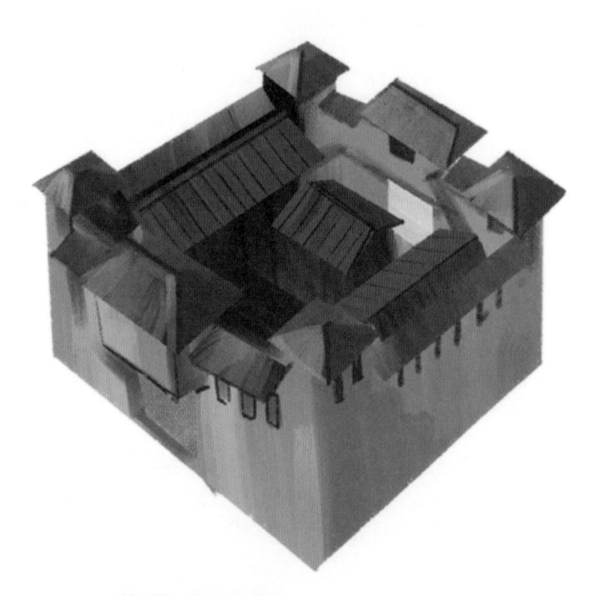

4. 魏晋南北朝

这一时期社会动荡不安，聚落而居的坞堡遍布在北方各地。除了一般住宅需要的门堂院落和辅助建筑外，坞堡还在四周构筑高墙，四角建角楼，坞内建望楼，俨然就是一座座防卫森严的城堡。

5. 唐代

唐代，建筑发展到了一个成熟的时期。随着人们生活方式的变化，传统的民居也经过改革逐渐定型，形成了完整的建筑体系，民居出现了多种多样的形态。

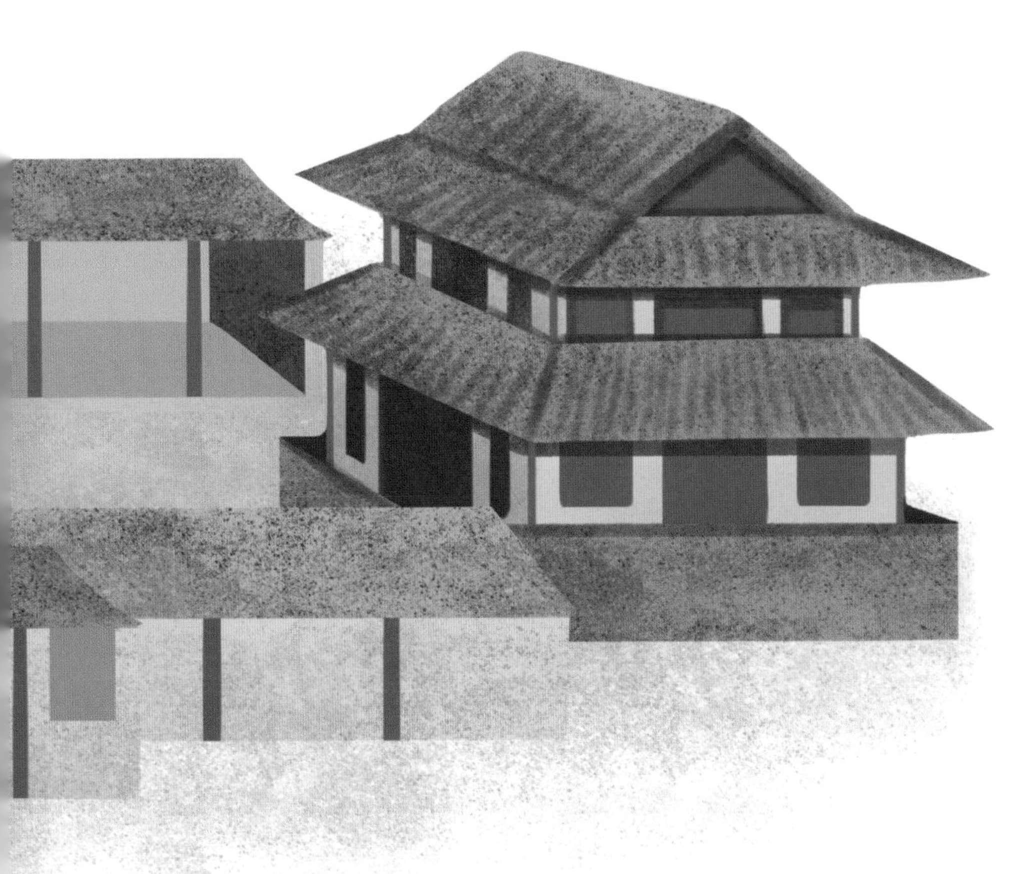

6. 宋代

宋代的经济、技术和手工业都十分繁荣，城市结构也明显区别于从前。建筑物的形式自由多变，高高的防护城墙被拆除，百姓们沿街开店。北宋画家张择端在《清明上河图》中详细描画出了北宋时期建筑的情况。

7. 明清时期

明清时期的建筑是中国古代建筑史上最后一个巅峰。这个时期，商业贸易不断增长，商业带动经济发展，人口也增长迅速，城市住宅的密度更大，所以民居的构造也更为复杂精良。建筑风格整体简练、细节烦琐。

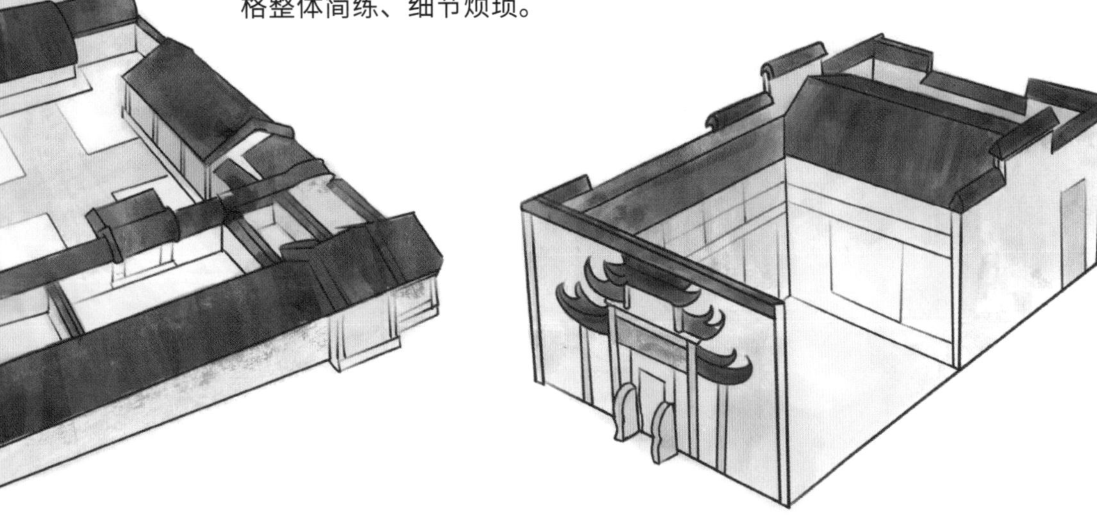

干栏式建筑——吊脚楼

位于中国湘西等地区的吊脚楼，是早期从巢居发展到干栏式建筑之后衍生出来的建筑。吊脚楼沿用了干栏式建筑的整体结构特点，上面住人，下面养牲畜、存放杂物。搭建吊脚楼的工匠们基本上不用图纸，都是根据实际的地形、地基和房主的要求来制订建造房屋的方案。

吊脚楼的构架体系基本是步架。“步”是檩（横跨在房梁之间的横木）间的水平距离，通常为 1 米左右，构架每两檩之间的构造形式称为“一步架”。一般房屋为八步九檩，前后各四步架。

吊脚楼构架最神奇的地方在于，只要确定了房子的关键数据，工匠就可以开始备料，所有用来做房屋的构件都可以提前做出来，等把材料搬到盖房子的地方再进行拼装，施工方便。构架变化既有规律性，又具灵活性。

“因地制宜”原则

中国民居自古至今都遵循一个重要的原则：因地制宜。也就是说，在盖房子的时候，人们会根据山形水势设计房子，利用周边环境的特点，就地取材。

蒙古族生活在大草原上，祖先以游牧为生，逐水草而居，居无定所是常事，所以民居多以简单的帐篷为主。后来，帐篷发展成了蒙古包，拼搭简单，易于装卸。

东北大兴安岭地区的森林里，有一种井干式木屋。它看上去十分粗犷原始，材料以原木为主，因此多在木材资源丰富的地区使用。

山西的窑洞是利用黄土高原的自然地貌发展出来的，人们就着土山的山崖，挖成了能够居住的山洞或者土屋，这类民居的特点是简单易修、节省材料、结实耐用且冬暖夏凉。

南方雨水多，地面潮湿，因此更多地使用干栏式建筑。

在西双版纳，密林中藏着很多凶猛的野兽和毒蛇，就需要用干栏式建筑抬高人类的居所，这样会比平地上的房屋安全很多。另外，干栏式建筑还有一个好处就是避免湿气。傣族、苗族、瑶族、壮族等许多少数民族都有这种房屋。其中最具代表性的就是苗族的吊脚楼。

从民族迁移的角度看，当人们从一个地方迁居到另一个地方的时候，也一定会把原先的建筑技术带到新的居住地区。

例如，少数民族的先民在迁入西南山地后，发现山区的陡坡峭壁不方便打地基，为了解决建筑问题，他们就在斜坡上开挖土石方，然后垫平房屋后部地基。同时，全干栏式建筑也不适合，人们选择了在前部用穿斗式木构架做吊层，形成半楼半地的吊脚楼。

很久以前，人类想要获得光亮只能通过太阳和月亮。随着社会的发展，人类对光照的需求也不断提高。人类意识到，只利用太阳和月亮是远远不够的，于是开始探寻制造光源的方法。

在掌握了生火的方法后，人类便将火运用于制作各种照明工具中。可以说，火就是原始社会出现的第一盏“灯”。通过不断的尝试，人们开始创造火把、油灯、蜡烛等工具照明，后来又学会了在火源外加上保护罩。

从古至今，人们从未停止追逐光明的脚步。本章所讲述的内容，便是在电灯发明之前，中国古代的人们对照明工具的探索。

第十二章

电灯发明之前

照明工具的发展

1. 自然光

远古时期，人类的祖先只能靠日光和月光照明。

2. 天然火源

旧石器时代，人类用天然火源（雷击火、火山爆发等）取暖和照明。

3. 人工取火

距今约 3 万年的山顶洞人已经懂得人工取火。人类学会了通过钻（zuān）木取火和击石取火获得火源，因此有了掌控光亮的能力。

4. 油灯

《周礼》中描述，最早的灯具可能出现在黄帝时期，用植物油脂作为燃料。春秋战国时期，油灯逐步发展，容器和助燃物也都有了改进，并且被推崇为一种礼器。

5. 青铜灯

汉代，人们更多地用青铜制作灯具。根据考古研究，这个时期的青铜灯具设计巧妙，实用性强，形态各异。

6. 蜡烛

汉代，人们发现了蜜蜡，并将其运用到制作灯具中，但是因为产量稀少，蜡烛直到宋代才逐渐走入寻常百姓的家里，且宋代的蜡烛有灯芯，燃烧时间更长。

7. 孔明灯

传说，三国时期蜀国丞相诸葛亮发明了孔明灯，后称“天灯”。它被用于在战争中发送信号，后也被民间用来祈福。

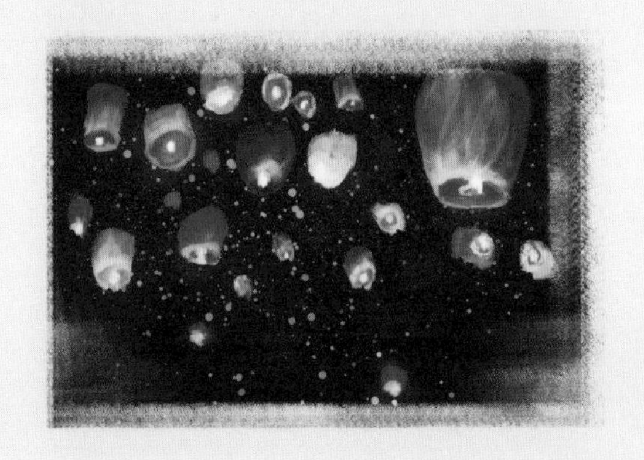

8. 走马灯

汉代《西京杂记》中最早出现了关于走马灯的记载，但是它出现的时间应该更早。因为灯的内部粘有一轮人骑着马的图案的剪纸，在纸轮辐受到蜡烛燃烧时产生的热气流影响而转动时，灯屏上就会出现你追我赶的跑马场景，故称“走马灯”。

9. 玻璃灯罩

明代，玻璃制品传入中国，玻璃罩被运用到灯具上。玻璃灯罩比传统的纸质灯罩更安全、更透亮。

10. 煤油灯

清末，随着石油的开采与应用，人们开始使用煤油作为燃料。煤油灯是电灯普及之前最主要的照明灯具。

随着人类社会的不断进步，灯从一开始的照明工具，逐渐发展成了民间技艺的载体和军事联络工具，每一种奇妙灯具的出现，都体现着古人的聪明才智，蕴含着丰富的科技原理。

长信宫灯里的秘密

长信宫灯高 48 厘米，重 15.85 千克。此宫灯因曾放置于窦太后（汉文帝皇后）的长信宫，故名“长信宫灯”。长信宫灯通体鎏金，保存完好，没有明显的锈蚀迹象。它的制造方法是：各部件分别铸造，然后合成一个整体。

长信宫灯具有极高的科学性、实用性以及艺术性，从外形上看，主体是一位面容秀丽的宫女以跪姿捧灯。

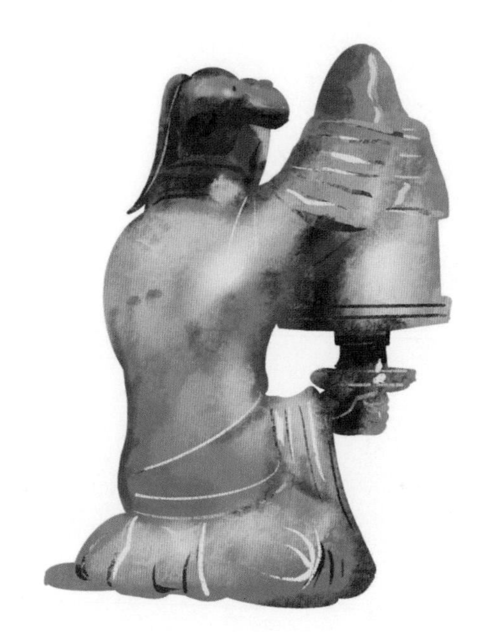

宫女的身体是中空的，头部和右臂可以拆卸。她的左手托住灯座，右手提着灯罩，右臂与灯的烟道相通，可以作为排烟灰的管道。灯盘中心插上蜡烛，点燃后，烟会顺着宫女的袖管进入灌满水的体内，不会污染环境，可以保持室内清洁。

灯罩由两块弧形的瓦状铜板合拢为圆形，嵌于灯盘的槽之中，可以左右开合，这样就能任意调节灯光的照射方向和亮度。

经过科学鉴定，残留在长信宫灯里的是动物油脂。因此专家推测，古人用的燃料应该是从猪脂肪、牛脂肪中提取的。这种油不仅能产生更高的热量和更强的光亮，还不会产生过多的炭灰，所以也可以减少室内环境污染。

走马灯

科学原理

走马灯是中国古代的一种民间花灯，它的外形像宫灯，但是灯里会有一圈提前画好图形的剪纸，把灯点燃后，灯屏上即出现人马追逐、物换景移的影像。

实际上，走马灯的运作原理很简单：走马灯的内部是一个中空的纸灯笼，中间插入铁丝或线作为轴，在灯罩上方做一组叶轮，轴的中间再装入多根细铁丝，在铁丝的另一端粘上剪纸。在燃料加热后，热空气上升，形成气流，推动灯上的板叶，中间的轮轴就旋转起来。

走马灯原理图

宋代文学家王安石曾作过一副对联:“走马灯，灯走马，灯熄马停步；飞虎旗，旗飞虎，旗卷虎藏身。”就是在描述这一有趣的现象。

走马灯的发展

走马灯的出现可以追溯到秦汉时期，随着出现的历史时期不同，叫法也不同。早期的走马灯叫作蟠螭灯。发展到唐代，出现了仙音烛、转鹭灯和影灯。在当时的宫廷大宴上，各种造型的走马灯让人目不暇接。

宋代，各地逢年过节举行的灯节总少不了走马灯，宋人称其为“马骑灯”。走马灯多了许多新图案，制作材料也较之前丰富，叫法也各不相同，有“无骨灯”“珠子灯”“羊皮灯”等。

元代,“走马灯”的名称固定下来。到了近代，虽然走马灯逐渐被新式的电灯取代，但其蕴含的科技原理却被广泛应用并得以改进。

走马灯是现代热气流机械运动装置的基石，其内部科技原理和现在使用的燃气轮机原理基本相同。燃气轮机也是靠着流动的气体作为动力带动叶轮高速旋转的，这一原理被广泛应用于军舰、坦克和一些工程车辆的发动机上。

燃气轮机

孔明灯

科学原理

关于孔明灯的原理，在西汉时期就有记录了。《淮南万毕术》一书中是这样写的：“取鸡子，去其汁，燃艾火纳卵中，疾风，因举之飞。”意思就是，准备好鸡蛋，去除鸡蛋里面的蛋液，然后点燃艾叶放在鸡蛋壳中，蛋壳就可以升上天空。

孔明灯和蛋壳升空的原理相似。可燃物燃烧使灯（壳）内空气温度升高、密度减小，从而使灯的密度小于周围空气的密度，于是空气浮力就会将灯托起来。

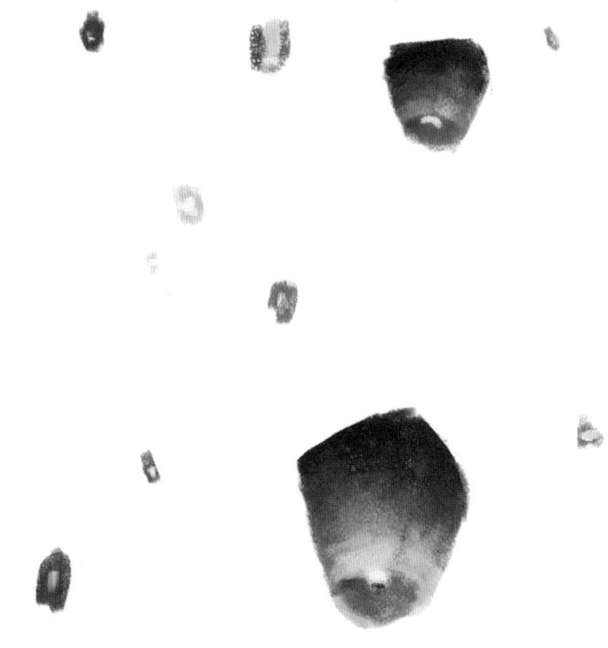

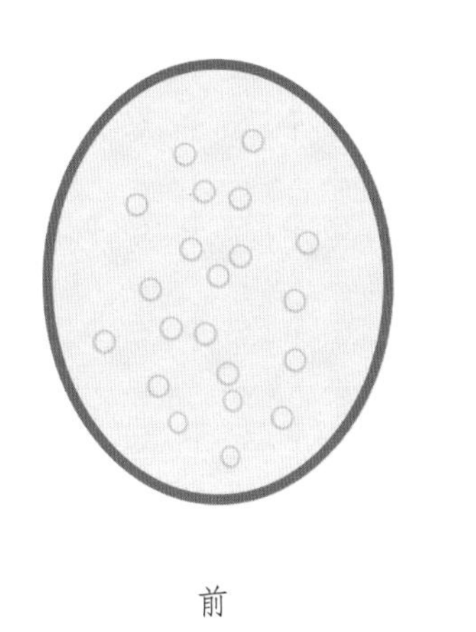

前

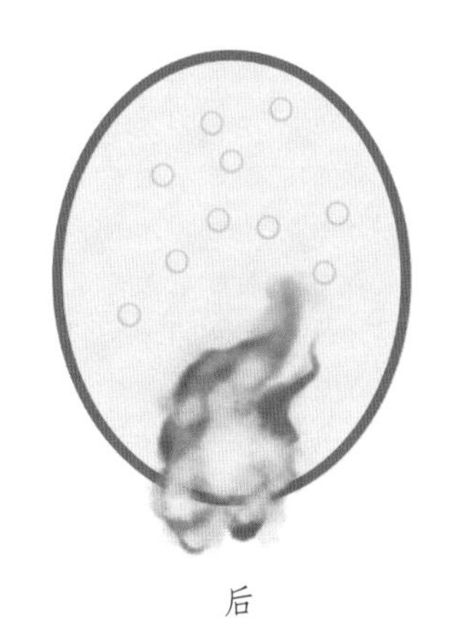

后

点燃孔明灯前后的空气变化

孔明灯的发展

相传，在三国时期，蜀国丞相诸葛亮被司马懿大军围困，危急之时，他想到用可以飘在空中的灯来传递求救信号，因此发明了孔明灯。

孔明灯在唐代以前普遍应用于军事作战，主要作用是给友军发求救信号，还可以用来观测风向变化。到了宋代，孔明灯被称为“天灯”，遇到重大节日，文武百官和百姓们放天灯庆祝。到了现代，孔明灯寓意着吉祥美好，人们常常点亮孔明灯祈福。

如今，孔明灯的原理还被运用到了热气球中。

有这么一个传说：黄帝大战蚩尤时，在漫天遍野的大雾中迷失了方向，幸而有一个名叫“风后”的部下，发明了可以在大雾中辨别方向的指南车。当然，这是个神话。

最早的关于车的记载，应该是在夏代初期。一个叫奚仲的人改进了车辆，他发明的车由两个车轮架起车轴，车轴固定在带辕的车架上，车架置有车厢，用来盛放货物。奚仲也被选拔为管理车服诸事的车正。

车在农业社会有着非常重要的作用，在战场上用于攻守，在日常生活中用于载人和运货。因此，车辆的发展也是科技和文化发展的标志。

第十三章

陆地交通工具

车的前身

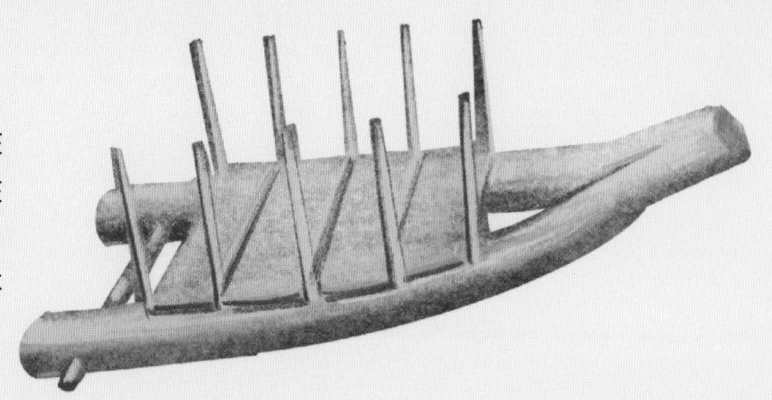

远古时期，人们想搬重物，只能在地上拖动，因此发明了橇。后来，又在橇的底部加上了滚动装置以减小摩擦。这些滚动装置最早是原木，后来经过不断改进，变成了车轮。

现在已经出土的古车里，最早的一辆出现在商代晚期。1950 年，在河南辉县琉璃阁战国墓地的车马坑中，第一次出土了完整的古车遗存。

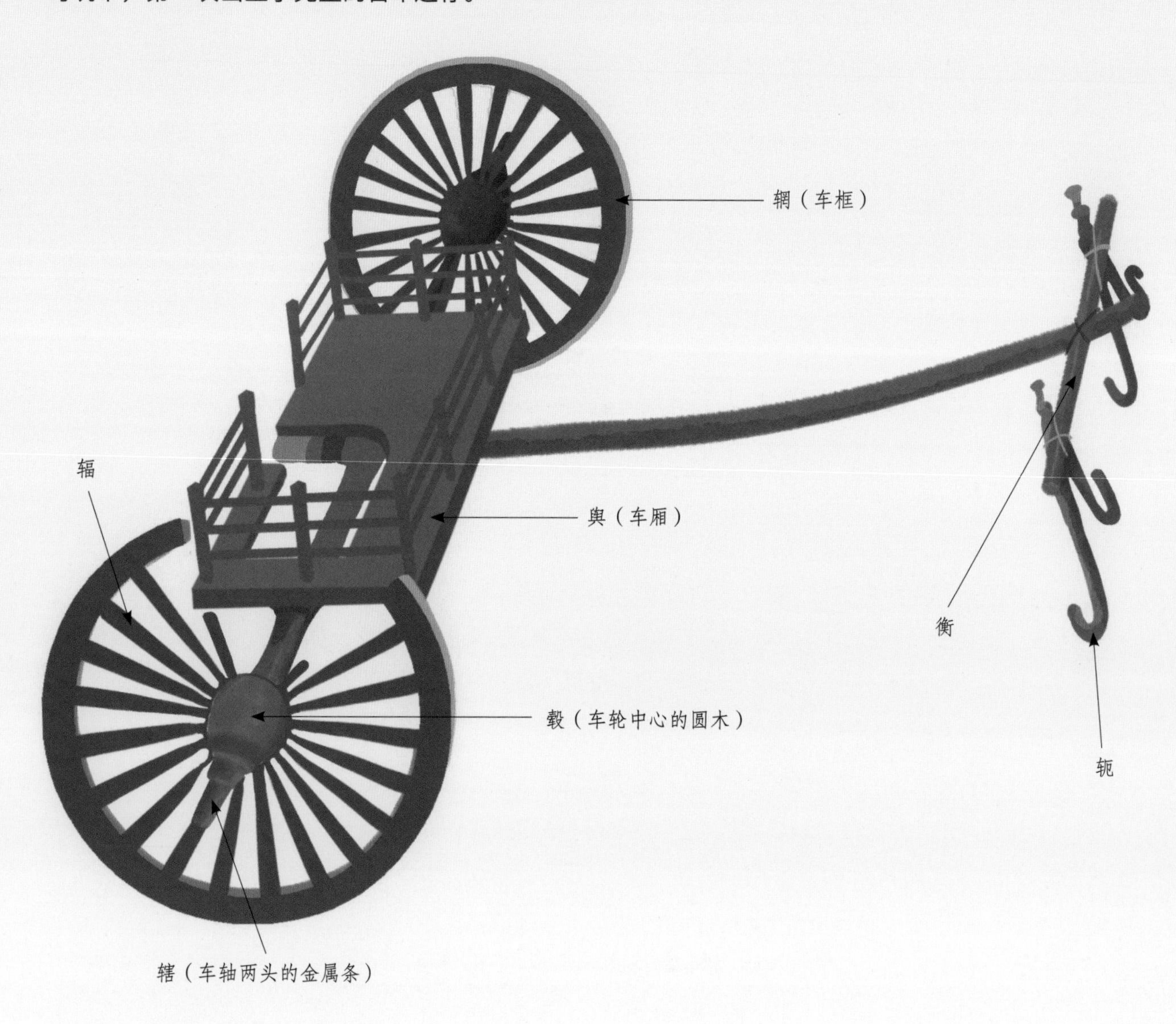

车的样式

1. 太平车

太平车是一种远古时期的大车，载重量较大，两侧有挡板，前方一般由牲畜牵引。

2. 独辀（zhōu）车

独辀车的车厢叫“舆”，连接车厢和马的长杆叫“辀”，如是牛车则称为“辕”。舆的面积较小，通常人们只能站在里面，最多也只能载二三人。舆后有缺口或开门，方便乘车人上下。

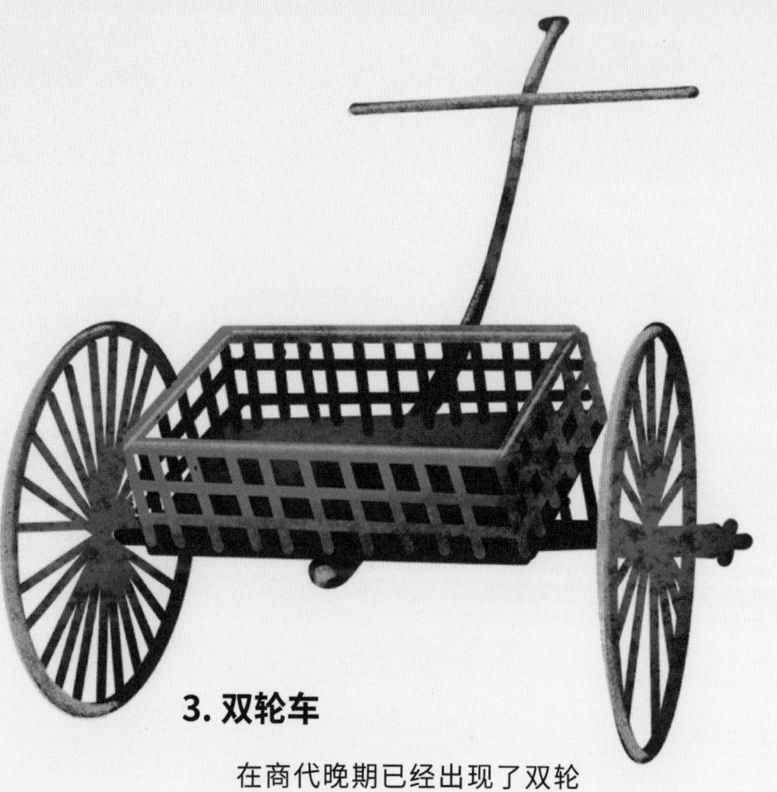

3. 双轮车

在商代晚期已经出现了双轮车。当时的车，已经有了车的完整架构，包括辕、衡、舆等。

4. 战车

战车最早出现在西周时期，是一种用于攻守的车辆。攻车直接对敌作战，守车用于屯守并载运辎重。文献中通常将攻车称为战车，也可称为“兵车”“革车”“武车”“轻车”“长毂”。

5. 秦铜车马

秦铜车马出土于陕西秦始皇陵，主体为青铜铸造。秦铜车马一组两乘，一辆叫作“高车”，另一辆叫作“安车”，都是单辕双轮车，是按照真实人马的二分之一比例铸造的。

6. 指南车

指南车就是古代神话中黄帝征战蚩尤时所用的那种车。据说该车无论怎样旋转，车上的木人都始终指向南方。根据《西京杂记》记载，指南车最早在西汉被制作出来。后人也曾尝试进行过复原。

7. 独轮车

汉代，出现了独轮车。这是一种人力推动的车辆。人们利用杠杆原理，将车轴固定在木架上，负重的着力点在靠近轮子的方向，一人就可以推动，用起来十分轻便。

8. 铜斧车

铜斧车是汉代出行仪仗队伍中的前导车，车上立着斧子，以示权威。车为双曲辕，双辕后部是长方形的舆。驾马车的人身穿交领服，通常呈跪姿，以彰显皇家威严。

9. 记里鼓车

记里鼓车是一种用来记录车辆行驶距离的车。根据记载，记里鼓车出现在汉代，是皇帝出行的仪仗之一。车内设有机关，每行走一里（500 米），车上的木人就击一次鼓；每走十里（5 千米），就敲一次铃铛。

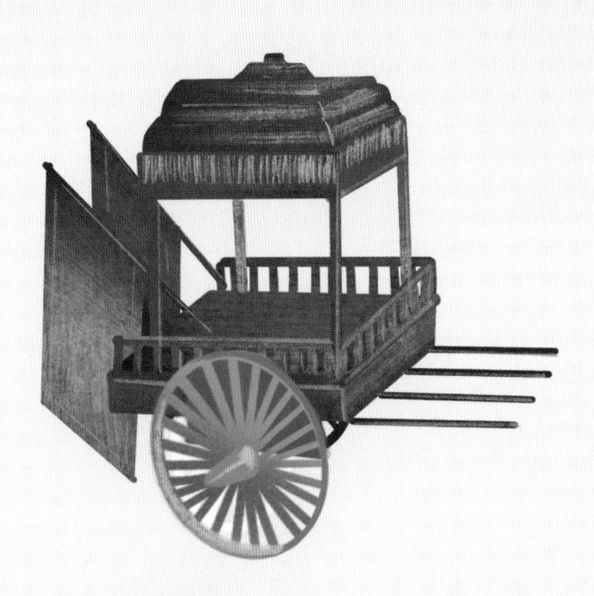

10. 大驾玉辂（lù）

玉辂，又称“玉辇”，是一种天子用车，以玉做装饰。据《梦溪笔谈》记载，大驾玉辂是唐高宗时期建造成的，一直用到了宋代，其间经历了三四百年。

11. 明代大轿

轿，是一种古代运输工具，通常由人抬着走。明代万历年间（1573~1620 年），当朝首辅张居正乘坐了一种有三十二人抬的大轿。据说在这个轿子里有卧室、客厅和厕所，可以说是个行走的起居室。

马车的结构原理

在车的发展过程之中，最先使用的是人力车，后来又出现了畜力车，也就是牛、马、骡子等牲畜拉车。这种车的出现解放了古人，让他们摇身变成了驭车的人。畜力车比人力车运载的能力更大，速度更快，走得更远，使人类社会的发展前进了一大步。

马车通常用来载人或者运货。

马车的车厢部分叫“舆”。车身上拴有一根绳子，供上下车时使用，这根绳子叫“绥”。

畜力车

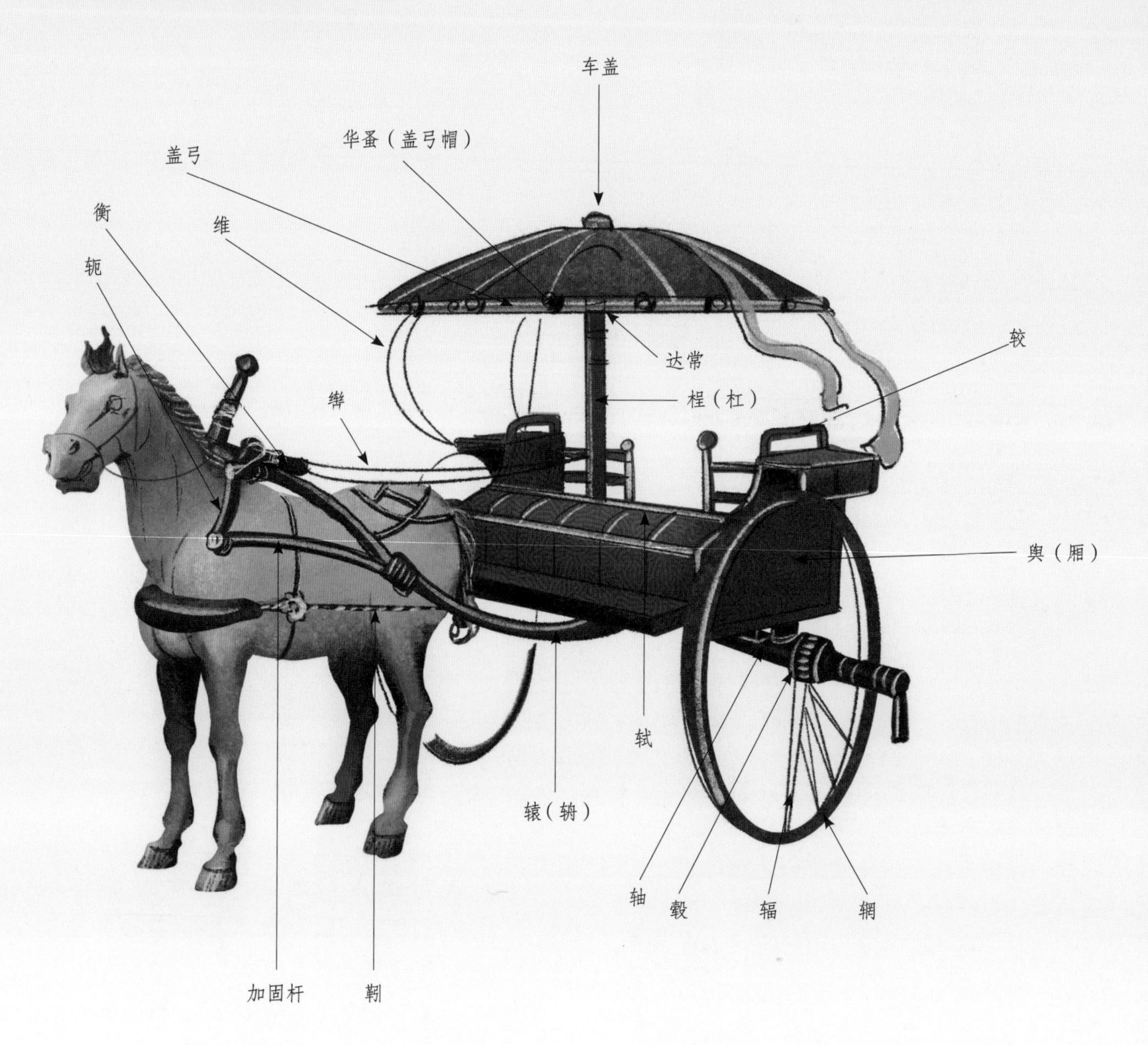

车的运转部分主要包括轮和轴。

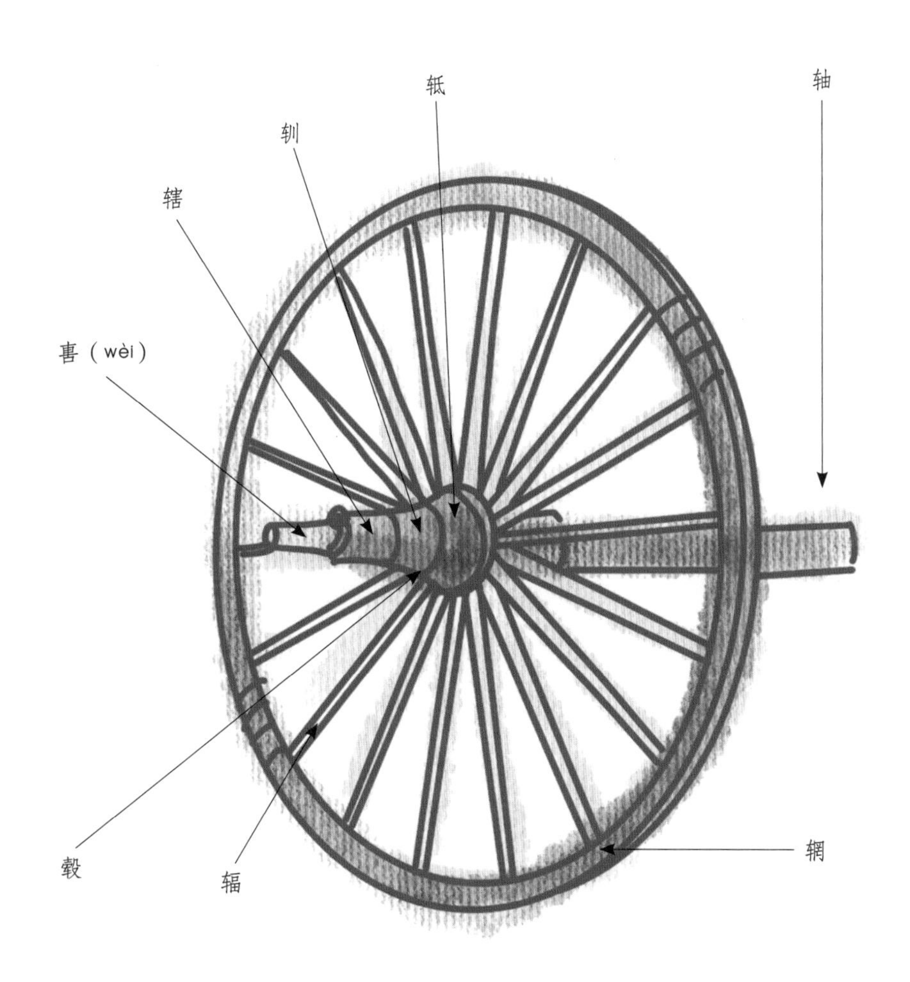

轮的中心是一个有孔的圆木叫毂，车轮的边框叫辋，连接辋和毂的是辐，四周的辐条都向车毂集中。

车轴是一根横梁，横梁上就是车舆。车轴的两端套上车轮，轴的两端露出毂外，末端套有青铜或铁质的轴头，叫軎。轴头上有孔，用来防止车轮脱落。

一直到 19 世纪，马车都是人类使用最多的运载工具，后来电车和火车诞生，才替代了它。

在远古时期，我们的祖先中有一部分人生活在江河、湖泊边缘，以捕捞为生。但是由于缺乏水上交通工具，他们只能在水边等候时机，无法主动出击。好在，他们从自然现象中获得了启迪。

“古者观落叶因以为舟”“古人见窾（kuǎn）木浮而知为舟”，这些记录表明，当时的人们已经意识到了，有些物体具有浮力，可以自然漂浮在水面上，因此他们创造了船。

此后，人们开始了水上航行的新旅程。

第十四章

越江渡河

民用船的发展史

1. 皮船

皮船是一种小型渡河器材，船身由动物的皮制成，船口用竹木围成框，用皮料沿着框的口绑好，做成一个缸形或盆形。这种船制造方便，通常行军打仗时使用，一次可载两三人渡河。

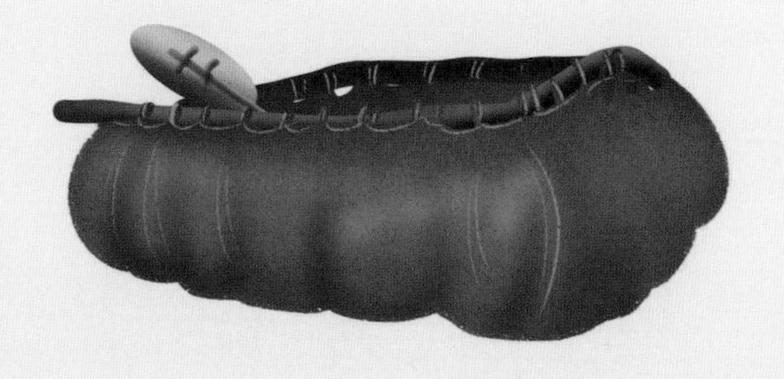

2. 筏子

筏子是一种简易的水上交通工具。至少在 7000 年前，我国古人就已经能够制造筏子了。木筏的原材料是长木头，竹筏的原材料则是长竹竿。

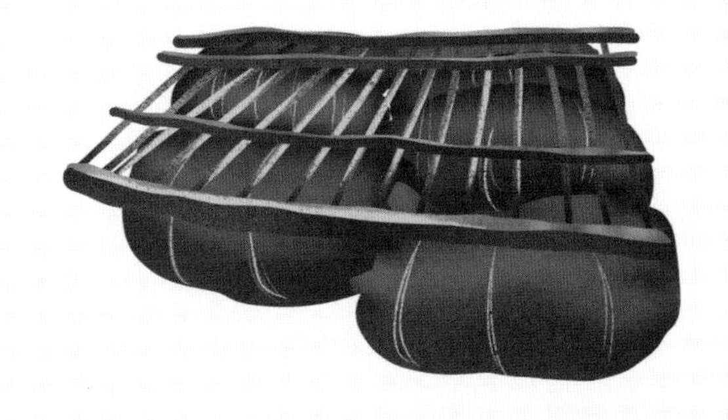

3. 皮浮囊

皮浮囊的原材料是兽皮，因此多在出产兽皮的地方使用。制作皮浮囊时，需要把兽皮做成一个封闭气密的皮囊，再吹气，使其膨胀，膨胀起来的兽皮就像气球一样可以漂浮在水面上了。这种皮浮囊可以承载一两个人渡河。

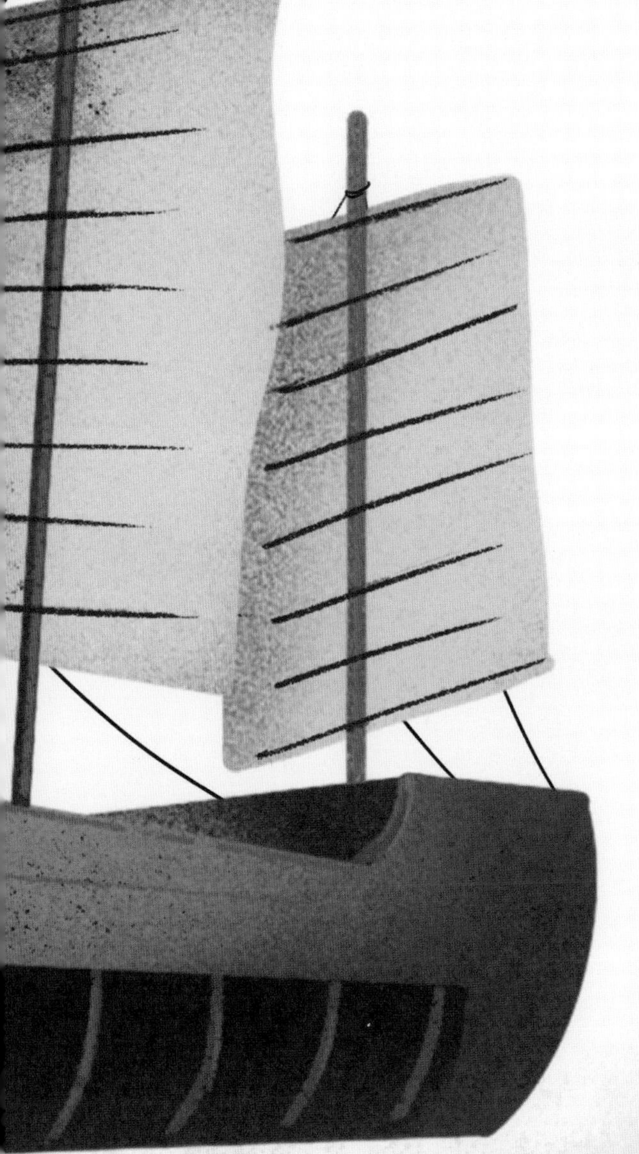

4. 独木舟

独木舟是用单根树干挖成的小舟，需要借助桨来划水驱动。它的优点是制作简单、不易漏水、不会散架，但缺点是容量小。

5. 木板船

木板船的出现弥补了独木舟的缺点。早期的木板船由一块底板和两块侧板组成，也就是最简单的“三板船”。后来又慢慢演化出了尖底或圆底的木板船。

6. 福船

福船是中国古帆船的一种，特点是高大如楼，可以容纳上百人。福船的典型特征是尖底、阔面，航行起来十分稳定。同时，福船还采用了先进的水密隔舱技术，能够保证在一部分船舱进水的时候水不渗入其他地方，提高了船舶的安全性能。

7. 沙船

沙船是一种防沙平底木船，方头、方梢，具有宽、大、扁、浅的特点。这种船可以在江河湖海（尤其是沙质海底）上航行，不怕搁浅。帆船上有多个桅杆，可以逆风航行，可以近海航行，也可以远航。另外，沙船的载重量能达到几百吨。它在古代的航运史上占有重要地位。

8. 广船

广船的大小和福船相似，特点是头尖体长、上宽下窄、结构坚固，因此适航性和耐用性都很强。但由于广船是用铁力木制成，材料珍贵，所以造价也昂贵，损坏后难以修复。

9. 鸟船

鸟船是中国四大古船之一（另外三种是福船、沙船和广船），因为船头像鸟头，所以被称为“鸟船”。由于鸟船船头的“眼睛”上方有条绿色的线，就像眉毛一样，所以又叫“绿眉毛”。

军用船的发展史

10. 艅（yú）艎（huáng）

艅艎，同“余皇”，是古代王侯乘坐的大型战船。

11. 三翼

三翼是水军的主要战船，有大翼、中翼、小翼之分，是春秋时期吴国水军的主力战船。其中大翼长约 33 米，宽约 5 米，可以容纳 90 多人，航速较快。

12. 楼船

楼船是一种大型战船，其特点是船高首宽、外观像楼，远攻和近战都适宜，因此它在古代是水战的主力。楼船一般分为三层，外部设有防护用的女墙（一种设在外沿的薄型挡墙），在墙中开设箭眼，用来作战。船身装有皮革隔热，可以抵御火攻。

13. 艨（méng）艟（chōng）

艨艟，同“蒙冲”，是一种具有防护功能的进攻型战船，特点是船型狭长、行驶速度快、机动性强，方便突击敌方的船只。船上设有三层船舱，外部用牛皮包裹，可防火攻，在船舱四周开有弩窗矛孔，方便攻击敌人。

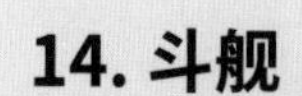

14. 斗舰

斗舰是古代装备较好的一种战船，从三国时期一直使用到唐代。船身的两旁开有插桨用的孔；船周围建有女墙，女墙上设有箭孔，用于攻击敌人；船尾设有高台，供士兵居高临下观察水面上及作战时的情况。在赤壁之战中，斗舰就是主要的战船。

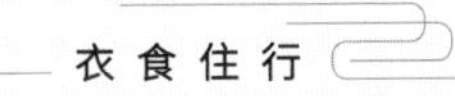

15. 走舸

三国时期的走舸是一种轻便的小船，一般用来运送士兵。它体量小，往返速度快，可乘敌人不备时进行袭击。

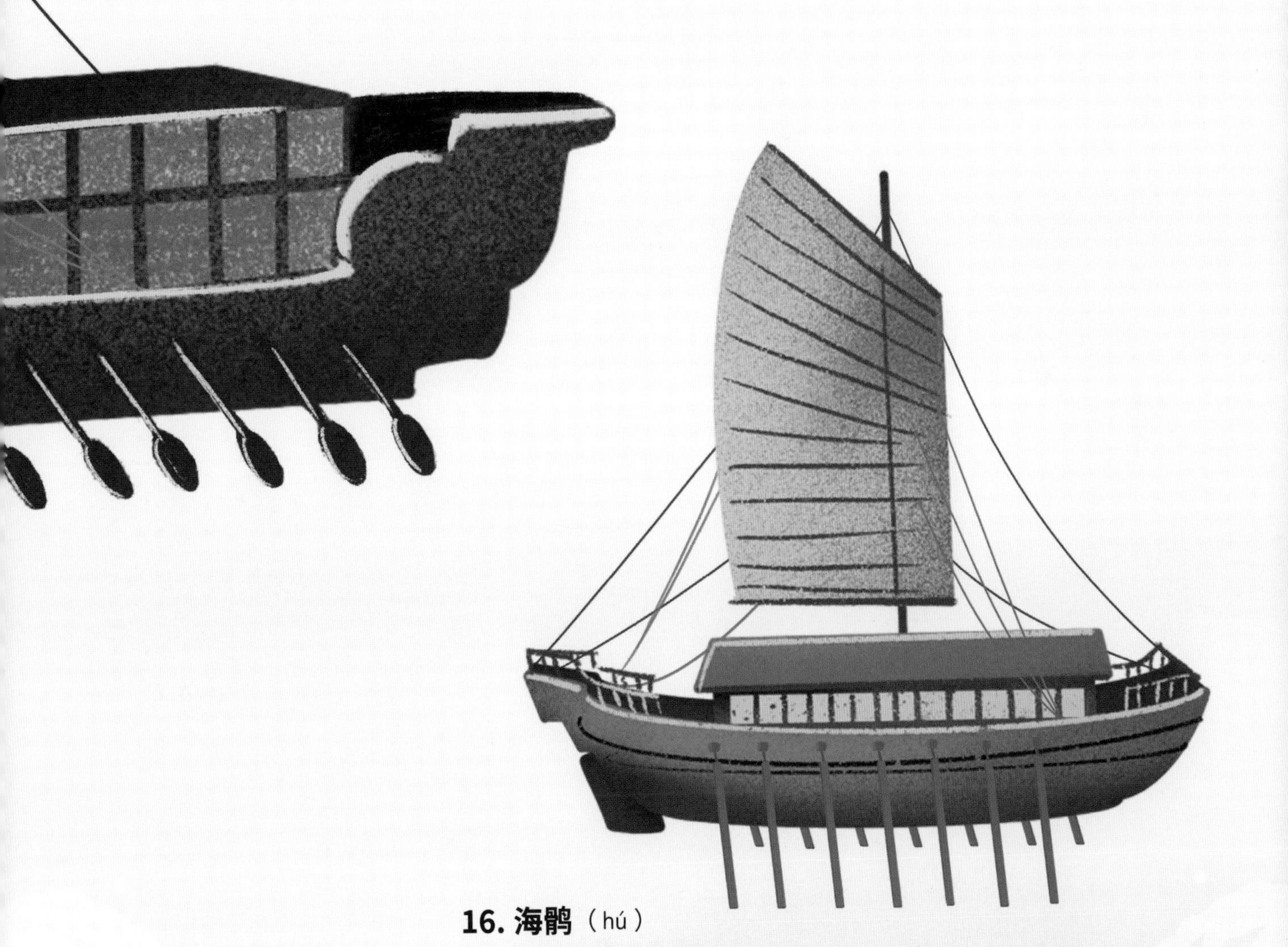

16. 海鹘（hú）

海鹘是唐代之后出现的，船型不大，尾高头低，前宽后窄。船身的两旁各放置了四到八具浮板，可帮助船只平稳航行；船舱用生牛皮包裹，除了可以防御火攻，还能防止巨浪破坏船体；船舱上设有弩窗箭孔，方便作战。

帆船的工作原理

细心的你可能已经发现了，从木板船发明至今，似乎古人在所有的船上都加了一个组成部分——船帆。船上的帆到底起了什么作用，它的结构和工作原理又是什么呢？

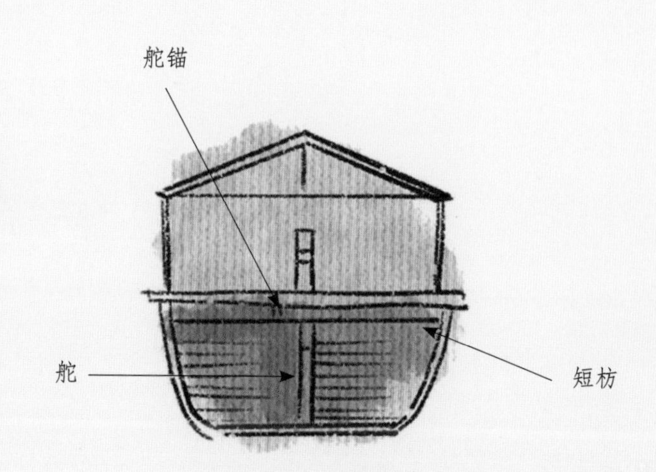

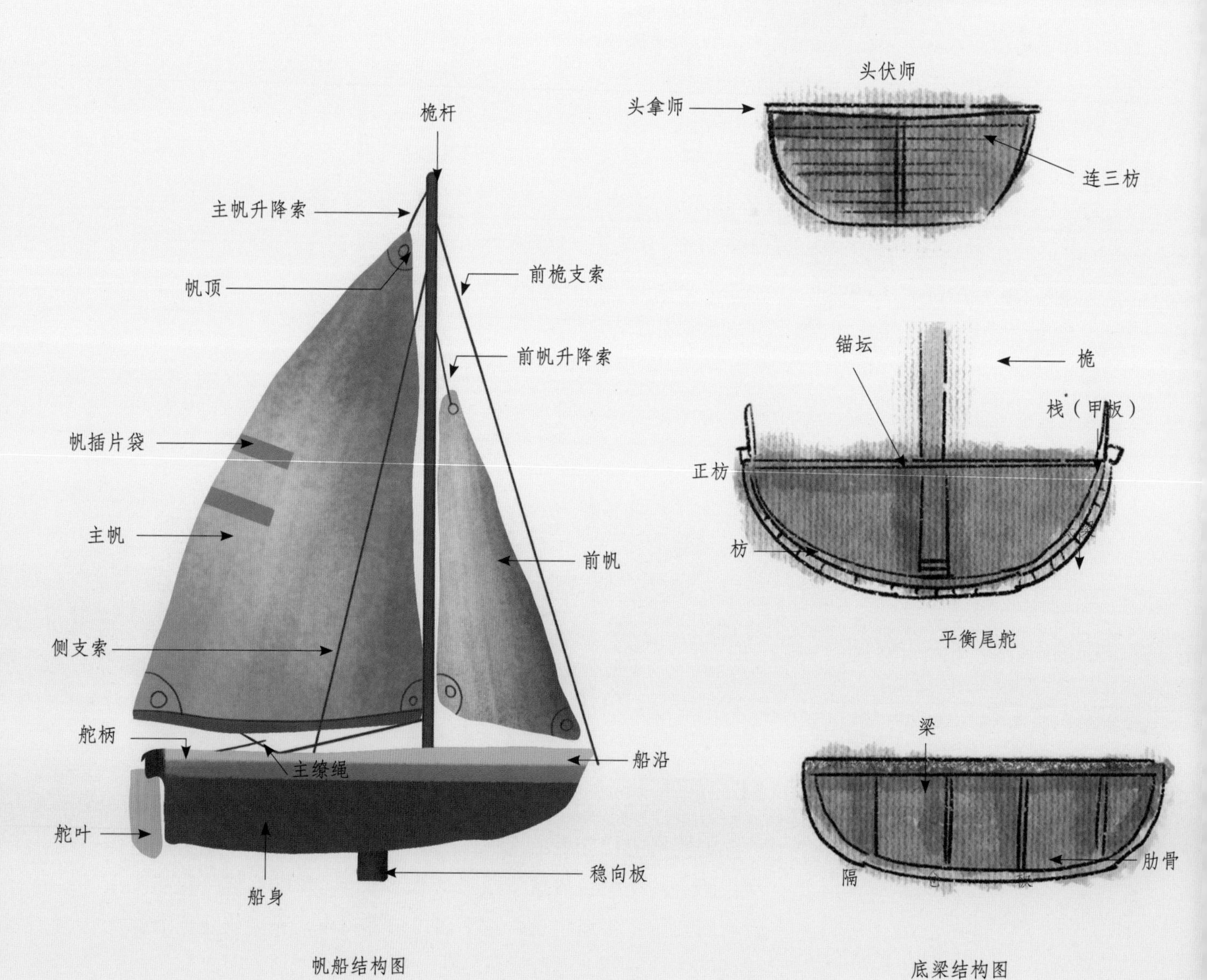

帆船结构图

平衡尾舵

底梁结构图

其实，船帆是借用风力使船前行。

在电力、煤炭等资源被用来驱动船只之前，船航行时的主要动力就是风，人们可以根据风的方向来源去调整船帆的角度。如果只有风力，没有其他的动力，船帆的作用就很大，即便是有了其他的动力来源，船帆也可以起到应急作用。

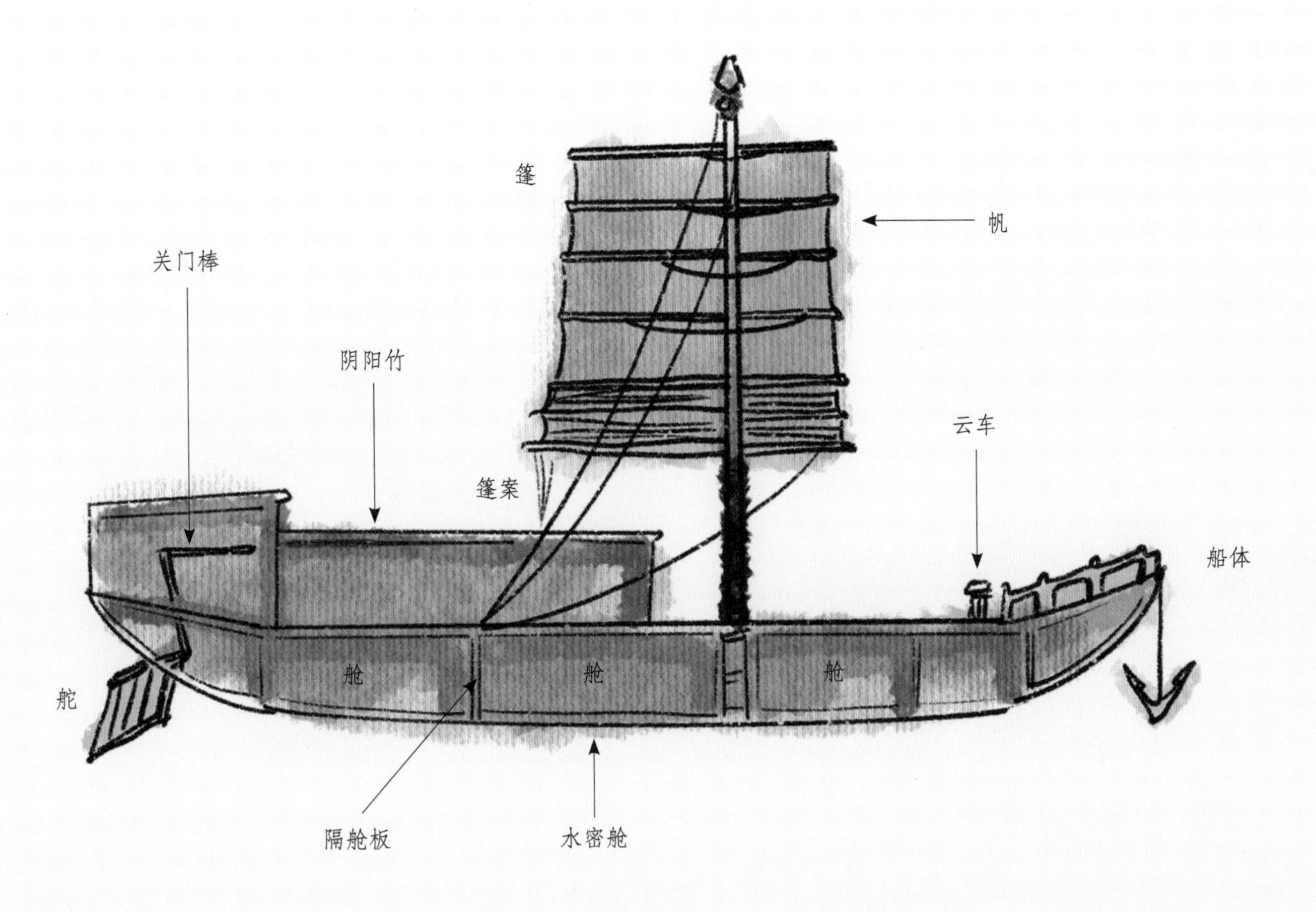

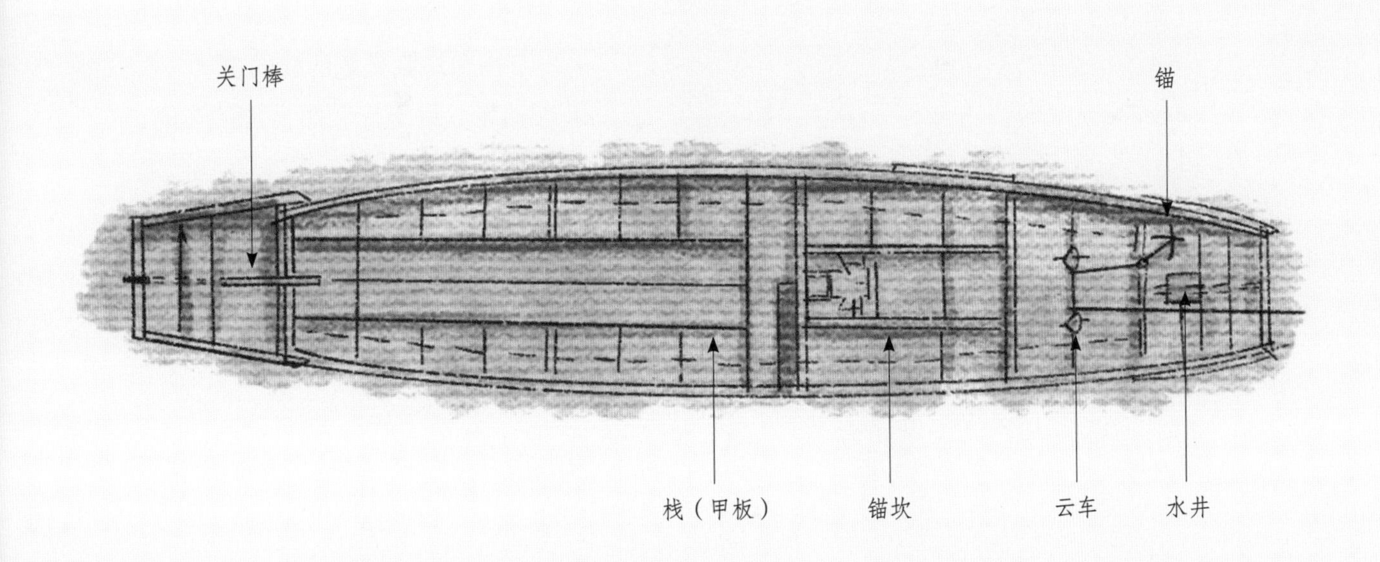

船体俯视结构图

在帆船上，我们还可以看到很多先进的造船技术。例如，水密隔舱技术和平衡尾舵技术。

水密隔舱技术是用隔舱板将一个大船舱分为若干个密不透风的小船舱。在航行中，如果一个船舱漏水，水也不会流入其他船舱，及时补救之后依然可以继续航行，从而提高了船体的抗沉性能。这一技术是中国在造船史上的伟大发明，在远洋航行中发挥着巨大作用。水密隔舱至今仍是船舶设计中重要的结构形式之一。

平衡尾舵则是船的转向工具，安装在船尾，用于控制船行进的方向。当遇到深水时，尾舵下降，水浅时则升起，使用起来非常方便。

那么，帆船又是如何航行的呢？它的工作原理可以用物理学上的“力的合成与分解”来解释。

以风力帆船为例，风吹在船帆上，帆受力后会分解成两个方向的分力：一个是推动船向前航行的力，一个是使船横向移动的力。

如果船受到向前的力，就会向前移动，而横向的力会使船偏离航向，这时就需要通过掌控舵来抵消掉多余的力，使船回到正确的航向上。

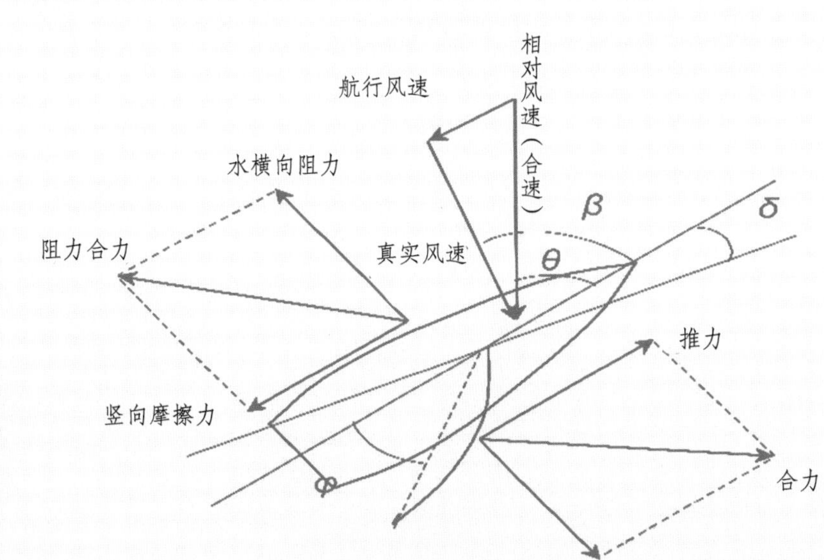

在上一章，我们讲述了古代船舶的发展。随着大型舰船越来越多，古人的野心也越来越大。尽管在那个年代，他们还不知道地球上 70% 是海洋，但这个一望无际的蓝色宝库，已经被那些航海家惦念许久。

公元 1405 年 7 月 11 日，郑和受明朝皇帝朱棣之命，率领船队出航西洋，从此拉开了中国古代规模最大、船只和海员最多、时间最久的海上航行的序幕。而郑和七下西洋的成功，也正是人类史无前例的壮举。

那么，中国的航海技术是如何发展的？古代的航海家们又是靠什么远航的？让我们一起来探索吧！

第十五章 大航海时代

航海科技的发展

地文导航系统

1. 陆标定位

早期的航海只能选择视觉范围以内的陆地参照物，如山、岛、海岸或建筑物，作为导航的依据。这种方法需要船员牢记这些地标的方位和特征，很受天气影响。

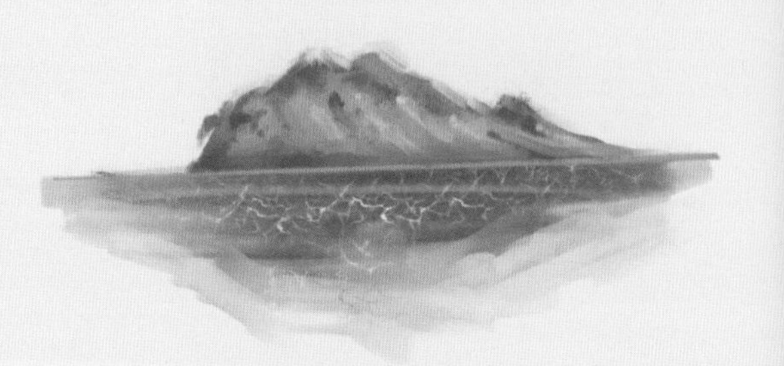

2. 计程仪

计程仪是一种测量船舶航速的设备，在三国时期便已出现。古时，水手将木板从船头投入海中，再跑向船尾观察木片是否与人同时到达。如果同时到达，船行速度就是人跑的速度。结合燃香计算时间，可以计算航速和航程。

3. 重差法

重差法是一种测量方法，天文学家用它来测量太阳的高度和远近，运用到航海上，就可以测量船到陆地的距离。在计算时，借助矩、表等简单测量工具分别对陆地进行观测，然后进行数学运算。重差法的使用对后世航海图的测绘有极强的推动作用。

4. 广州通海夷道

广州通海夷道是海上丝绸之路最早的叫法。隋唐时期，广州成为中国第一大港。在开通了广州通海夷道之后，人们开始通过数学计算取得重要的信息，并对沿途地形地貌进行详细标注和描述，提高了导航的精确性。

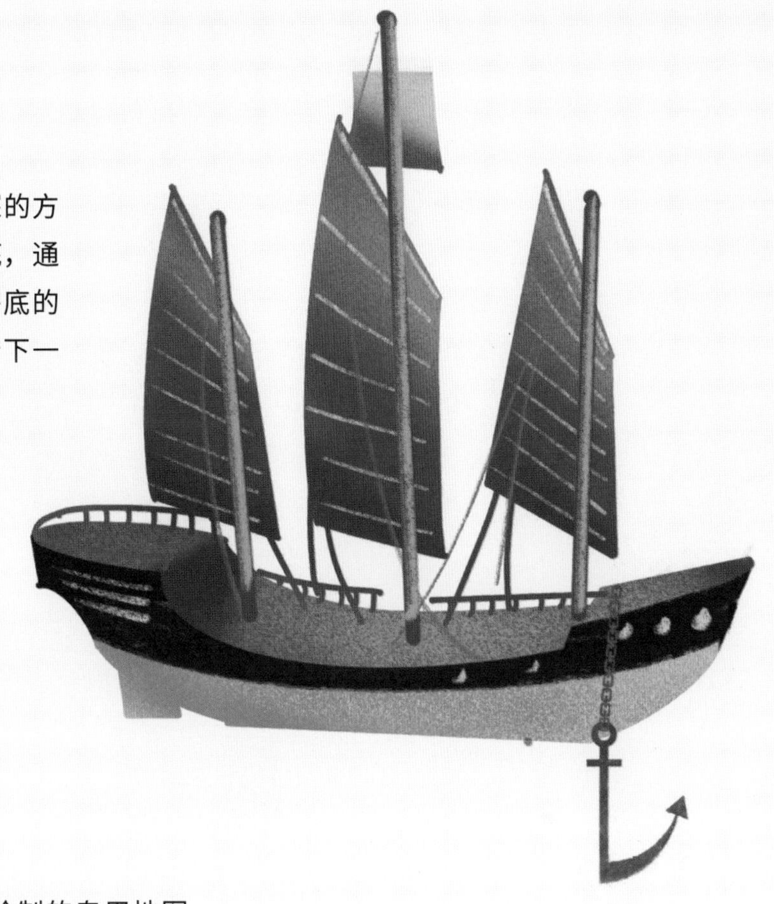

5.“下钩”测深

“下钩”测深是唐代末年出现的测量水深的方法。在测量时，用绳拉着金属钩下沉至海底，通过绳长判断水深，再通过钩起的泥沙判断海底的情况，从而确定船只身处的海区，以便进行下一阶段的航海规划。

6. 海道图

宋代出现的海道图是根据航海需求而绘制的专用地图。制图要素有地形地貌、水文要素、定位条件等，还附有沿海相关情况说明。

7. 罗盘

罗盘是测定方向的仪器，在制式上分为水罗盘和旱罗盘，利用地磁原理指示方向。罗盘的出现解决了夜晚和阴雨天气无法观日辨向的难题，它从北宋时期开始被运用于航海活动中。

8. 针路

针路其实就是航线，又称“针经”。早在宋代，人们通过罗盘和指南针来导航，在地图上注明出发地点、航向、航程以及目的地等信息，将不同地点的航向连接成线，如同针在布料上穿梭成线，故名“针路”。针路可以为后来的航海者提供参考信息。

9. 铅锤

铅锤是明代用于测量海水深度及海底情况的工具。使用时，把底部涂有油脂的铅锤沉到海底，通过绳长计算海深，通过附着物判断海底的情况。

10. 更路簿

明代的更路簿是一种传统的民间航海指南，也是而今的国家级非物质文化遗产。航海者在上面记载了我国及附近国家的航海路线、岛礁情况、洋流信息等详细资料，汇集成册。

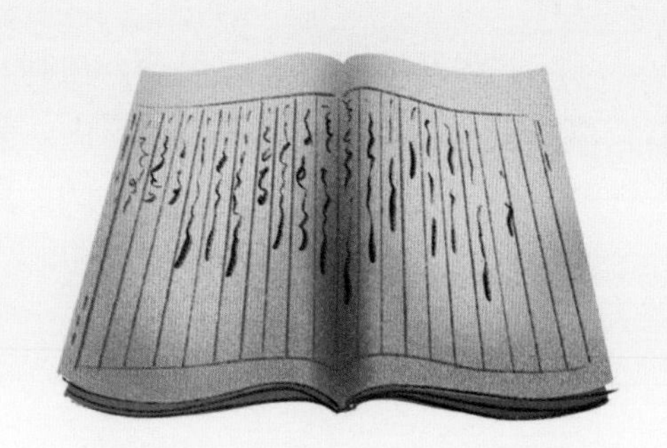

天文导航系统

1. 天文观测

春秋战国时期，人们在天文方面有了许多观测成果，同时也将这些成果运用到了航海中。白天，人们可以利用太阳导航，夜晚则利用北极星确认方向。

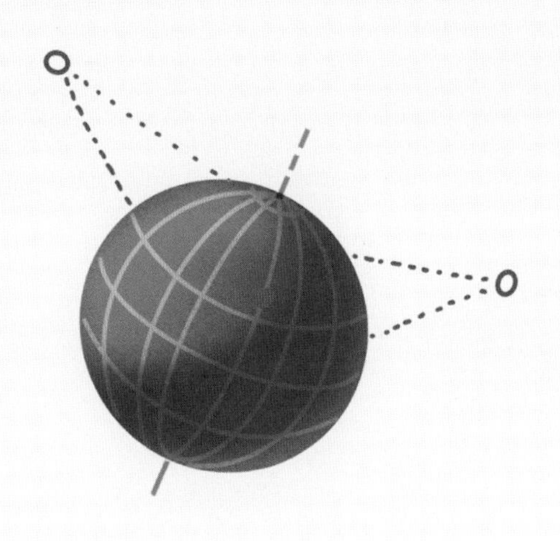

2. 复矩仪

唐代天文学家僧一行曾利用复矩仪测量北极星高度，计算南北距离。据推断，当时在航海中可能已使用这种仪器来判定航向。

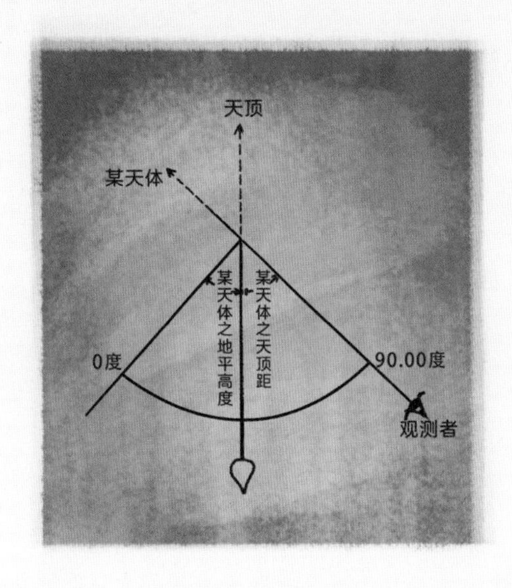

3. 牵星术

牵星术又称“天文航海术”“过洋牵星术”，利用牵星板来观测天上的星宿，计算出船只的地理纬度，并由此确定船只的方位。

郑和与牵星术

据说，郑和下西洋的时候就使用了牵星术。前面我们介绍过，牵星术要利用牵星板才能使用，所以，在讲述牵星术之前，我们先来认识一下牵星板。

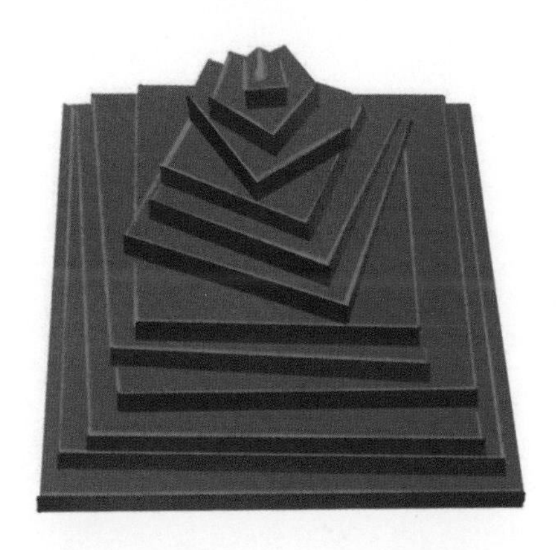

牵星板的结构很简单，是由一根绳子、12 块大小不一的正方形乌木板和一小块象牙板组成。

12 块木板上都标有刻度，以“指”为单位，最大的一块边长 12 指（24 厘米），最小的一块则边长 1 指（2 厘米）。另有一小块象牙，四角缺刻，四边的长度分别是：一指的 3/4、1/2、1/4 和 1/8。

此外，牵星术里还规定了几个固定的坐标，例如北极星、织女星、华盖星、布司星等，方便使用者参考。

那么，牵星术应该如何操作呢？

1

先在天空中找到要测量的星体。

2

选择一块牵星板，将绳子穿过板的中心。

3

左手拿板，伸直左臂拉直绳子；右手持绳子末端，贴近眼窝。

4

使牵星板与水平面垂直。

5

使板的上沿，与星体重合；板的下沿，与水平线重合。

6

若不符合上一步描述，可更换成其他尺寸的板或象牙板。

7

读出星体的高度是多少“指”，对照航海图记载，确定船的方位。

郑和的船队，航迹遍及亚洲东南部、阿拉伯半岛甚至非洲，拜访了 30 多个国家，旨在传播友谊、开展交流和进行贸易。重要航线总共有 56 条，航线总长超过 240000 千米，相当于环绕地球 6 圈多。

郑和下西洋的成功，不但代表了我国古代航海事业的最高成就，也在整个人类航海史上留下了宝贵的财富。其成就和贡献体现在许多方面：展现了友好的外交形象，为与各国建立友邦关系打下了基础；加强了文化交流，为多民族沟通消除了障碍；开辟了商品贸易通道，为提高生产水平创造了机会；完善了科学的航海技术，为人类征服海洋贡献了力量。

此外，郑和下西洋留下的《自宝船厂开船从龙江关出水直抵外国诸番图》，即《郑和航海图》，详细记录了各类航路信息，是全世界年代最早的航海图集。这卷图集收录了针路航线和四幅《过洋牵星图》，反映了古代天文导航技术的先进性，也为我们解答了当年的郑和是如何漂洋过海，到达那么远的地方。

“观日月升坠，以辨东西。星斗高低，度量远近”，郑和的牵星过洋，不是虚幻传说，而是一种真正的实用科学。这项技术的发明与使用，比欧洲早了至少 200 年。

面对海洋带给我们的丰富海产、运输通道和科考资源，人类从未停止探索的脚步，航海科学技术也在不断发展。现代航海科技融入了地理学、气象学、海洋学、材料学、机械学、电子学等学科知识，采用了更结实耐用的船体结构和更便捷规范的船舶操纵系统。

人类对大海的征服仍在继续。我们继承了古人的意志，正乘风破浪，奔向远方。

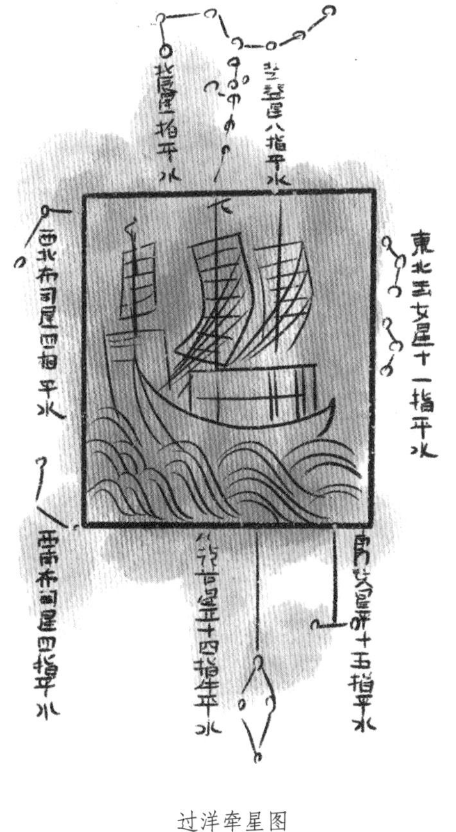

过洋牵星图

听觉是人的五感之一，也是人类感知事物的重要途径。

我们的祖先很早就意识到不同物体能发出不同声响，他们从大自然中获得乐趣，知道风吹过竹林的声音令人愉快，知道雨打在树叶上噼啪作响，有着不同的音韵。他们还会观察动物，从动物发出的声音中寻找美妙的乐曲。

他们早在掌握语言之前就已经学会了通过音乐来表达自己的感受。最原始的音乐与生活息息相关，有的音乐用来在劳动中统一节奏和动作，有的音乐则用来庆祝和分享丰收的喜悦，还有的音乐是为了在祭祀中表达对神灵的敬畏。

种类繁多的古代乐器，在经过数千年的发展之后，成为和语言一样储存和承载华夏历史与文明的方式，我们当然不能忘记。

建筑与艺术

第十六章 民乐的前世今生

体鸣乐器

顾名思义，体鸣乐器就是以一定形状的发声物质为声源体，在无变形和附加张力的自由状态下发出声音的乐器。简单来说，打击乐类中除了鼓之外，基本都算体鸣乐器。

1. 编钟

编钟兴起于周朝，盛行于春秋战国至汉代，多用于宫廷或者祭祀演奏。编钟由青铜制成，按照声音高低顺序悬挂起来，演奏者用小木槌敲打奏乐。

2. 磬（qìng）

磬，多用于宫廷雅乐和盛大祭典。它的形状像一把曲尺，转折处有一个小孔，用绳吊起，敲击发音。商代已经出现了各种材料的磬，如石磬、玉磬等。周代，出现了由十几个磬组成的编磬。

3. 缶（fǒu）

早期的缶是一种陶质乐器，形状像小缸或钵，最早是用来盛酒的器皿。最原始的陶缶由于易碎，已经基本看不到完整的，保存较多的是青铜缶。早在春秋战国时期，缶就已经开始作为乐器存在了。“击缶而歌”曾经是古人酒后的乐趣，在秦代李斯的《谏逐客书》和汉代司马迁的《史记》中都有记载。

4. 柷（zhù）

柷是一种木质打击乐器，呈方斗状，上宽下狭。在宫廷雅乐中，柷起到预告乐曲开始的作用。演奏者通常用木棒在其内壁敲击发声。

5. 敔（yǔ）

敔在雅乐演奏中，起到表示乐曲结束的作用。它的造型别致，形似卧虎，背上装着 27 个木片。演奏时，演奏者用长尺刮动木片发声。

膜鸣乐器

膜鸣乐器指的是由紧绷的膜振动发声的乐器。这类乐器本身通常有一张紧绷的膜作为声源体，演奏者摩擦或者敲击，使其振动发声。

1. 陶鼓

远古时期鼓分为木鼓和陶鼓两种。早期人们只会做木鼓，在学会制陶之后，也将其运用在了乐器上。用陶土烧成鼓框，在上下面蒙上动物的皮膜制成陶鼓。人们通常敲鼓庆祝丰收、鼓舞士气和祭祀祈福。

2. 腰鼓

腰鼓的鼓框用木制成，中间粗，两头细，用手掌或鼓槌击奏。腰鼓形制的记载分为两种：一种为鼓身中间粗、两端细的筒状鼓，另一种为细腰型鼓类乐器。在秦汉时期，腰鼓被边塞将士用来报警或传信，也用于在作战中助威。

3. 长鼓

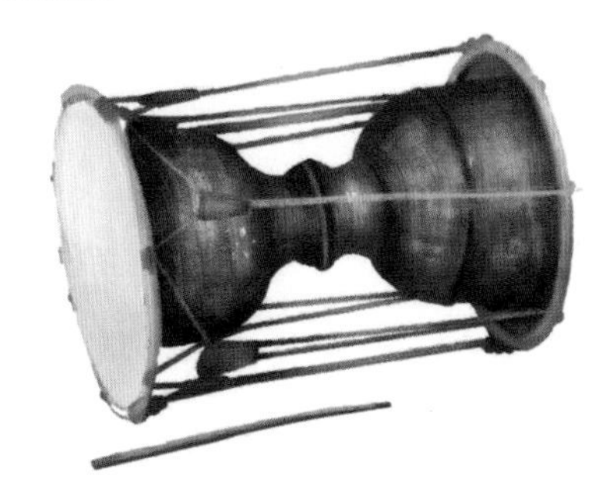

长鼓是古代细腰鼓的变体，早在隋唐时期就被运用在宫廷乐中。鼓的木质框较长，两端粗中部细，两端蒙上牛皮、羊皮或马皮，双手可各自击鼓。发展到现在，长鼓有三种常见的形态：朝鲜族长鼓、瑶族长鼓和福州狼串。

4. 手鼓

手鼓是鼓的一个大类别，鼓身呈扁圆形，鼓框多为木质，声音洪亮、演奏灵活多变，能够产生欢乐的气氛。隋唐时期，手鼓随着西域歌舞传入内地。每个地区和民族都有独特的手鼓乐器。我国西北部地区的少数民族同胞称手鼓为“达卜”。

气鸣乐器

气鸣乐器，指的是以空气振动发声的乐器，有各种材质。人体本身就有边棱音（吹口哨）和簧管（声带、咽喉），因此气鸣乐器可以说是人体发声器官的延伸。

1. 埙（xūn）

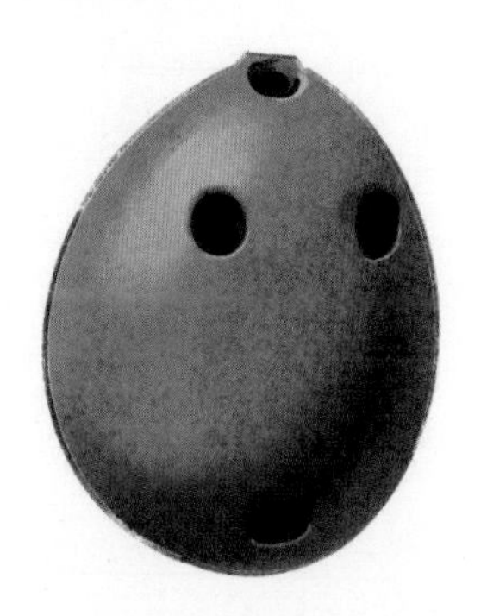

埙是一种用陶土烧制的吹奏乐器，通常是圆形或者椭圆形，内部中空，上有吹孔，侧壁开有音孔。埙是中国最古老的吹奏乐器之一，至今已有 7000 多年历史。

2. 哨

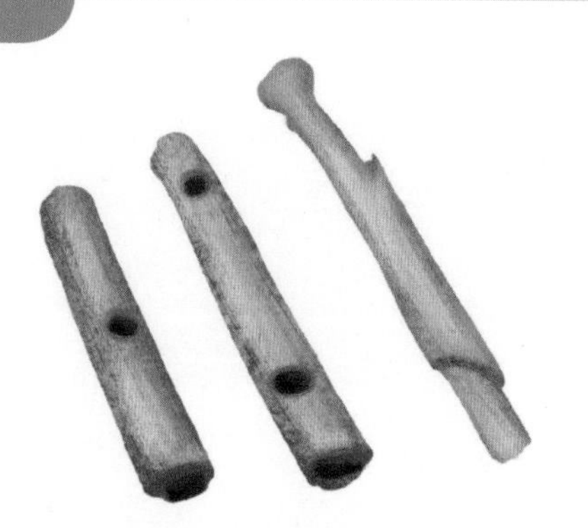

哨的制作材料有兽骨、兽角和石料等，以骨哨最为多见。哨的音调很高，因此专家认为，它可能不单纯是乐器，也可能是辅助捕猎的工具，或是作为联络同伴的发音器。

3. 笛子

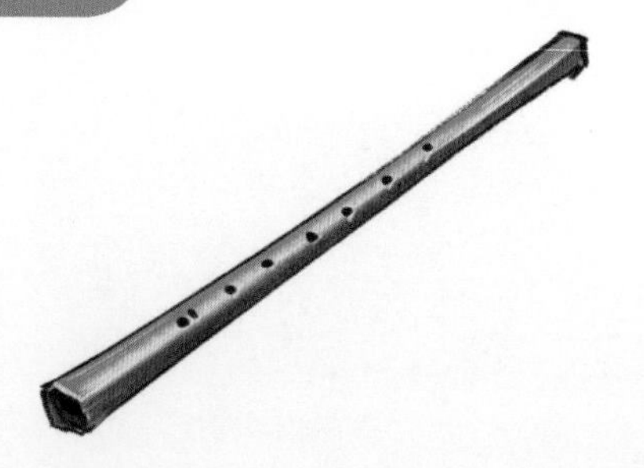

笛子是迄今为止发现的最古老的乐器，吹奏方法均为横吹，但骨笛长短、粗细、音孔数量等规格不一。大部分的笛子是竹质的，也有石笛、木笛等。目前发现的最早的笛子，是出土于河南贾湖遗址中的骨笛，距今 8000~9000 年。

4. 排箫

排箫是由一系列长短不一的管子构成的管乐器，有多种材质。迄今为止发现最早的排箫，是距今已有 3000 年的西周骨排箫。在吹奏时，气流进入管中，可以产生高低不同的音调。

5. 笙（shēng）

先秦的笙，簧片为竹质薄片，十几根长短不同的笙笛也为竹质。演奏者向吹嘴内吹气，引发簧片振动，并带动笙笛内的空气共振而发音。笙是世界上最早装配自由簧片的吹奏乐器，通过丝绸之路传到西方后，对西洋乐器的发展有着积极的推动作用。

6. 篪（chí）

战国时期的篪为竹质的闭管吹奏乐器，其吹孔位于中部且开口向上，演奏时取横吹姿势，双手按压六个向前开口的指孔取音。篪的音色低沉庄重，是我国古代演奏雅乐的主要乐器之一。

7. 筚（bì）篥（lì）

最新研究成果认为，筚篥发源于古代波斯，由美索不达米亚平原的双簧管传入波斯后被改良为木管单簧乐器，约汉代传入中原。筚篥的木质管身上面开有八个指孔，正面七个，背面一个。管口上插有苇管作为吹嘴。其音色高亢清脆，在乐队中多用于演奏主旋律。

8. 唢呐

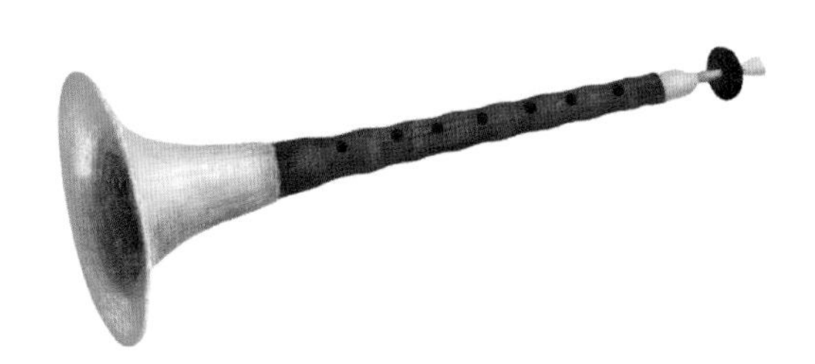

唢呐是一种双簧木管乐器。它本是东欧和西亚的乐器，后随着丝绸之路传入中原。唢呐吹口为苇哨，木质锥形管上有八个指孔，正面七个，背面一个，末端设有铜质的扩音器。因音色嘹亮、穿透力强、感染力强，而流行于民间的戏曲或歌舞伴奏中。

弦鸣乐器

弦鸣乐器，是由绷紧的弦为声源的乐器，分为拨弦类、擦弦类和击弦类。在公元前3000年左右，人类就已经拥有了弦乐器。

1. 古琴

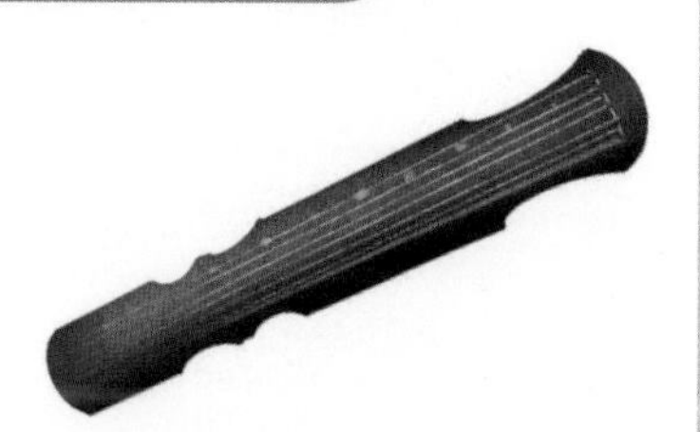

古琴是中国传统的拨弦乐器，大约出现于尧舜时期，最早五根弦，后增至七根弦。古琴作为“元音雅乐”的代表，极具华夏特色，也因此位列四艺“琴棋书画”之首。

2. 古筝

古筝流行于春秋战国时期，又名“汉筝”。它的外形与古琴相似，但体型更大，弦数更多，演奏音量也更大。在演奏时，演奏者用右手拨弦发音，左手辅助控制弦音变化。

3. 瑟（sè）

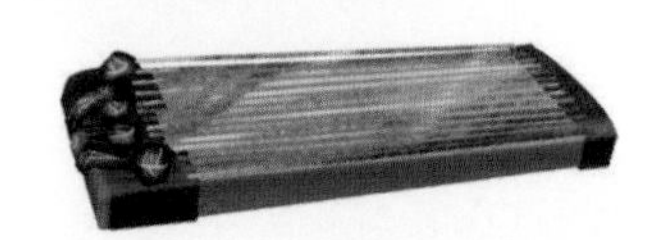

瑟作为我国最早的弹弦乐器，在先秦时期就已经广为流行。最初为50根弦，后减至25根弦。瑟的共鸣箱多用整块木材挖成中空状，底部再嵌底板。在演奏时，瑟多用于演奏背景音乐，目的是烘托气氛。

4. 箜（kōng）篌（hóu）

汉代，箜篌经由丝绸之路传入中国，至今已经有2000多年历史了。早期的箜篌除了在宫廷中使用，在民间也广泛流传，唐代时期更是达到鼎盛。演奏时，演奏者将箜篌抱在怀里，双手在琴弦两侧同时弹奏。但可惜的是，如今，古代箜篌已经失传，只有残存的壁画展示着它的风采。

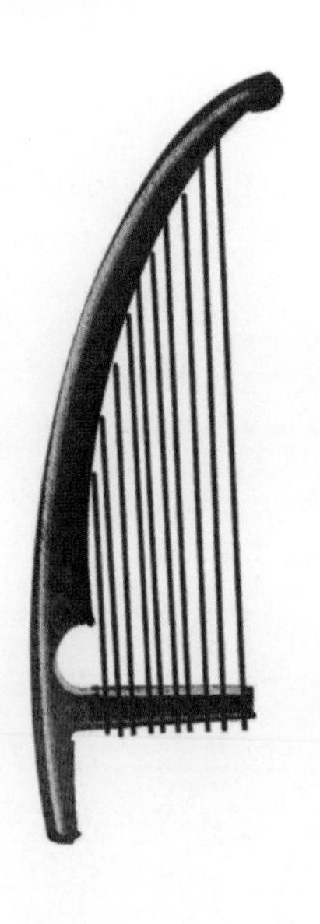

5. 琵（pí）琶（pɑ）

“琵琶”之名，是在秦代开始流传的。最早，古人称其向前弹为“批”，向后挑为“把”。后来，为了与琴、瑟相匹配，改称琵琶。琵琶有很多品种，大都是木质或者竹质，音箱近似梨形，共有四根弦。它是一种东亚传统的拨弦乐器。

音调的秘密（以排箫为例）

演奏排箫并非是一件容易的事情。排箫的音管按照一定的音序排列，演奏者必须集中精神才能吹奏出精准的音律。那么，排箫发出不同音调的秘密是什么呢？

我们可以看到，排箫的音管上端齐平，作为吹嘴，下端则呈阶梯状递增。演奏者在吹奏时，双手各执排箫两侧，长管在左，短管在右。

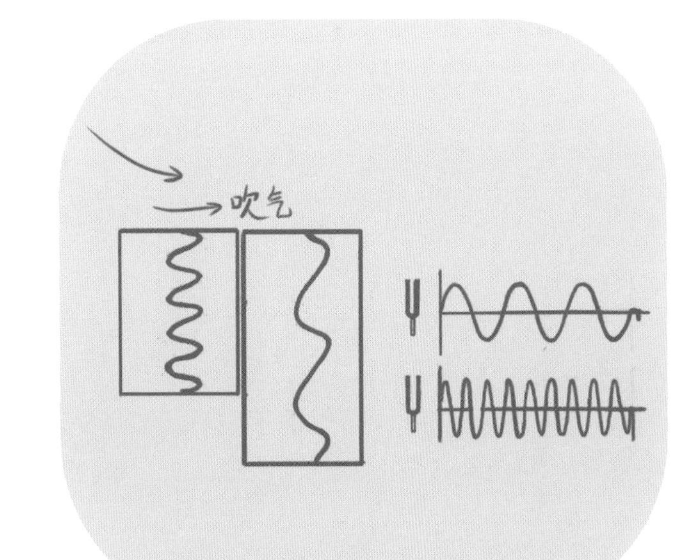

当人吹奏时，气息从吹嘴进入到音管内，使得管内的空气柱发生振动，音管也作为共鸣箱发音。由于每支管的长度不同，内部空气柱的长短也不同。空气柱短，振动频率高，音调就高；空气柱长，振动频率低，音调也低。

陶瓷，是陶器和瓷器的统称。

早在新石器时代，古人就已经发现了泥土具有可塑性，经过烧制之后，可产生较为简单的陶器：黑陶和彩陶。陶器以黏性较高的黏土为主要原料，瓷器则多以黏土、石英制成，特点是半透明且不吸水。

我国陶瓷的发展历史悠久漫长，且在每个朝代都有其独特的风格，无论是秦汉的粗犷、隋唐的开阔、宋代的儒雅，还是明清的精致，无不彰显了精湛的陶瓷技艺。

“中国”的英文就源自陶瓷的英文“china”。

第十七章 陶与瓷

陶

1. 原始陶

在距今约 7000 年的新石器时代，原始陶器广泛分布在有原始人类活动的地方。当时的陶器整体比较规整，但吸水性较弱。发展到后期，大约分为三种：无装饰的素陶、先绘后烧的彩陶和陶器烧成后画彩的烧后彩绘陶。

2. 彩陶

彩陶是在坯体上用矿物颜料绘成彩色图案的陶器。在烧制前用矿物颜料在坯体表面绘制出各种不同的图案，然后经过烧制成为彩陶。彩陶艺术最早出现在新石器时代，器型也一般都是盆、瓶、罐、鼎等日常用具。彩陶制作精美，且有很高的实用价值，体现了古人的智慧。

❶ 半坡彩陶：距今约有 7000 年历史，发现于西安半坡遗址。半坡彩陶的纹饰略微复杂，图案以几何纹样为主。纹饰还绘制了当时在日常生活中常见的鱼、鸟、蛙、鹿等，设计精妙，描绘生动。

❷ 仰韶文化彩陶：仰韶文化距今也是 7000 年左右，位于黄河中下游。仰韶文化的制陶业比较发达，从陶土的选用、塑坯造型、烧制火候、绘画、贴塑的装饰工艺上看，人们已经掌握了较为成熟的工艺。从彩陶的图案和纹饰上看，他们已经开始使用毛笔等工具作画了。

❸ 马家窑文化彩陶：马家窑文化彩陶继承了仰韶文化的风格，但是画作更为细腻。在陶器本身的处理上，人们会对表面进行打磨处理，使器物表面光滑细腻。这一时期，彩陶大量发展，说明社会分工已经开始专业化。

3. 瓦当

瓦当又称“瓦头”，是一种圆弧形的陶片，覆盖于屋檐的最前端，是中国建筑中瓦的重要组成部件。在便于屋顶排水的同时，瓦当还能起到保护檐头和增加美观的作用。瓦当的图案设计优美，种类多样，有云头纹、几何形纹、文字纹、动物纹等。

4. 兵马俑

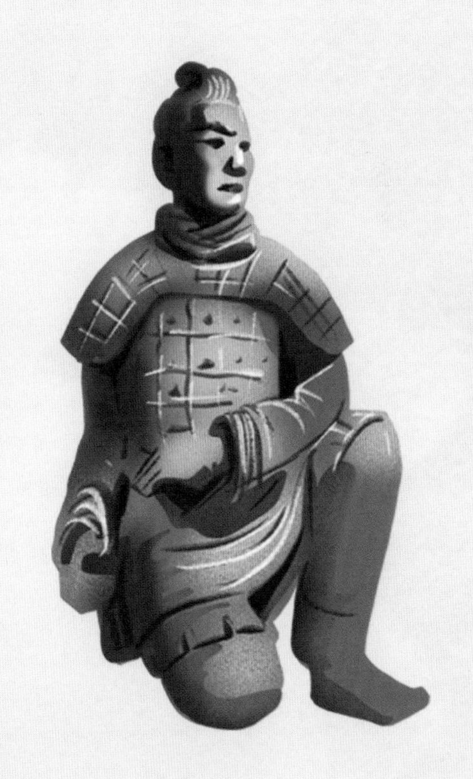

自从秦国废除人殉制度之后，葬俗文化也发生了很大的变化。秦兵马俑就是一种典型的陪葬陶器。兵马俑大多采用陶冶烧制的方法，先用泥塑的方法做出粗胎，然后覆盖一层细泥进行细节加工，最后把头和躯干组合到一起。兵马俑身上原本有着鲜艳的彩绘，只是因年代久远或是出土后氧化，后人无缘得见。

5. 汉砖

自古以来，我国崇尚厚葬，因此陪葬的不朽陶器便成了传世之宝。汉砖多盛行于两汉，上面的雕饰复杂且漂亮，无论是彩绘还是浮雕，图像都生动绚丽，线条十分生动。

6. 铅釉（yòu）陶

西汉时期，出现了一种以黏土为胎，以铅的化合物为基本助熔剂的低温釉陶。铅对人体有毒，所以很少做成实用的器具。现今出土的铅釉陶文物也大都是汉代陪葬所用的明器。铅釉陶是汉代陶艺的创新，有黄、褐、绿色，以绿釉最为流行。

7. 唐三彩

唐三彩是一种盛行于唐代的低温釉陶，以黄、白、绿三种颜色为主色，所以被称为“三彩”。唐三彩的特点是造型丰富、色彩绚丽、形体圆润以及手感较重。

8. 紫砂

紫砂是一种特殊的陶器。紫砂器物不上釉，而是充分利用泥的本色，颜色温润，古意盎然。用紫砂烧制的器物也各有创意，除宜兴的紫砂壶外，还有碗盘、花盆、花瓶等。

瓷

9. 白瓷

白瓷最早出现在东汉，巅峰时期则为北宋，当时的汝窑最负盛名。白瓷的瓷胎为白色，表面是透明釉，是烧制彩绘瓷的基础。后世五彩、青花及斗彩瓷都是在白瓷的基础上产生的。因颜色纯净，能够显示出高贵之气，所以白瓷很受欢迎。

10. 青瓷

青瓷是表面施有青色釉的瓷器，也称“青釉瓷”。早期青瓷有偏绿、偏黄等色调出现，是烧造氛围的不同所致。青瓷的特点是釉色古雅沉稳、釉面均匀滋润、釉质坚致细腻。

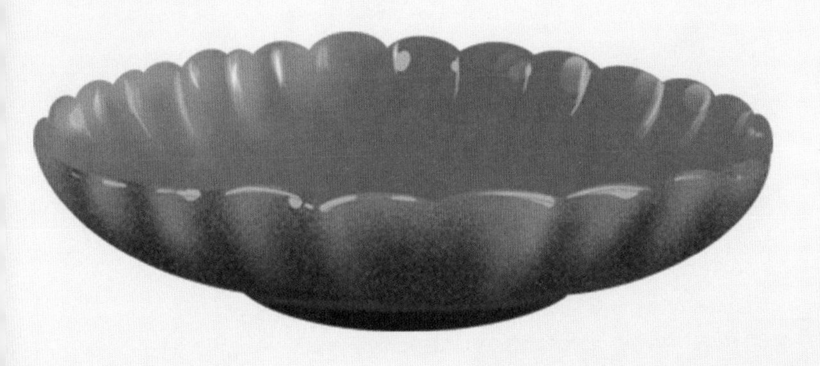

11. 柴窑

柴窑是五代时期后周世宗柴荣的御窑。据传在显德初年开始烧制，颜色以天青色为主，制作精美，号称“青如天、明如镜、薄如纸、声如磬”，但到明代就已无人得见，成了未解之谜。

12. 定窑

定窑是宋代五大名窑之一，也是北方白瓷的中心，在唐代时就声名远扬。定窑烧瓷采用覆烧法和“火照术”的技术，能够最大限度地利用空间和节省燃料，从而降低成本。定窑烧制的瓷器的特点为胎质轻薄，釉色洁白，釉面偶尔还有垂釉现象，因此有着“泪釉”的别称。定窑生产出的瓷器常常作为贡品进入宫廷。

13. 汝窑

汝窑位居宋代五大名窑之首。汝窑烧制的瓷器古朴大方。瓷胎为深浅不一的白色，与燃烧后的香灰颜色相似，因此被称为“香灰胎”。瓷釉的颜色为淡淡的天青色,有“雨过天青”的美誉。釉层薄，釉面上有错落有致的开裂状细纹片，被称为“蝉翼纹”。

14. 钧窑

钧窑为宋代五大名窑之一。钧窑所产的瓷器在宋代名窑中因“釉具五色，艳丽绝伦”而别具一格，被称为“国之瑰宝”。宋徽宗时期，钧窑的工艺技术达到鼎盛。钧窑瓷器胎质细腻，釉质细而润，类翠似玉赛玛瑙，釉色绚丽多彩，周身布有流纹，生动美妙。

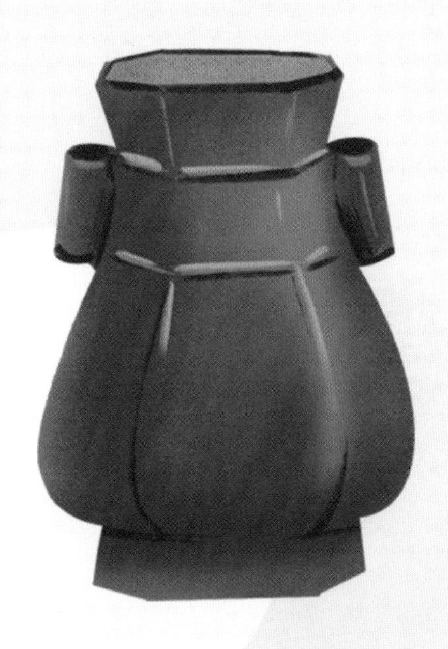

15. 官窑

官窑为宋代五大名窑之一，是南宋宋高宗时期专为宫廷烧制瓷器的窑口。官窑烧制的瓷器的特点是规整对称、高雅大气。由于胎土的含铁量高，呈黑褐色，手感较重，因此被称为“紫口铁足”。釉面莹润光洁，纹理布局清晰有致，造型庄重大方。

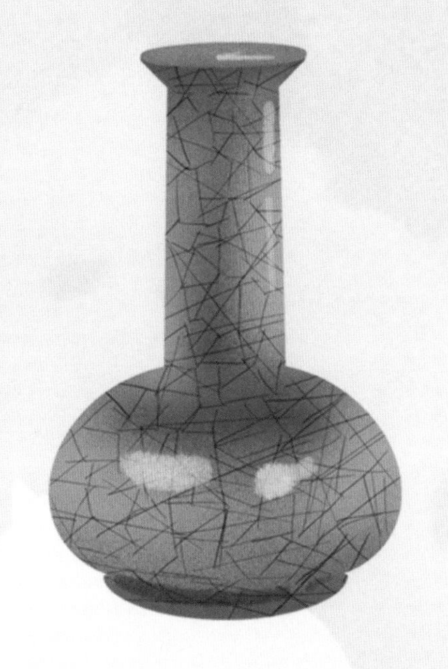

16. 哥窑

哥窑为宋代五大名窑之一。哥窑烧制的瓷器的主要特征是其表面上有明显的自然裂纹，又称“金丝铁线”。不同的裂纹有不同的名称，如百集碎、鱼子纹或蟹爪纹等。哥窑属于青瓷类，色彩浓淡不一，因此会出现米色、青灰色、粉青色等。

17. 龙泉窑

龙泉窑始于北宋，结束于清代，是我国历史上制瓷时间最长的一个瓷窑。龙泉窑多烧制青瓷，每个年代也有着不同的工艺特色，例如：在北宋时，多为石灰釉，辅以牡丹花纹；南宋时，则多为釉层较厚的石灰碱釉；元代时所烧制的瓷器，器型较为高大，普遍会装饰花纹。

18. 青花瓷

青花瓷起源于唐、宋，成熟于元代，在明清时期达到鼎盛。制作方法是先在素坯上用钴料画成图案，再施一层透明釉，最后用高温一次烧制而成。虽然只用了一种蓝色，但通过调整颜料的用量，青花瓷可以呈现出丰富多样的艺术效果。

19. 釉红

釉红是青花属的釉下彩绘，只是用氧化铜代替了钴料。烧制的过程极不稳定，属于烧成极难的一种瓷器，产量很低。

20. 青花釉里红

青花釉里红是我国瓷器中的珍贵品种，是在青花间用釉里红绘制纹饰。把青花与釉里红绘制在一件瓷器上，使素雅与艳丽达到和谐统一。

21. 斗（dòu）彩

斗彩创烧于明宣德年间（1426~1435 年），在明成化年间（1465~1487 年）最受推崇。制作上一般是先用高温（1300℃）烧成釉下青花瓷，再上颜料进行二次施彩，最后再次入窑，用低温（800℃）烧制而成。斗彩的外观绚丽多彩。

22. 珐（fà）琅（láng）彩

清代的珐琅彩瓷，简称“珐琅彩”，其特点是瓷质细腻、彩绘厚重、颜色鲜艳，装饰画法非常精致，多属内廷秘玩。珐琅彩是古代中国的艺术结晶，也是古代彩瓷工艺达到顶峰的产物。

陶器与瓷器的区别

日常生活中，人们习惯把陶器与瓷器联系在一起，称为“陶瓷”。其实，虽然陶器和瓷器都是火与土的艺术结合品，但由于陶器发明在前，瓷器发明在后，所以瓷器在很多方面都受到了陶器的影响。

不过，无论是从物理性能分析，还是从化学成分而言，陶器和瓷器都有着本质的不同。

陶器和瓷器的主要区别为：

	陶器	瓷器
材料	黏土	瓷土
温度	800℃～1000℃	1200℃以上
主要特性	不透光，有一定的吸水性	瓷更坚硬、更易清洁，具有防水等特点

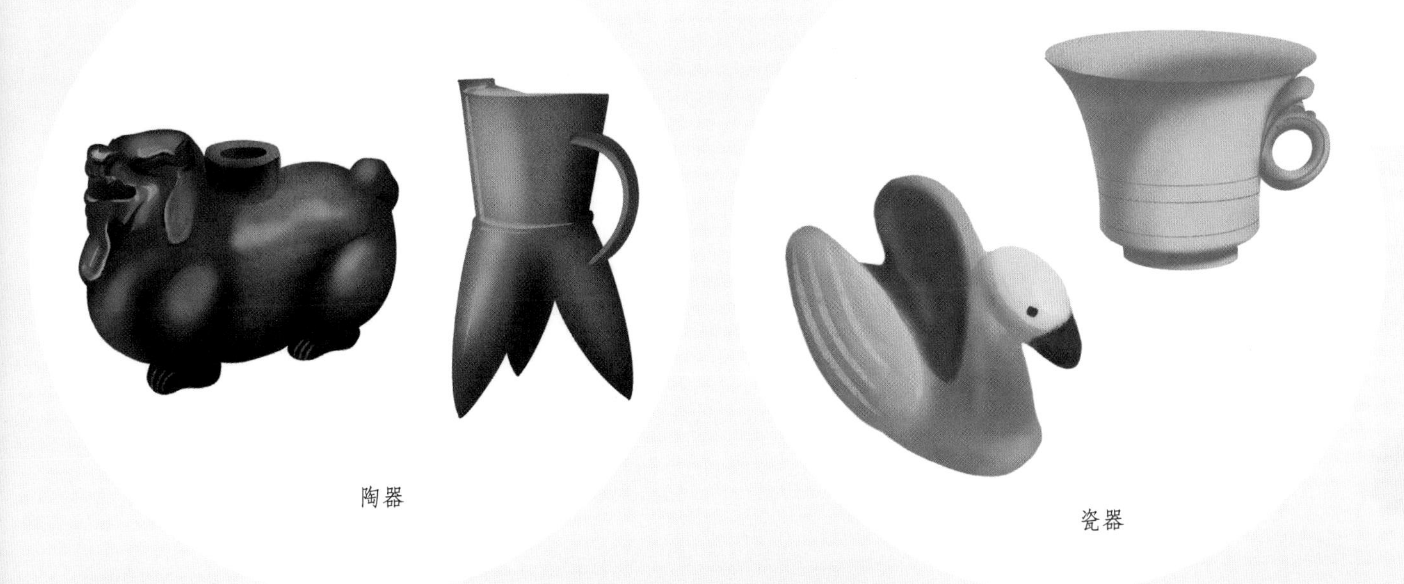

陶器

瓷器

古代陶瓷的制作

1 选泥和制泥

2 拉坯

6 出窑

3 蘸釉

4 喷釉

5 装窑

古人早在原始社会后期就开始使用金属了，他们首先发现了红铜，把红铜锻打成比骨器、石器更加结实耐用的工具。而后又觉得红铜不够坚硬，于是在其中加入了一定比例的锡或铅，形成的合金就叫作“青铜”。其实，青铜刚铸造出来时颜色是黄色偏红，因为长期掩埋在地下，氧化成了青灰色，所以在考古发掘出来的文物中只能看到它们青灰色的模样。

中国古代的青铜文化十分发达，而且器具制作精良、技术高超。我们一起来认识它们吧！

第十八章 古老的青铜文化

青铜器的演变

铜是人类最早认识的金属之一。但红铜的硬度低，用红铜制作的工具在生产中发挥的作用不大。后来，人们学会了提炼锡，在此基础上发明了青铜。

青铜器可分为食器、酒器、水器、乐器、兵器、杂器等。由于王朝的更替、典礼制度的变化、习俗的相互影响，乃至生产技术的进步，每一类青铜器又演变出了很多品种。

食器

鼎

成语“钟鸣鼎食”的意思就是敲着钟，列鼎而食，形容古代富贵人家生活奢侈豪华。

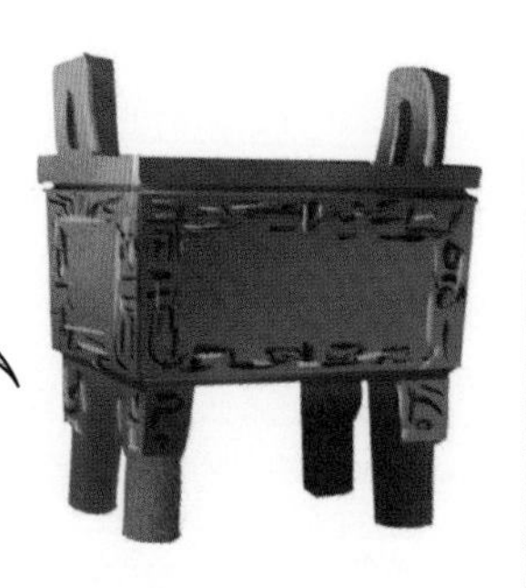

用来烹煮和盛贮肉类，后被视为传国重器、国家和权力的象征。西周时期形成了列鼎制度，通过鼎的多少来区分贵族的不同身份。

簠（fǔ）

古代祭祀时盛谷物的器皿。长方形，有盖，有足。

豆

最初用于盛放黍、稷等谷物，后用来盛放汤、羹。

鬲（lì）

一般用来盛放肉食或煮粥，是由新石器时代的陶鬲演变而来的。

甗（yǎn）

相当于现在的蒸锅，用来蒸煮食物。上层为甑（zèng），放置待蒸的食物；下层为鬲，用于盛水。

簋（guǐ）

用来盛放煮熟的食物，相当于现在的大碗。多为圆口，双耳。

盨（xǔ）

用来煮熟或者盛放食物，椭圆形，有盖，两耳，圈足或四足。盖上有足，把翻盖取下可以做其他器皿使用。

敦（duì）

用于盛放粮食。盖和器身均为半球形，各有三足或圈足。在春秋战国时期与鼎配合使用，是簋的替代品。

盂（yú）

用来盛饭或盛水。敞口、深腹。

酒器

爵（jué）

古代酒器，也是重要的礼器，通常为三足，盛行于殷代和西周初期。

角（jué）

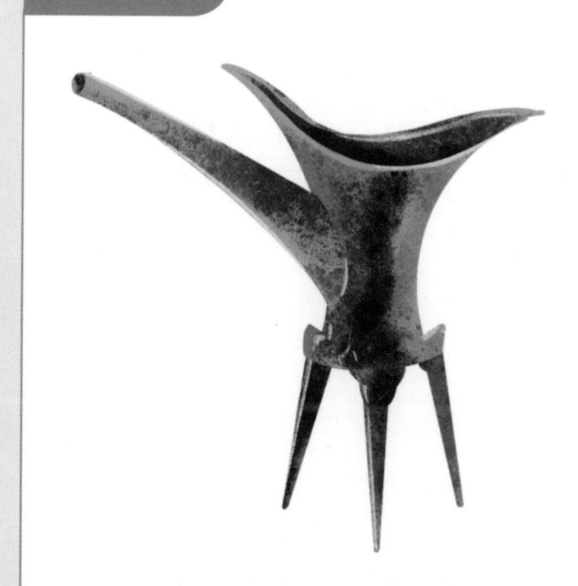

从爵演化出来的一种新型酒器，大量出现于商代和西周初期。

斝（jiǎ）

一种盛酒器或者温酒器，盛行于商代和西周初期。

觚（gū）

古代酒器，喇叭形口，细腰高圈足，盛行于商代和西周初期。

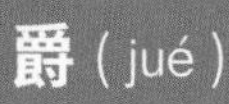

觯（zhì）

盛酒器。形似尊，有盖。

兕（sì）觥（gōng）

器身为椭圆形或者方形，盖则做成有角的兽头。也有整体都做成动物形状的。

樽

樽是一种大型盛酒器，有圆樽和方樽之别。

卣（yǒu）

盛酒的器具。口小腹大，有盖和提梁。

盉（hé）

用水来调和酒味浓淡的盛酒器。

方彝（yí）

盛酒器。盖与器身往往铸有 4~8 条凸起的扉棱，满饰云雷纹底，给人庄重华丽之感。

勺

一种有柄的舀酒器。

罍（léi）

可盛酒或盛水，敛口、广肩、丰腹、平底。

壶

有扁圆形、八角形等，多为圆形，有壶盖，盖可以用作杯。

瓿（bù）

盛酒器，亦用于盛酱。

缶（fǒu）

用于盛酒浆，大腹小口。

水器

匜（yí）

注水器，古代贵族举行礼仪活动时浇水的用具。

盘

盛水器，最早用来洗手洗脸，用匜倒水洗手洗脸、用盘接水的行为称为“沃盥之礼”。

鉴

用来盛水的青铜大盆。

乐器

铙（náo）

打击乐器，可手持或置于座上演奏。外形似倒置的钟。

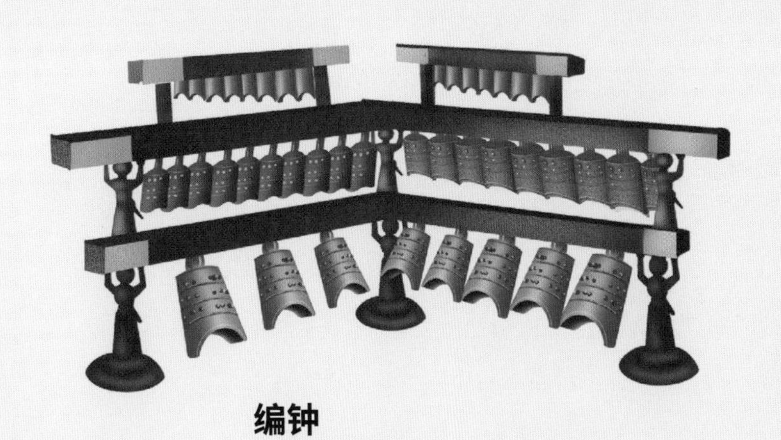

编钟

编钟由若干个大小不同的钟组成，多用于宫廷。

钲（zhēng）

形状与小型的编钟相似，可执柄敲击。古时行军击钲使士兵肃静，击鼓使士兵前进。

铎（duó）

大铃，形如铙、钲而有舌，多用于军中。

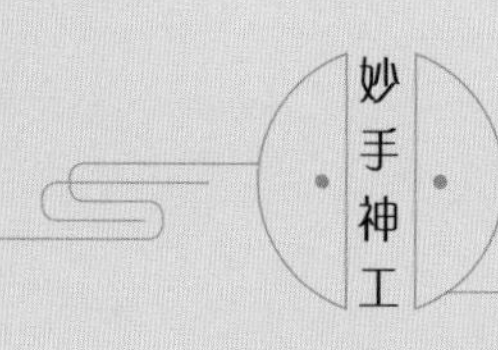

句(gōu)**鑃**(diào)

古代吴越地区的一种青铜打击乐器，形状像钲，有柄可执，口朝上。

铃

古代铜质乐器，是中国最早出现的青铜乐器，声音清亮。

鼓

铜鼓曾作为统治者权力和地位的象征，用于娱乐和祭祀。

兵器

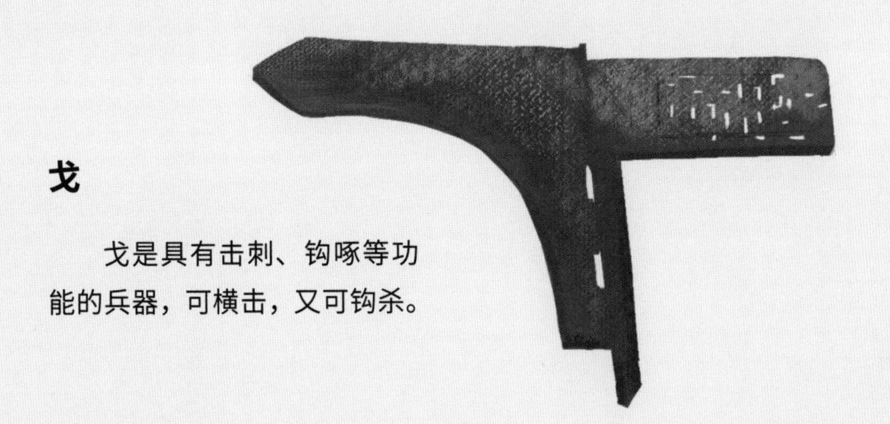

戈

戈是具有击刺、钩啄等功能的兵器，可横击，又可钩杀。

矛

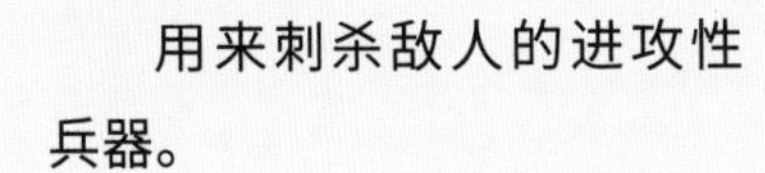

用来刺杀敌人的进攻性兵器。

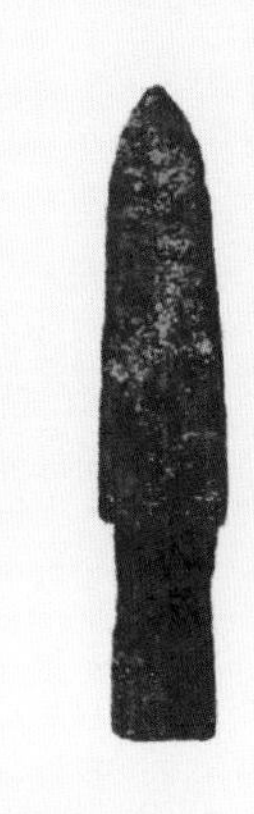

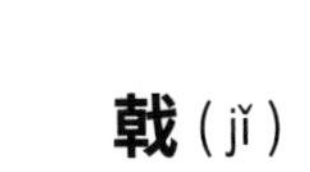

戟（jǐ）

戟由戈、矛头以及木柄组成。

钺（yuè）

形状似斧，以劈砍为主。

剑

两边开刃，可击刺，杀伤力极强。

刀

单刃短兵器，可切、割、削、砍。

镞（zú）

即箭头，安装在箭杆前端，用弓弦弹发可射向远处。

弩机

弩是由弓发展而成的一种远射程杀伤性武器，弩机是弩的一部分。

胄（zhòu）

即头盔，用来防护头部。常与铠甲配套使用，故用“甲胄”统称古代防护装具。

车马器

车辖

车辖，是插在车轮轴端孔中的车零件，上有辖首，作用是使轮子不会脱落。

軎（wèi）

形如圆筒，套在车轴的两端，上有孔，用以纳辖。

衔

俗称“马嚼子”，是横于马口用于勒马的金属部件。

毂（gǔ）

车轮中心，内承车轴、外接车辐。

轭（è）

驾车时套在牲口脖子上的器具。

銮（luán）铃

车上的铃铛。銮铃的使用可代表主人的身份，最高级别的马车上可装八个銮铃。

当卢

一种放置在马的额头上的饰品。

马冠

古代系在马头上的饰件。

农具与其他工具

犁铧（huá）

耕地时安装在犁上，用来翻土。

锄

松土和除草的工具。青铜锄最早出现于西周，一直沿用到战国时。

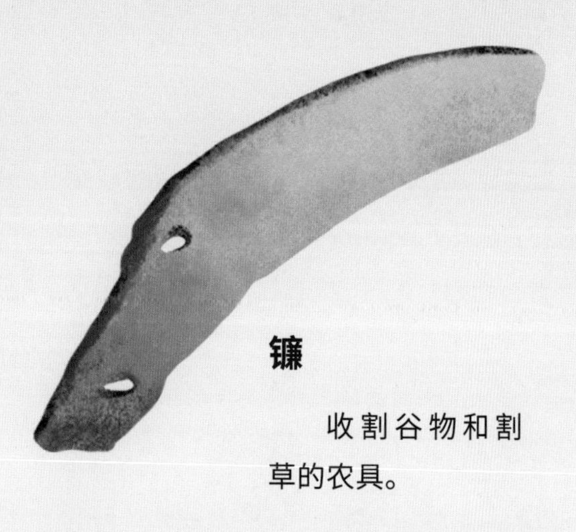

镰

收割谷物和割草的农具。

铲

早在新石器时代已有石铲，商代铸有青铜铲，战国晚期开始使用铁铲。

锥

一头尖锐，可以钻孔的工具。

凿（záo）

挖槽或穿孔用的工具。

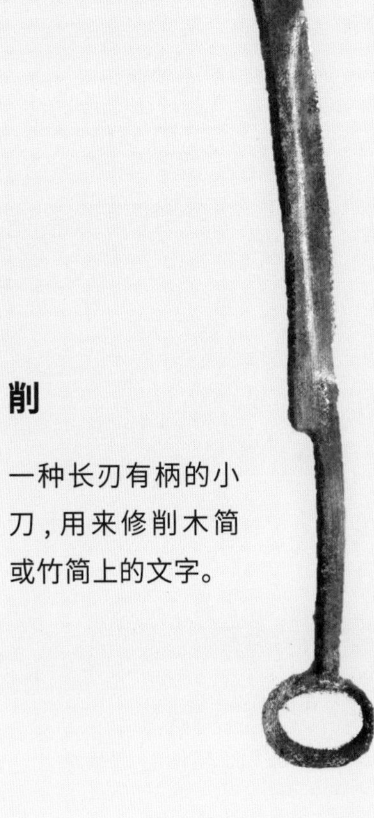

削

一种长刃有柄的小刀，用来修削木简或竹简上的文字。

刻镂刀

刻画甲骨或雕镂竹木器用的工具。

锯

把木料或者其他物品割开的工具。

铜镜

铜镜一般用含锡量较高的青铜铸造。

印

印章，用作凭证工具，有官、私之分。皇帝的印称“玺”；官吏和常人的印称“印”。

货币

中国最早的金属货币是商朝的铜贝，也是世界上最早的金属货币。

度量衡器

春秋战国时期，群雄并立，各国的度量衡大小不一。秦始皇统一六国后，“一法度衡石丈尺，车同轨，书同文字”，即统一度量衡。

尺

量长度的器具。各朝代尺的长度标准不同。

权

特指秤锤。

量（liàng）

用来计量物体体积和容积的器具。

杂器

带钩

古人扣绊腰带的挂钩，是古人身份的象征，常为贵族和文人武士所系。

博山炉

一种常见的焚香时所用的器具。

灯

战国时期的青铜灯具。通常供宫廷贵族使用。

俎(zǔ)

古代祭祀时盛放肉的器物。

鐎(jiāo)**斗**

一种古代温酒器，也可以用来煮茶和温羹。

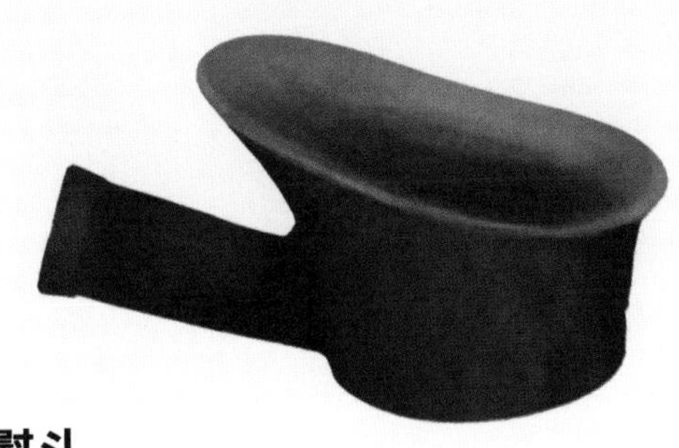

熨斗

我国是世界上第一个发明并使用熨斗的国家。

青铜器的铸造原理

铸造青铜器的过程比较复杂，有两种基本方法——块范法和失蜡法，另有分铸法、焊接法等工艺。以下我们详细介绍这两种基本方法。

块范法

“范”的意思就是模具。块范法就是把金属铜熔化，倒入模具内，制成青铜器。用块范法铸造青铜器大致需要经过以下几道工序：

1

制模。用硬陶土塑制先前设计好的青铜器模型。如果有装饰纹样的，还要刻上花纹。

2

翻制泥范。在模型表面完整覆上薄黏土，脱出若干块铸造时的外范。

3

制作内范。用泥土塑造一个与模型大小相当的内芯，并进行刮削。刮去的厚度就是青铜器铸成后的厚度。

4

将内范和外范阴干后进行烘烤，然后对泥范做必要的修正。

5

将内范和外范组装起来，并予以固定。

6

浇铸铜液。将高热的熔化铜液浇铸到内范与外范之间的空隙中。

7

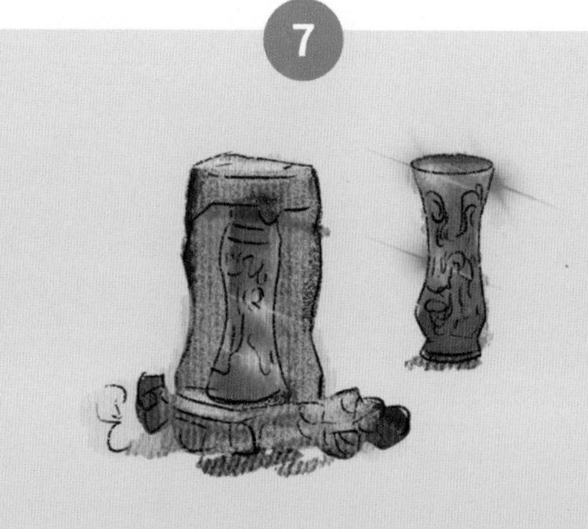

冷却脱模。等金属冷却变成固体后，打破模型，进行加工、修整，制成成品。

失蜡法

失蜡法又称失蜡浇筑法，长于呈现金属制品的精美细节，是一种精密的铸造方法。用失蜡法铸造青铜器包含以下步骤：

1

用蜂蜡做成铸件的模型，用手或模具雕刻表面的装饰。

2

用黏土等其他类型的耐火材料填充泥芯和制成外范。

3

加热蜡模，使其全部熔化流出，将整个铸件模型变成空壳。

4

向内浇灌高热的金属溶液，金属溶液在泥芯与黏土模的缝隙中成型。

5

待金属冷却后，打破外围的黏土模，再进行手工修整与润饰，制成成品。

原始社会末期，中国已经出现了干栏式木构架建筑。后来，虽然历经千年，在建筑的技艺上不断精进和发展，但以木构架作为建筑主体形式的特色一脉相承，形成了十分独特的建筑体系，成为区别于其他文明的最显著特征之一。

我国是一个资源丰富的国家，因此木结构建筑的取材十分方便。此外，木结构建筑的优缺点十分明显，优点是维护结构和支撑结构相分离，抗震性能较高；缺点则是容易受到火灾、白蚁、雨水等的侵蚀，维持时间不长。

受材料本身的限制，我国的木结构建筑保存时间较短，但留存下来的建筑体无一不是世界瑰宝，体现了中华民族惊人的创造力。

第十九章

木结构建筑

木结构建筑的发展

1. 原始民居与建筑雏形的形成

早在旧石器时代，古人从鸟儿筑巢中得到启发，学会了利用树干、树叶和杂草建造居所。

2. 河姆渡干栏式建筑

距今约 7000 年的河姆渡文化，已经出现木结构干栏式建筑。用竖立的木桩构成高出地面的底架，底架上有大小梁木承托的悬空地板，其上用竹木、茅草等建造住房。地板高出地面约 1 米，用木梯上下。桩、柱、梁、板等构件之间采用榫（sǔn）卯（mǎo）连接。

3. 宫殿基址

河南偃师二里头遗址发掘的五座夏代宫殿基址，是迄今为止发现的中国最早的宫殿建筑遗址。当时，夯土技术渐趋成熟。

木结构建筑的成就

1. 佛光寺大殿

山西佛光寺大殿建于唐大中十一年（857年）。佛光寺大殿的建筑风格典雅、宏伟，外表朴素，留存至今且甚少修葺，因此被梁思成称为“中国第一国宝”。

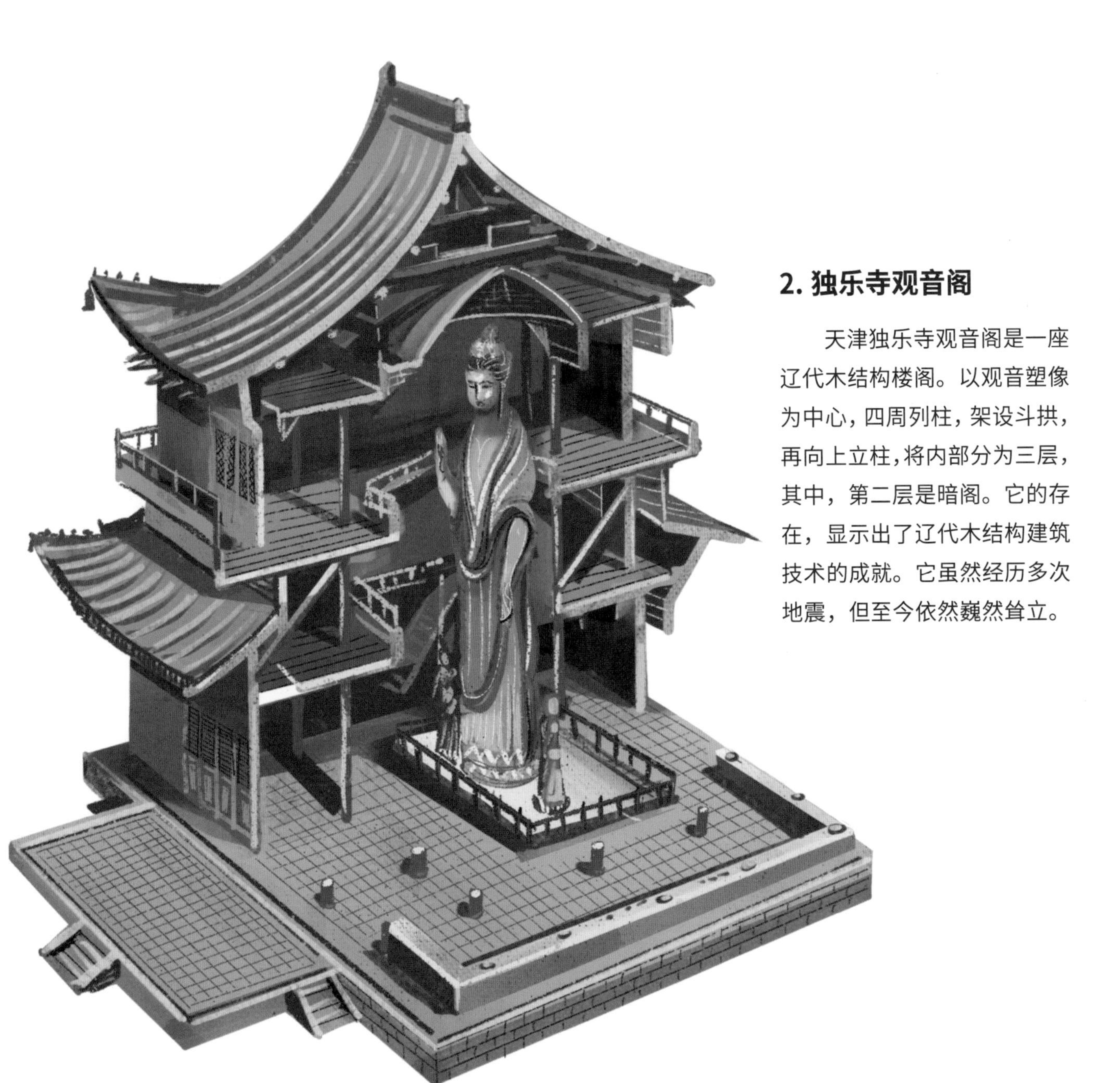

2. 独乐寺观音阁

天津独乐寺观音阁是一座辽代木结构楼阁。以观音塑像为中心，四周列柱，架设斗拱，再向上立柱，将内部分为三层，其中，第二层是暗阁。它的存在，显示出了辽代木结构建筑技术的成就。它虽然经历多次地震，但至今依然巍然耸立。

3. 永乐宫三清殿

山西永乐宫，又名“大纯阳万寿宫”，是典型的道观建筑。金、元两代大兴道教，因此永乐宫得以兴建。

4. 北京故宫

北京故宫，旧称“紫禁城”，是明、清两代的皇宫，占地总面积达 72 万平方米，由大小数十个院落组成，房屋 9000 多间。北京故宫是世界上现存规模最大、保存最完整的木结构古建筑群。

5. 天坛

北京天坛是明、清两代帝王用来祭天和祈谷的地方。天坛的坛墙北圆南方，寓意“天圆地方”。它以简单明确的形体，统一的蓝色琉璃色调，达到了庄严肃穆的效果。

6. 布达拉宫

西藏布达拉宫是一座古建筑群。相传是吐蕃赞普松赞干布为了迎娶文成公主而建。它起建于山腰，与山岗融为一体，是高层宫殿建筑的代表作。

木构架建筑的类型

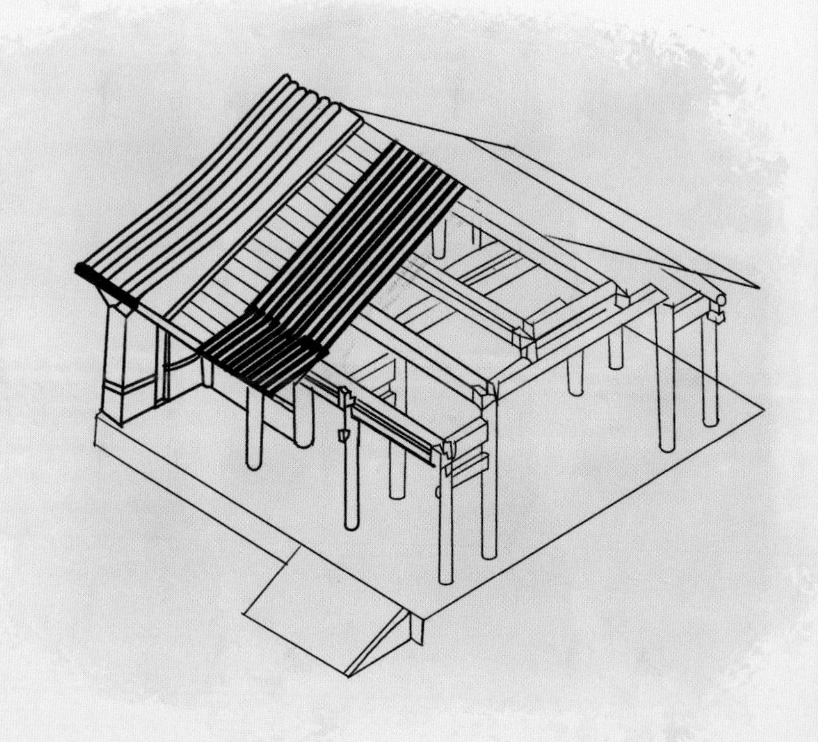

1. 抬梁式木构架

抬梁式木构架是在房屋的两侧向内立柱，柱上架梁，再向上重叠柱和梁，最后形成骨架。它的特点是室内柱少，空间大，但耗材多。

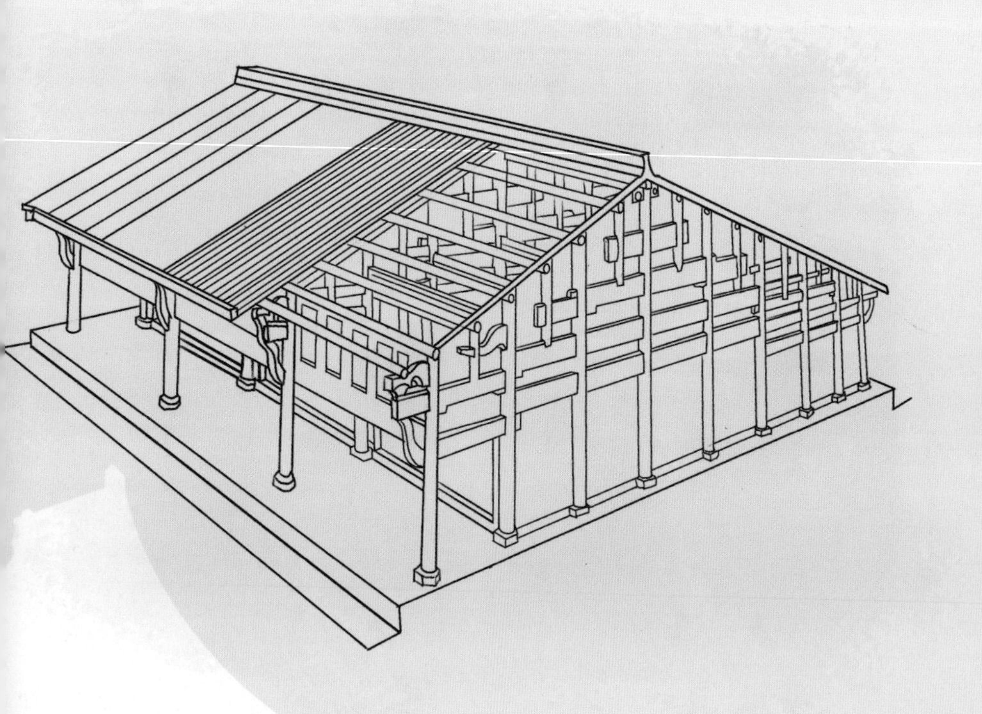

2. 穿斗式木构架

穿斗式木构架是沿着房屋向内立柱，但柱的间距较小，不用架空抬梁，而以数层“贯穿”通到各柱，组成构架。这种结构技术在汉代已经相当成熟。

3. 井干式木构架

井干式木构架采用原木粗加工而成，以木材层叠而上，既作为承重墙，又作为围栏。这种结构的特点是稳定坚固，但耗费大量木材，因此发展受限。

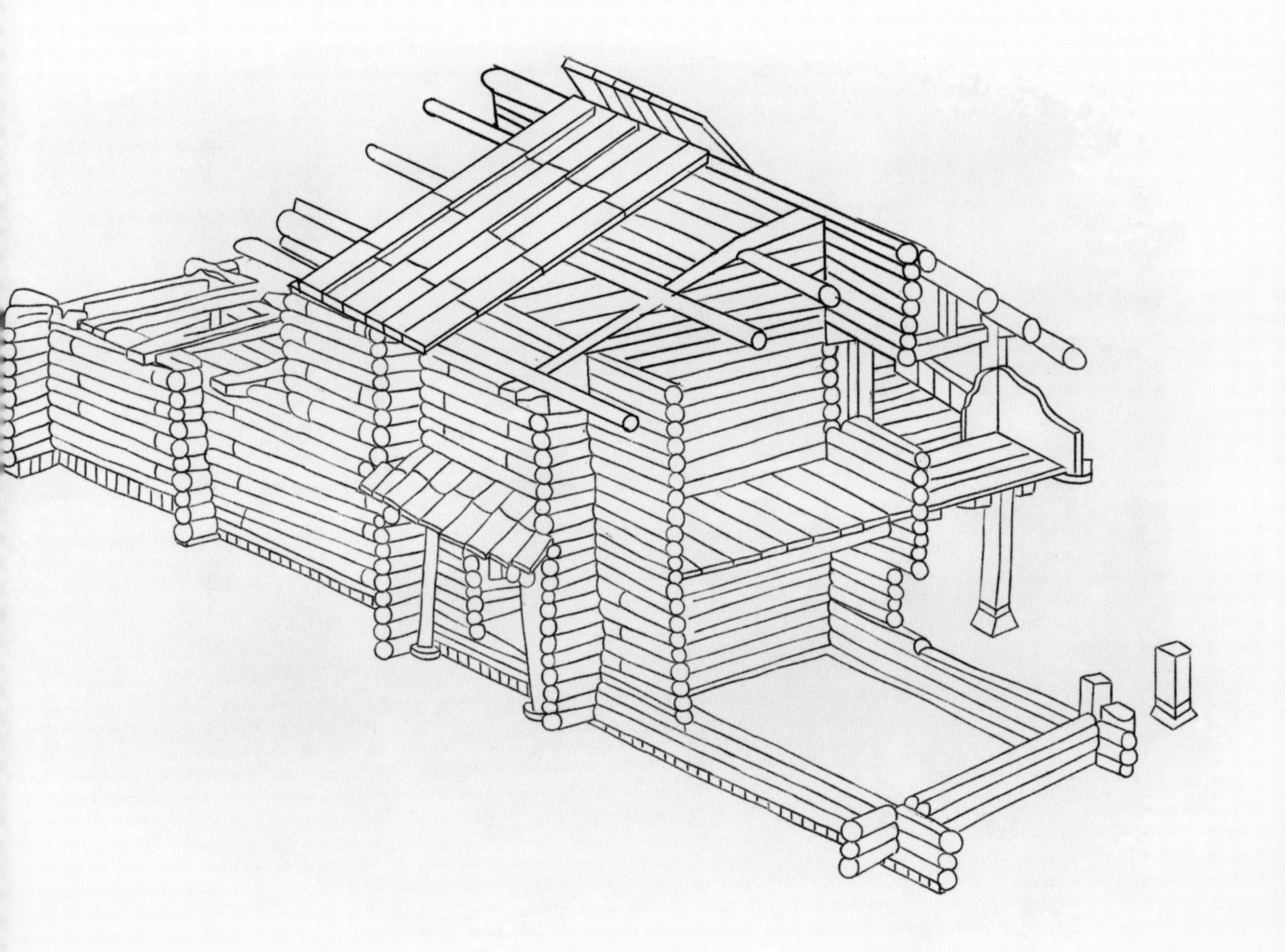

古代建筑特有构件——斗拱

斗拱的结构原理

斗拱是结构力学和建筑美学的结合体，不仅种类繁多，在不同的朝代还有独特的风格，展现出了中国传统建筑之美。

斗拱是中国古代建筑特有的构件，是许多大型建筑物中柱子和屋顶的衔接部分，承上启下，传递荷载。细分之下，斗拱的组成部分包括斗、升、拱、翘、昂等。它们互相配合，逐层挑出，形成上大下小的托座。

通过纵横交错、层层叠叠的斗拱，能够将屋顶的重量分散到柱子上，再经由柱子传递到地面。在遇到地震等自然灾害的时候，还能用分散受力的方式，大大地削弱地震波对建筑带来的冲击，保障建筑的安全。许多古代建筑也是因为有了斗拱才得以保存至今。

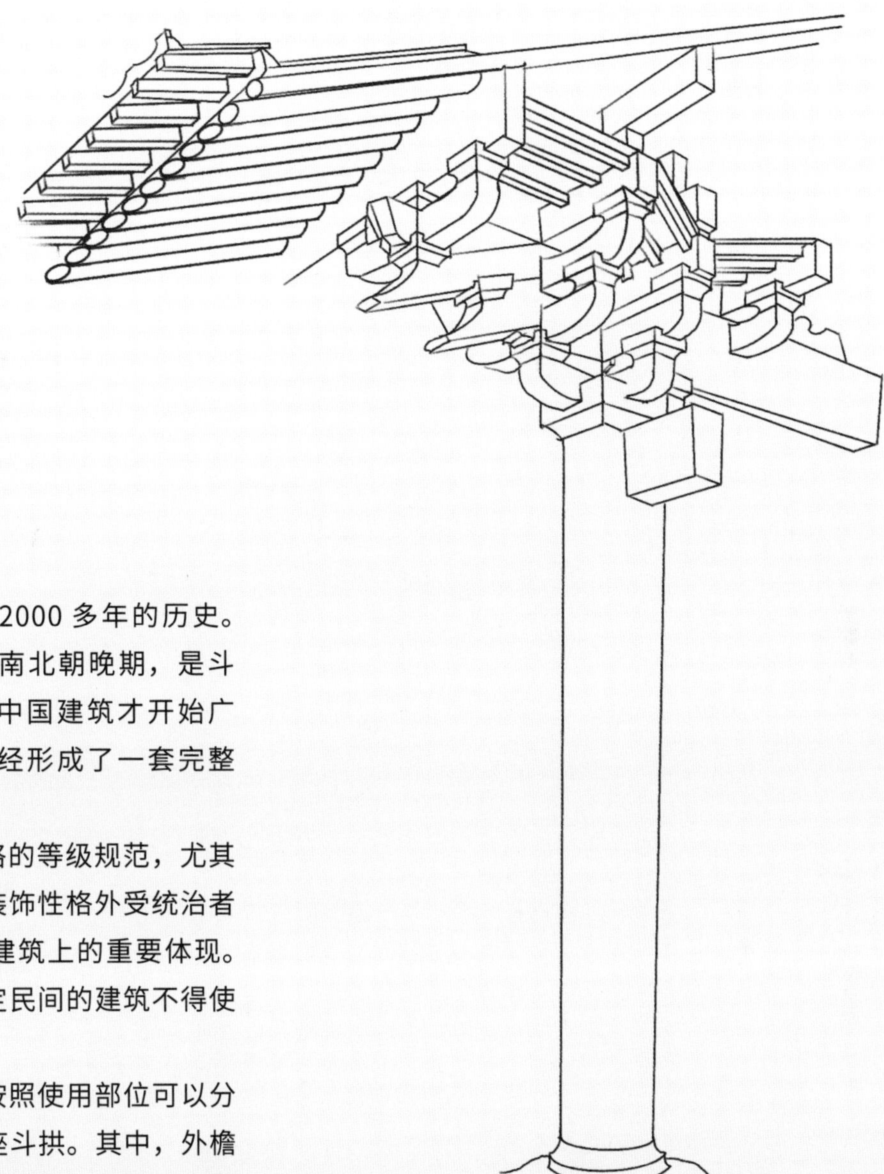

斗拱的应用

斗拱的出现，迄今已有 2000 多年的历史。大约从西周时期开始一直到南北朝晚期，是斗拱的雏形阶段。唐代之后，中国建筑才开始广泛应用斗拱，到了元代，已经形成了一套完整成熟的建筑结构体系。

中国古代的建筑有着严格的等级规范，尤其是斗拱，因其独特的构造和装饰性格外受统治者的青睐，是封建等级制度在建筑上的重要体现。因此，从唐代起，官方便规定民间的建筑不得使用斗拱。

斗拱的形制非常复杂，按照使用部位可以分为内檐斗拱、外檐斗拱和平座斗拱。其中，外檐斗拱又可以分为三类：柱头科斗拱、角科斗拱和平身科斗拱。

唐代的斗拱形制比较硕大，斗拱与柱子的比例能达到惊人的 1:2，而到了明清时期，斗拱的尺寸缩小，功能性减弱，装饰性增强，人们更多是用斗拱来装饰建筑。例如在故宫的太和殿中，斗拱和柱子的比例为 1:6。

随着时代的变迁，现代建筑中我们已经不再使用斗拱作为建筑的受力点，但是斗拱这一中国传统构件成了建筑设计师们的灵感来源。例如在 2009 年的上海世博会上，中国馆的大红色外观和斗拱造型，为古老的斗拱注入了新的活力。

1992 年，中国建筑学会将会标设计为斗拱形象。2006 年，中华人民共和国建设部与中国建筑文化中心联合确立了“中国建筑文化斗拱奖”，对具有丰富文化内涵的精品建筑进行嘉奖。2008 年，在北京举办的第 29 届奥林匹克运动会开幕式上，32 根大红色的龙柱巍然矗立，彩绘斗拱雄踞其上，气势非凡。

斗拱作为中国古代建筑最具代表性的元素，向世界展示了它的迷人风采。

如果你仔细地观察过我国的木结构建筑，就会发现，榫卯随处可见。

它的特色是不使用一颗钉子，在两个构件上采用凹凸部位相结合的连接方式，让结构达到坚固稳定。其中，凸出的部分叫“榫”，凹进的部分叫“卯”。榫卯是中国古建筑、家具及其他器械的主要结构方式。

在建筑设计中，因为柱、梁、斗拱等构件相互独立，因此在接合时经常用到榫卯。到了宋代，甚至一座有着成千上万构件的宫殿，都能不用一颗钉子而紧密接合。榫卯在家具中的应用则相对简单一些，但是更为精巧。榫卯在每一件家具上的作用都十分关键，如果能够使用得当，几乎能达到天衣无缝的效果。

榫卯是我国古代工匠的智慧结晶，也是伟大中华民族一道独特的艺术风景。

第二十章

榫卯的魅力

榫卯的应用

榫卯在古人的生产生活领域扮演着重要的角色，建筑、家具、农具、车船、生活用品、乐器、范铸……榫卯的痕迹随处可见。

应县木塔

应县木塔，又名“佛宫寺释迦塔”。建于辽代，是我国现存最大、最高的多层古代木结构建筑，也是世界上现存最高的古代木结构建筑。木塔的平面呈八角形，共九层，其中四层是暗层，塔高 67.31 米，是一座纯木结构、无钉无铆的建筑。木塔外观五层的每层都有内外两圈柱子，由平座、柱、斗拱、屋檐组成。其斗拱的造型千姿百态，共有 54 种。

在木塔建成至今的 900 多年来，因其独特的建筑构造，尽管经历了十余次地震，却没有受到大的损坏。这是因为榫卯结构所构成的特殊柔性结构体不仅承受得住较大的荷载，更能在一定范围内变形，吸收地震波的冲击。正如老子所云：“天下之至柔，驰骋天下之至坚。”

应县木塔反映着中国天人合一的哲学智慧。它与意大利比萨斜塔、法国埃菲尔铁塔并称“世界三大奇塔”。

中式家具

1. 传统家具类型

榫卯是中式家具之魂，凝结着中国几千年来的文化精粹，其工艺之精细，扣合之严密，几乎天衣无缝。

❶ 圈椅是一种圈背连着扶手的椅子，造型优美，独具特色。坐靠时，人的臂膀可以全方位倚着圈形的扶手，让人感到十分舒适。

❷ 官帽椅以其造型酷似古代官员的官帽而得名，分南官帽椅和四出头式官帽椅两种。

2. 家具的小秘密

（1）面与面接合：

槽口榫、企口榫、燕尾榫、穿带榫、扎榫、格角榫等。

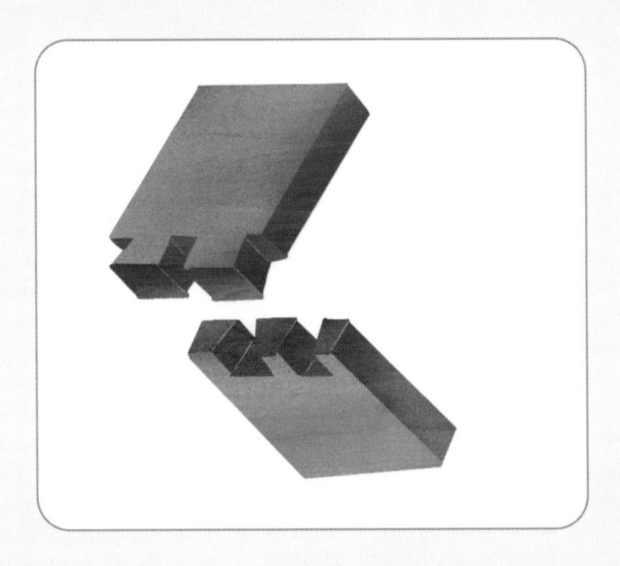

燕尾榫

穿带榫

(2) 点的接合：

格肩榫、双榫、双夹榫、勾挂榫、楔钉榫、明榫、暗榫、挖烟袋锅榫、裹腿枨（chéng）。

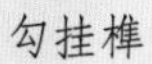

勾挂榫

楔钉榫

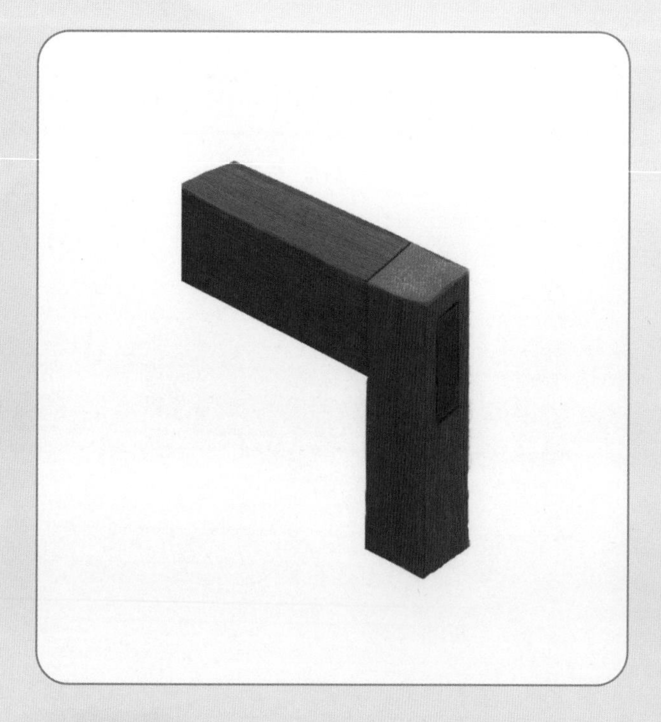

明榫

暗榫

挖烟袋锅榫

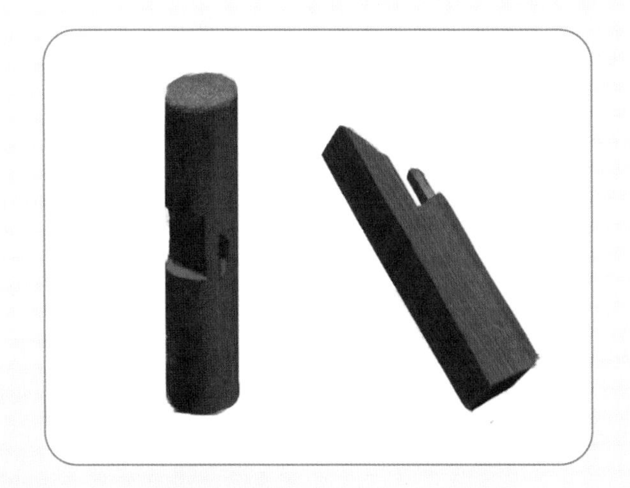

裹腿枨

(3) 复杂组合:

托角榫、长短榫、插肩榫、抱肩榫、粽角榫。

插肩榫

抱肩榫

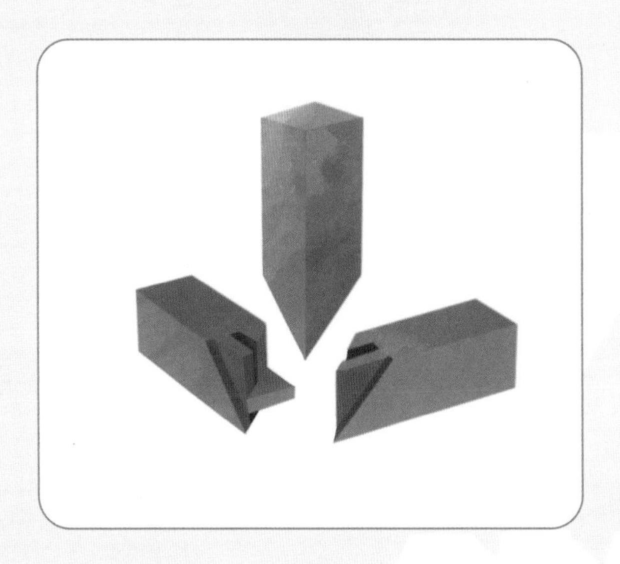

粽角榫

形形色色的榫卯

1. 古船

从古老的独木舟，到后期成熟的福船，榫卯结构始终应用于船舶的各个部位。同时，榫卯技术还为水密隔舱、船尾舵等中国古代造船技术的重大发明提供了技术保障，对世界船舶史的发展产生了深远的影响。

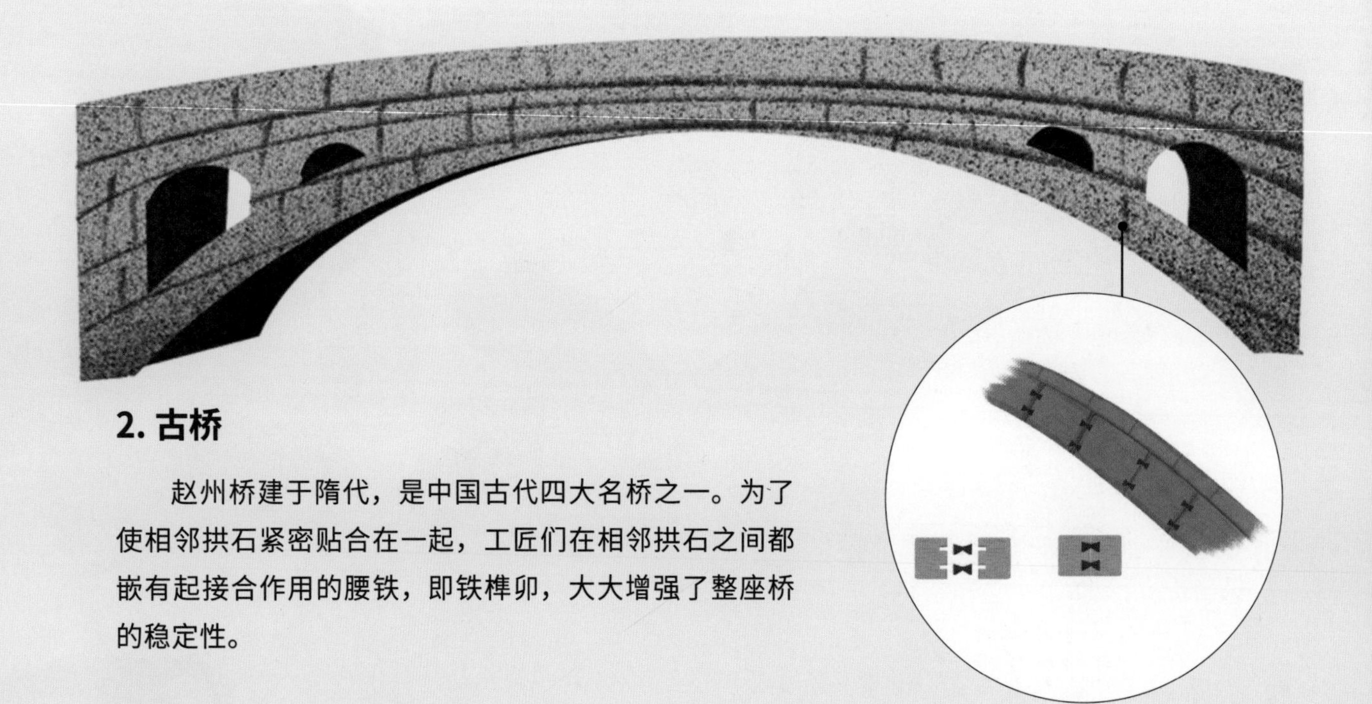

2. 古桥

赵州桥建于隋代，是中国古代四大名桥之一。为了使相邻拱石紧密贴合在一起，工匠们在相邻拱石之间都嵌有起接合作用的腰铁，即铁榫卯，大大增强了整座桥的稳定性。

3. 古矿井

从商代延续到汉代的铜绿山古矿井里，有一种井壁木支护，采用的便是榫卯技术。井巷框架大多用两端凿出榫头或卯眼的方木相互穿接而成。

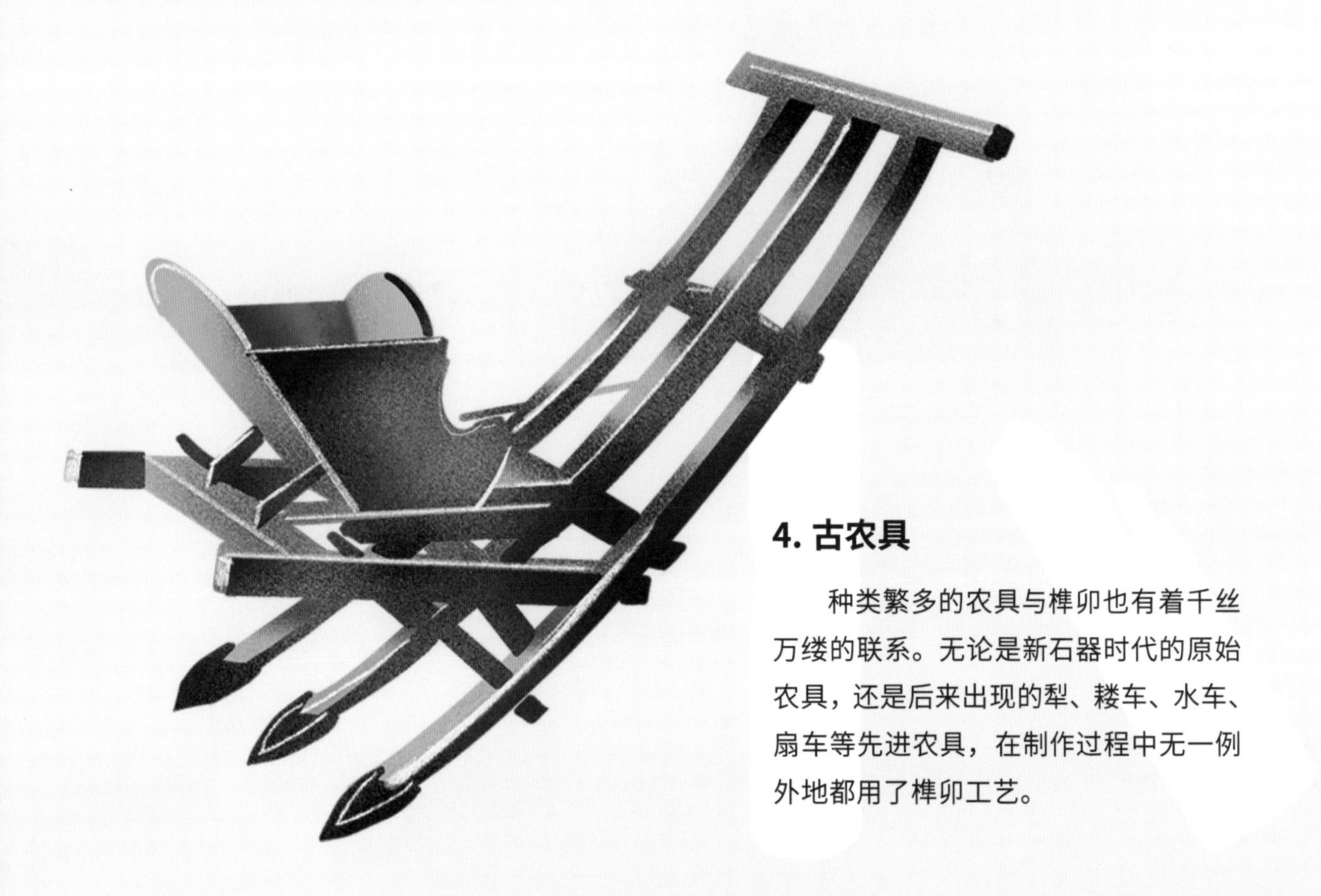

4. 古农具

种类繁多的农具与榫卯也有着千丝万缕的联系。无论是新石器时代的原始农具，还是后来出现的犁、耧车、水车、扇车等先进农具，在制作过程中无一例外地都用了榫卯工艺。

中国是桥梁的国度。无数座桥梁横跨在江、河、湖甚至浅海上，方便人、车、畜等到达对岸。

我国古代桥梁兴于春秋之时，从两晋到五代为鼎盛时期，在漫长的历史长河里形成了别具一格的建筑风格。中国古代有四大桥型，分别是浮桥、梁桥、拱桥、索桥。由于不同地区的气候、地形、地质、河道情况、交通条件各不相同，各地的桥梁所用的材料不同，类型也不同。

桥梁充分展示了中国古代劳动人民的非凡智慧，他们的才能凝于一块块木头、石料，其成就在如今依然熠熠生辉。

第二十一章

桥梁的发展史

桥梁的演变

为了在河流、山谷等地段顺畅地通行，人们建造了各种各样的桥梁。古代的桥梁可以分为梁桥、拱桥、浮桥、索桥等。

早期的桥梁

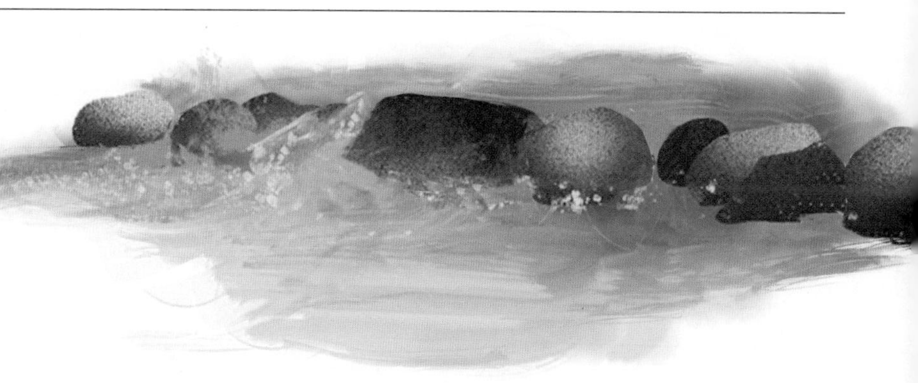

1. 汀（tīng）步桥

汀步是步石的一种，人们在浅水中按照一定的间距设置石头，就形成了汀步桥。

2. 独木桥

独木桥指的是用一根木头搭成的桥。

如果遇到暴雨天气，水面会上涨，就极可能淹没独木桥，因此人们又发明了在两岸堆垒石块、在上方搭架木梁的桥梁形式。这形成了梁桥的雏形。

梁桥

梁桥是我国古代三大桥梁类型之一，也是最常见的一种桥梁形式，又称“平桥”“跨空梁桥”。它结构简单、外形平直，容易建造，以桥墩支撑起横梁，并在梁上平铺桥面。

1. 灞桥

春秋时期，秦穆公在灞水上建桥，所以此桥名叫“灞桥”。战国时，人们发明了铁质工具，用来开采和雕琢石料，制造了桥的石柱和石梁。

2. 渭桥

秦代，秦始皇在咸阳城渭水河上建造了渭桥，它的桥面宽度大约是 13.8 米，在当时是非常宽的桥。

3. 隋唐的各式梁桥

隋唐时期有木柱木梁桥、石柱木梁桥、石礅木梁桥和石礅石梁桥这几种，其中比较有名的是澧水石桥、清水石桥、济川桥、凤凰桥、皇安桥、琉璃桥、大义桥等。

4. 洛阳桥

到了宋代，石礅石梁桥也发展迅速，据统计共有 110 座之多，其中最著名的就是洛阳桥。洛阳桥建于北宋时期，据说原长约 1200 米。洛阳桥有多项技术创新。

其一，采用“筏形基础”。即用船载着石头沿着合适地点抛下石块，形成矮石堤，然后再建桥墩。

其二，采用“蛎房固基法”。在桥下养殖大量牡蛎，让它们附着在石块上生长，使桥基和桥墩连接成一体。

其三，采用“浮运架梁法”。先将桥墩修筑好，在涨潮的时候把石板放在提前搭建好的木架上，再把木架搭在两座桥墩之间，待潮水退去，木架随之下落，石板就自然落到桥墩上了。

拱桥

拱桥是在竖直平面内以拱作为主要承重结构的桥梁。与桥面平直的梁桥不同，拱桥的桥面有一定弧度。石、砖、木、竹都可以作为架设拱的建材。只有一个拱的是单孔拱桥，有两个以上拱的就是多孔拱桥。拱桥的主要构成包括桥基、桥墩、拱券(xuàn)、栏杆、路面、防水层、碎石、夯实黏土等。

1. 石拱桥

石拱桥以天然石料作为主要建筑材料。春秋末期及战国初期，是石拱桥诞生和发展的重要时期。

2. 实肩拱桥

西晋时建造的方顺桥就是实肩拱桥。拱桥大体可分为敞肩拱桥和实肩拱桥。其实这是一种比较形象的描述。所谓“敞肩”，就是拱桥的肩膀上是敞开的，在大拱的两肩添加小拱，形成“拱上拱”，这种形式的桥就是敞肩拱桥。如果肩上没有小拱，就是实肩拱桥。

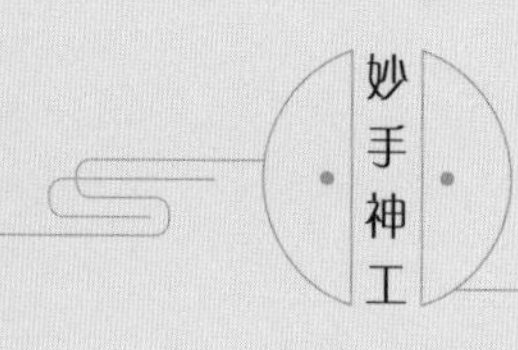

3. 敞肩拱桥

隋代时，工匠们发明了敞肩拱桥。我国最著名的敞肩石拱桥就是隋代匠师李春设计并主持建造的赵州桥，也叫“安济桥”。赵州桥的拱高达 7.23 米，全长 64.40 米，是当时跨径最大的石拱桥。敞肩设计一方面可以减轻桥的自重，另一方面能够增加排水量，也更美观。明万历十年（1582 年），河北省邯郸市永年区仿照赵州桥建造了弘济桥，它也是敞肩拱桥。

4. 半圆拱桥

秦国时，蜀郡守、水利家李冰带领工匠、民众建设都江堰，建造了成都七桥，其中的万里桥就是半圆拱桥。古诗《枫桥夜泊》中的枫桥也是半圆拱桥。

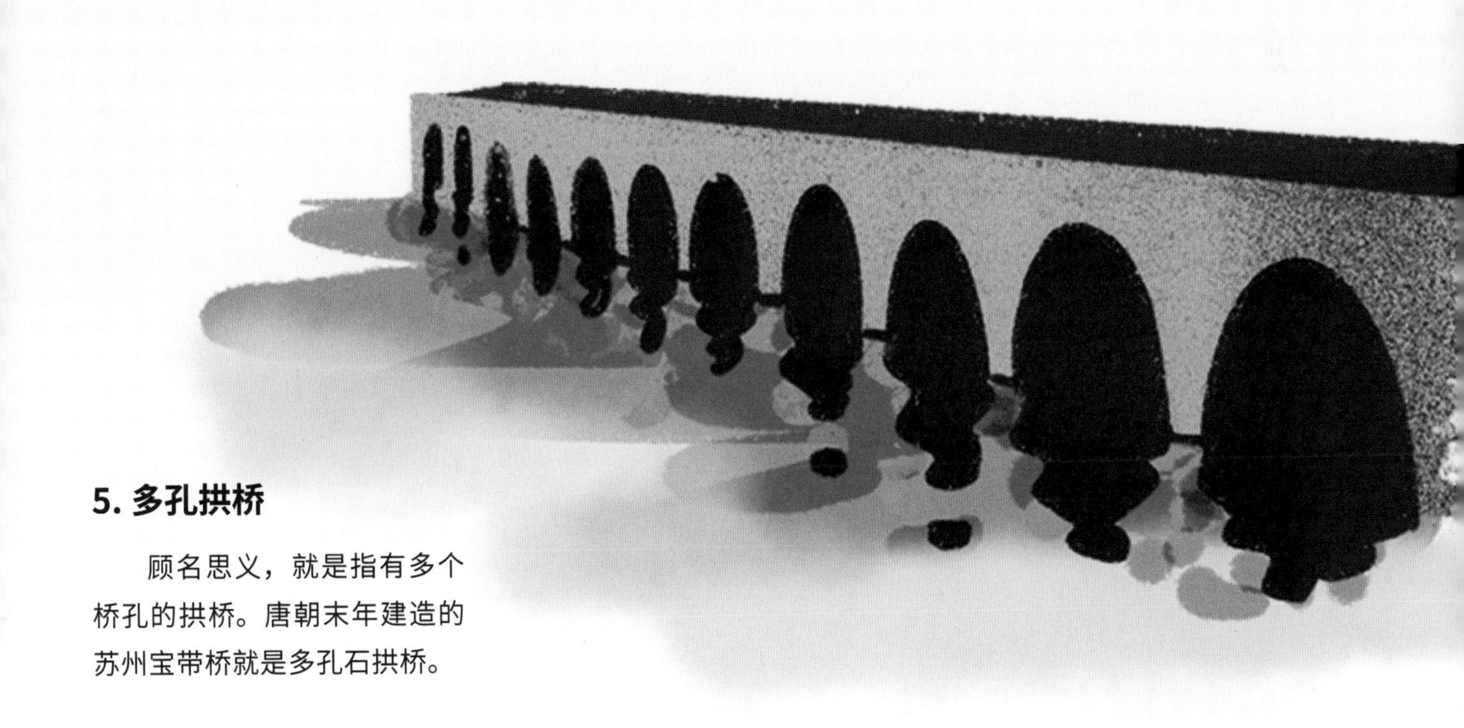

5. 多孔拱桥

顾名思义，就是指有多个桥孔的拱桥。唐朝末年建造的苏州宝带桥就是多孔石拱桥。

6.“贯木”架桥

古人发明了一种叫作“贯木”的架桥方式，整座桥靠数以万计的木条插成桥拱支撑，这在世界桥梁史上是独一无二的。最知名的当为《清明上河图》中的汴京虹桥。

浮桥

浮桥的发展历程

浮桥是在并列的船、筏、浮箱或绳索上面铺木板建成的桥。主要构件包括船、浮箱、缆索、锚碇、过渡梁或跳板、升降码头或升降栈桥。

《诗经》中记载，公元前 1184 年左右，周文王姬昌在渭水上架起一座浮桥，这是最早的关于建造浮桥的记录。

唐代时，人们彻底改建了蒲津桥。为了使舟船之间连接更牢固，他们将竹索替换为铁索，铸造了铁人、铁牛、铁柱、铁山等作为铁索的锚，增大锚固力，并安排了专人来管理桥梁。

东晋时期，工匠们建造了很多浮桥，最具代表性的是洛阳盟津桥。

隋代建造的浮桥有天津桥、皇津桥、利涉桥、立德桥、永济桥等。隋朝大业元年（605 年）修建的天津桥是我国有记载的最早用铁链连接船只架成的浮桥。

宋代建造的潮州广济桥距今已有 800 余年的历史，与赵州桥、洛阳桥、卢沟桥并称“中国四大古桥”，是中国乃至世界上第一座启闭式浮桥。

除了方便人们的日常通行，浮桥还在军事行动和战争中发挥了重要作用。

浮桥的原理

浮桥是我国古代历史上应用浮力的伟大奇迹。

在竖直方向，浮桥自身的重量与桥上的行人、车辆重量之和等于水面对桥、人和车产生的浮力；在水平方向，缆索的拉力与水流、风等对浮桥的作用力保持动态平衡。

浮桥可以漂浮在水面上。与坚硬、固定的石桥相比，浮桥是柔软的，这也体现了中国传统思想中“刚柔并济”的理念。

索桥

索桥，又名“吊桥”“悬索桥”，通常用索塔悬挂并锚固于两岸，用缆索或钢链作为上部结构的主要承重构件。

中国至少在公元前 3 世纪就开始使用竹索桥。竹子韧性强，一根直径 15 厘米的竹索，需要上百吨重的物体才可能把它压断。公元前 2 世纪，又出现了铁索桥。

溜索桥由一根绳索和一个溜筒组成，绳索固定在两岸，溜筒可以在绳索上滑动，人过桥需要将自己绑在溜筒上，滑到对岸去。

我国古代文献记载中最早的铁索桥是樊河桥，建于公元前 206 年。

宋朝时修建的都江堰评事桥是世界上第一座多孔连续并列竹索桥。到了清代，索桥技术水平大大提高，川滇地区兴建了大量索桥。

类桥梁建筑

栈道

栈道是桥梁，也是道路，一般架设在悬崖峭壁边缘。栈道的出现可以追溯至周朝。著名的栈道有褒斜道、陈仓道、散关道、子午道、金牛道、阴平道、长江栈道等。

飞阁

飞阁是架空建筑的阁道。

万丈盐桥

万丈盐桥位于察尔汗盐湖上，全长 32 千米，是一条用盐铺成的宽阔大道。在盐桥上，每平方米可以承受 600 吨的重物，为桥中之最。

拱桥的结构原理

拱桥上的建筑材料，比如砖，都会受到两种力，第一种是竖直向下的重力，第二种是左右两侧的砖施加给它的力。桥头和桥尾的砖还会额外受到桥基施加而来的力。

整个桥身会把竖直向下的力通过桥身内力转化为横向的力，最后施加给两边的桥基，所以拱桥的选址要求桥基结实坚固。

当车、马、行人给桥面施加压力时，加上桥自身的重力，全桥的压力和重力通过大拱分到了桥体两侧。

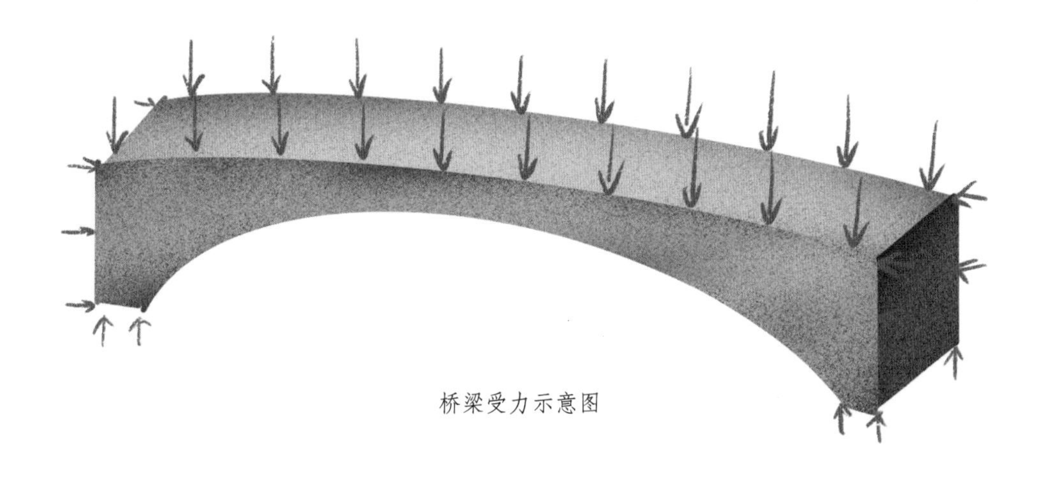

桥梁受力示意图

古时候，纸张在生活中的用途十分广泛，比如：书写、绘画、糊门窗、做灯笼、制雨伞以及包装食品等。在纸张发明之前，人们使用的是甲骨、竹木简牍、丝帛或其他的天然材料来作为书写载体。

《说文解字》中记载：“纸，絮也，一曰苫（shān）也。”最初的纸与制造丝绵时的漂絮工序密不可分。漂洗丝绵要用类似席子的器物（苫），漂洗的同时，需要用棍子不停地捶打。如此反复地劳动，便会在苫子上面留有丝绵的剩余，慢慢积攒，形成薄片状，便是纸的雏形。这也是“纸”字的偏旁为“纟”的缘故。

东汉时期，蔡伦在总结民间造纸工艺的基础之上，大胆地进行技术改革，利用树皮、破布、渔网等作为原料，创造出了“蔡侯纸”。这一发明大大降低了造纸成本，同时也促进了造纸业的迅速发展。

四大发明

第二十二章 传承文明的造纸术

纸张出现之前的书写载体

1. 甲骨

甲骨主要是指龟甲和兽骨。商周时期，古人在甲骨上刻有用以占卜的文字——甲骨文。甲骨文是中国最早的成熟汉字，已经有了系统性。

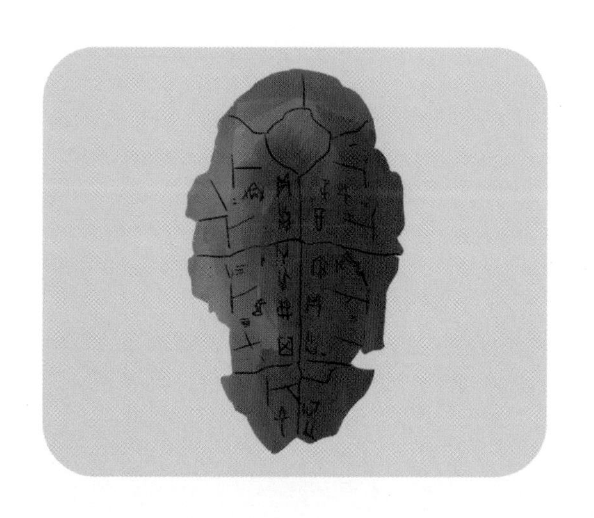

2. 金石

金是指青铜器，石是指岩石或石块。青铜上的文字有铸、刻之分，称为“金文”；刻画在岩石上的文字则称为“石刻文”。

3. 竹木

早在商周时期，人们便开始使用竹木制成的简牍。简牍用竹制成就称为“竹简”，用木制成就称为“木牍”。使用时，将按照一定规则制成的短片用麻绳编连成册。《春秋》《左传》等先秦经典均有使用简牍形式。

4. 缣（jiān）帛

一般称为“帛书”，起源于春秋时期，盛行于两汉。缣帛的质地柔软轻便，因此常用来画图和书写，但是因为它价格昂贵，而且一经书写，便难以更改，所以没有被普遍使用。

直至东晋末年，中国的书写材料一直是竹简、缣帛、纸张并用。随着造纸技术的不断提高，纸张的优良性能逐渐被人们接受，至魏晋南北朝时期，纸张的普及迎来了转折。

纸张的发展与应用

1. 皮纸

魏晋南北朝多使用皮纸。皮纸质地柔韧、表面洁净平细，是古代图书典籍的用纸之一。但是因绝大多数的皮料需使用三年以上树龄的树皮，所以产量十分有限。

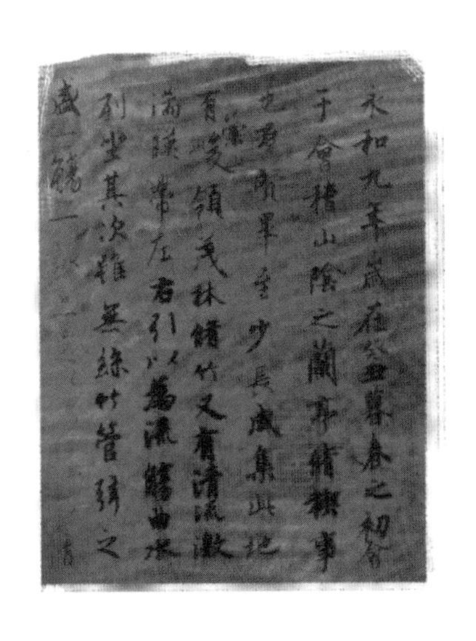
永和九年歲在癸丑暮春之初會于會稽山陰之蘭亭脩禊事也群賢畢至少長咸集此地有崇山峻領茂林脩竹又有清流激湍暎帶左右引以為流觴曲水列坐其次雖無絲竹管弦之盛一觴一

2. 笺

笺的本义是狭窄的小竹片。隋唐时期，纸张的制作工艺更为考究，这一阶段也是古典诗词大发展的时期，笺纸便应运而生。其中，最著名的要数“薛涛笺”。在这一时期，纸张的应用除了日常书写以外，还扩展到绘画、印刷、装裱等领域。

3. 竹纸

竹纸是以竹子为原料造的纸，创制于晋代，到宋元时期技术才逐渐成熟。由于竹子生长迅速，造纸成本大大降低，因此纸张的用途进一步扩大，从明纸到窗纸，从纸伞到灯笼，纸张迅速普及生活的各个领域。在文化领域，最突出的是印刷业，宋代是我国图书出版事业的大发展时期，传世的宋版书绝大部分采用竹纸印刷。

4. 宣纸

宣纸的原材料是檀皮和稻草。它的吸墨性较好，质地绵韧，因此最为书画家所追捧。宣纸又可细分为生宣和熟宣，“生宣”是指未经加工的宣纸，“熟宣”则是指经过胶矾加工或染色的宣纸。

竹纸的制造工艺

用竹子造纸，相对于用树皮或荨麻而言，更有难度。因为竹纤维素的含量较低，纸料容易滋生蛀虫，需要一道特殊的加工程序。

《天工开物》里有一篇关于竹纸制造过程的详细说明，清晰地展现了古人是如何制造竹纸的。

1. 斩竹漂塘

斩竹漂塘有两个必不可少的步骤:“剉（cuò）”和“沤”。简单来说就是切断和发酵。工匠们选用芒种前后的竹子作为理想的纸料，然后将其斩截成 5~7 尺（约 1.7~2.3 米）长的短料以备后用。而后把切割好的短料放入池塘中浸泡百日以上，去除竹子外部的青皮和粗壳等木纤维，保留竹子丝状的纤维。

2. 煮楻足火

这一步骤涉及“煮”和“舂（chōng）”。具体方法是将丝状的竹料放入楻桶，加入石灰水连续蒸煮八天八夜，歇火一日后再把竹料用清水洗净，加入草木灰水进行第二次蒸煮。大火烧开后捞出，用草木灰水进行反复浇淋，而后放入臼中捣碎成泥状。

3. 荡料入帘

这一步骤最重要的是“抄”。把制作好的泥状纸料用适量水调配，让纤维彻底分离并浸透水分，再放入纸槽中，然后用竹丝制作的“纸帘”在纸浆中滤取，也就是抄纸。纸张的薄厚还取决于工匠的经验，抄得轻则纸张较薄，反之则较厚。

4. 覆帘压纸

早期阶段的造纸是“一帘一纸”，蔡伦不断地总结造纸经验，发明了覆帘抄纸工艺：把竹帘上的纸叠积堆放在一起，在专用的木板上形成厚厚一摞，然后使用绳子和撬棍进行挤压，挤出多余水分，准备揭纸、烘干。

5. 透火烘干

把经过压制、还没有完全干透的纸张一张一张地揭起来，贴到事先已经预热好的墙上进行烘干，揭下就是一张成纸。

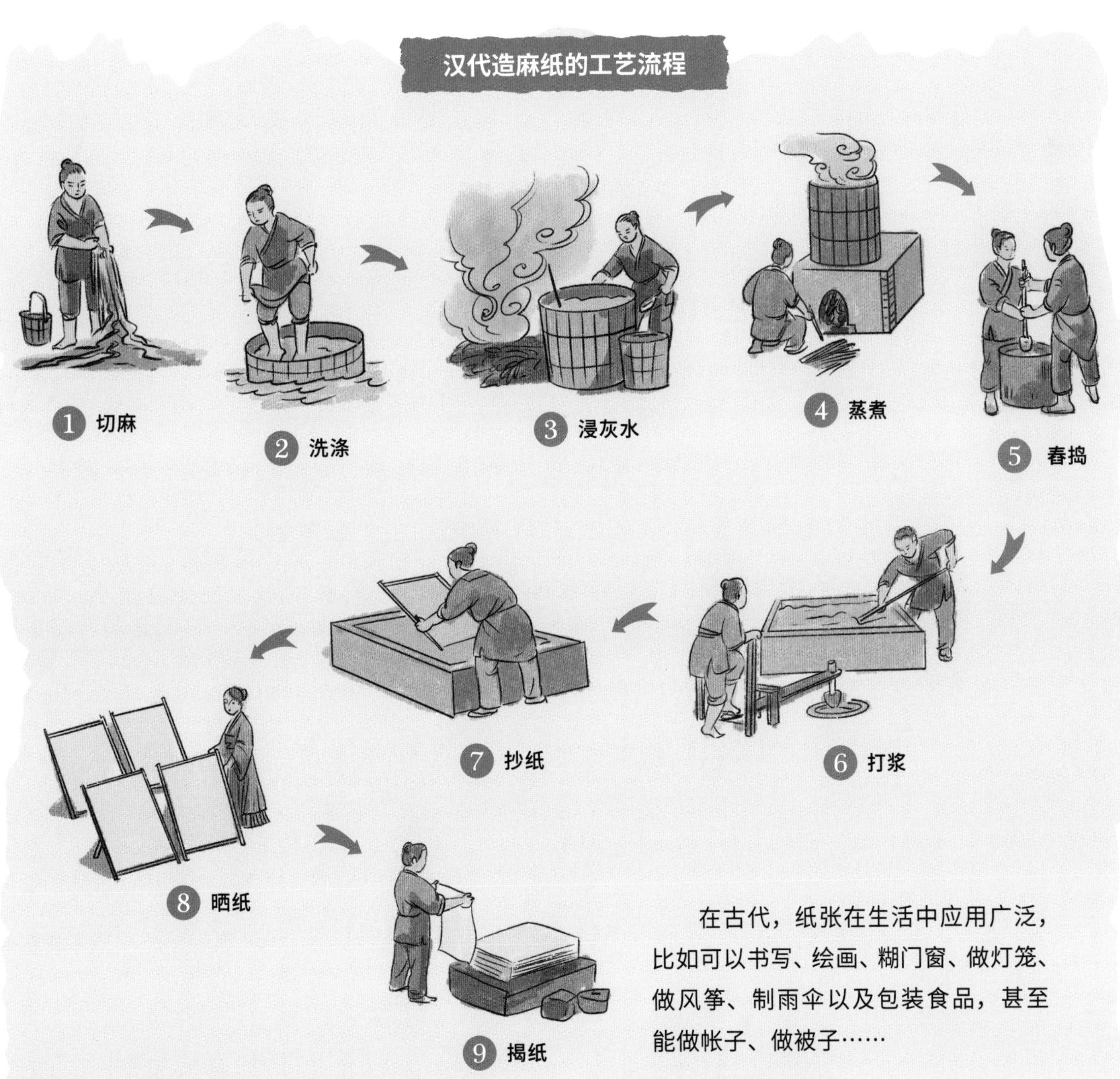

在古代，纸张在生活中应用广泛，比如可以书写、绘画、糊门窗、做灯笼、做风筝、制雨伞以及包装食品，甚至能做帐子、做被子……

汉字是世界上最古老的文字之一。

伴随着文明的发展，汉字也在不断“进化”。从最初的甲骨文、金文，到后来的大篆、小篆、隶书、楷书，汉字的字体从图形变为笔画，从复杂变得简单，书写越来越方便，横平竖直，不仅好书写、易辨认，也容易雕刻。

古人使用印章的历史要追溯到商代。印章就是把图画或者文字，直接刻在版料上，作为鉴定所用。后来，人们经过长期的实践和研究，又发明了印刷术。它为知识的传播、交流创造了条件，是人类近代文明的先导。

第二十三章

了不起的印刷术

印刷术的发展

1. 印章

印章，也称“图章”，出现于商代中期，在当时被当作一种信物或者标志。战国时期的铜印，已经可以看出是用反刻法写的正文字。

2. 拓片

拓片是根据物体图案花纹或者石刻上的文字，用纸和墨锤拓印出来的方法，也是印刷术出现的技术性条件。

3. 雕版印刷术

至迟在唐代，雕版印刷术已经出现。雕版印刷术是将文字或者图画反向雕刻在木板上（一般用梨木），再将图画或者文字转印在纸张上的技术。

4. 套色印刷

多色套印技艺是在单色雕版印刷技艺的基础上发展起来的，它标志着印刷技术的不断进步。其技艺特点是：每一种颜色雕刻一块印版，印刷时，通常先印刷黑版，再印刷色版，有几块版就印刷几次。也有在一块印版上刷印不同颜色进行套色印刷的。现存最早的套色印刷品是元代中兴路资福寺所刻印的《金刚般若波罗蜜经注解》。

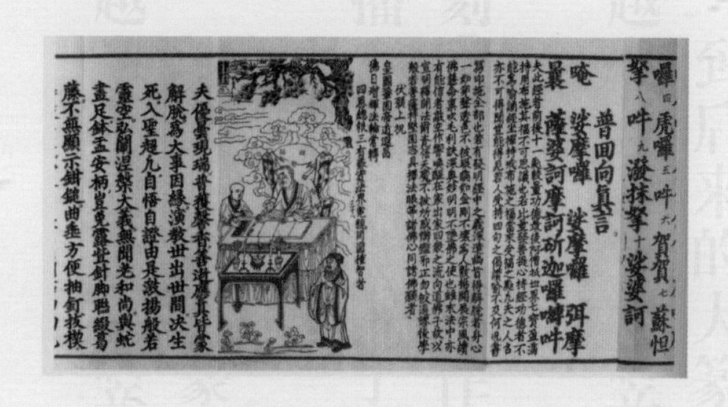

5. 广告铜版

北宋时期的刘家针铺广告铜版，是世界上最早的印刷广告物，也是中国现存的古代第一块商业广告印版。

6. 活字印刷术

北宋庆历年间，平民毕昇发明了活字印刷术，这是印刷技术的一次伟大革命。这种技术是先在胶泥字坯上刻出凸起的反字，一字一印，然后用火烧硬。印书时，按书籍内容逐字排成一块版，就可以印刷了。每个活字都可以反复使用，印刷不同书籍时，只需要重新排版。这极大地提高了印刷效率。

7. 转轮排字盘

元代，农学家王祯将活字印刷术进行了改进和拓展，发明了转轮排字盘。这项发明将活字排版的技术又向前推进了一大步。

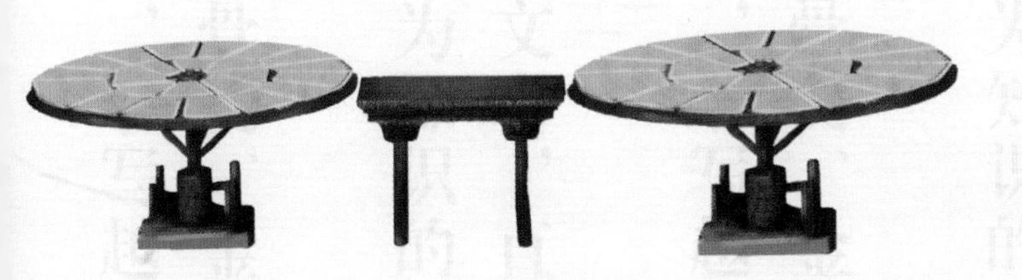

8. 金属活字印刷

在王祯之前，有人用金属锡制作活字，但因为锡不受墨，因此印刷困难，没能推广开来。清代用铜活字印刷的《古今图书集成》为世人所瞩目。

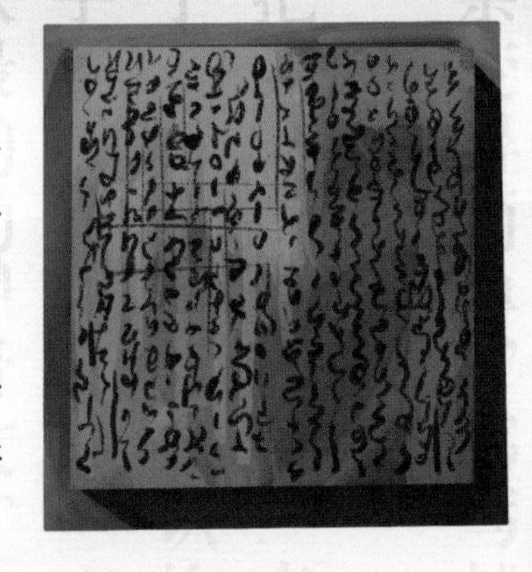

9. 饾（dòu）版与拱花印刷

雕版套色印刷自元代开始出现，到明代十分兴盛，并出现了饾版与拱花印刷技术。饾版印刷是按照彩色绘画原稿的用色情况，将每一种颜色刻成一块版，然后依照由浅到深、由淡到浓逐色套印。这种分版类似于饾饤（dìng）（堆砌的食品），故称为“饾版印刷”。拱花印刷是将小块版雕成凹版，使印成的花纹凸显出来，形成无色的浅浮雕效果，因图形拱起而得名。目前发现最早使用饾版和拱花印刷技艺的是江陵吴发祥编辑刻印的《萝轩变古笺谱》。

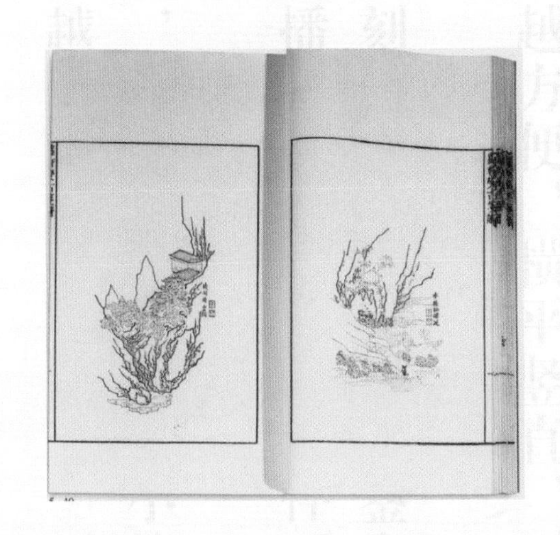

活字印刷的步骤（参考尹铁虎、赵春英“毕昇泥活字印刷实证研究”中泥活字制作工序）

❶ 选取黏土

❷ 捣碎成粉

❸ 筛去杂物

❹ 打制泥浆

❺ 泥浆脱水

❻ 提取泥膏

❼ 练成坯泥

❽ 做字坯模

❾ 制成字坯

❿ 反书文字

⓫ 刻成阳文

⓬ 入窑烧字

⑬ 存入字库

⑭ 取字送排

⑮ 热药排版

⑯ 应急烧字

⑰ 校对印版

⑱ 润版印刷

⑲ 拆版还字

⑳ 装订成册

印刷术在中国发明后，逐渐在世界各地广泛传播。往东传入了日本和朝鲜，向南传入了越南，后经丝绸之路传到中亚、西亚和北非，最后传到欧洲。

15 世纪中期，德国的谷登堡创造了铅活字，活字印刷术也走到了一个全新的高度，奠定了现代印刷术的基础。

马克思曾经评论中国的印刷术、火药和指南针的发明是“资产阶级发展的必要前提”。印刷术的发明与传播，使世界科技文明迈进一大步，为社会文化的发展提供了重要的技术条件，对推动世界历史进程做出了卓越的贡献。

在现实生活中，我们常常需要告诉别人自己的位置，会用到“东南西北”这样的方位名词。我们也知道，只要知晓一个方位，就能够获得别的方向的认知。

那么，在指南针没有被发明的时候，人们是怎么辨别方向的呢？

一方面，大自然会给我们提供帮助，例如太阳从地平线的一边升起，又从另一边落下，我们就可以区分“东”和“西”；天空中的北极星，也指明了“北”的方位。另一方面，人们开始察觉到“地磁”的存在，至少在战国时，人们已经积累了对磁现象的认知，发明了司南。它，就是指南针的前身。

此后，人们在指南针的指引之下，踏上了更远的旅途。

第二十四章 指南针的发明

古人如何辨别方向？

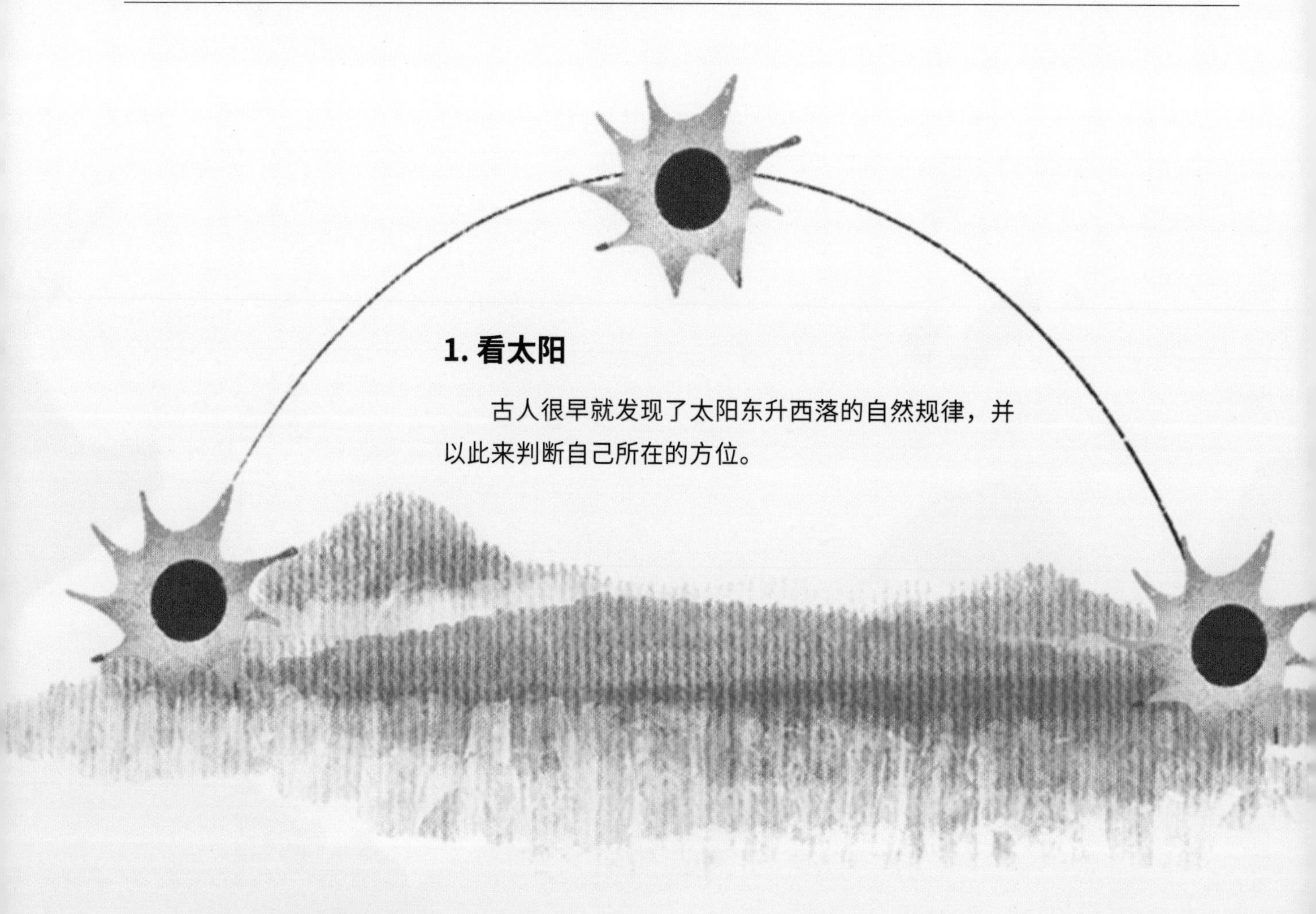

1. 看太阳

古人很早就发现了太阳东升西落的自然规律，并以此来判断自己所在的方位。

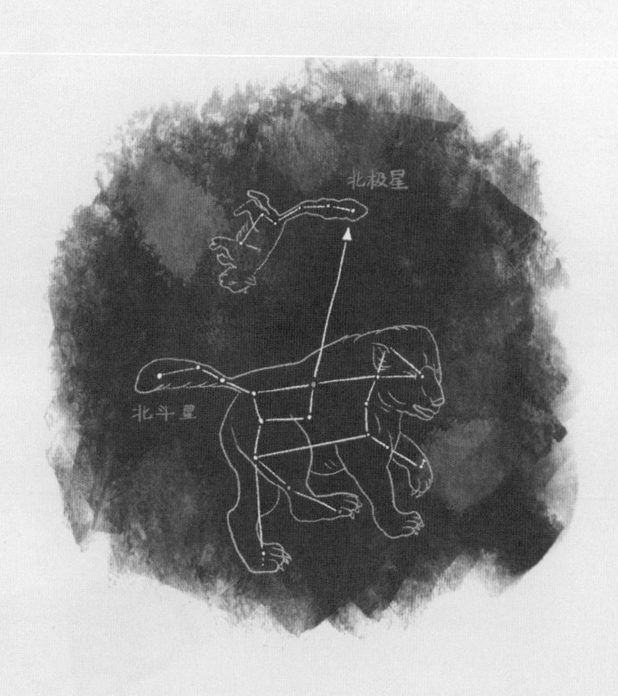

2. 观星空

将北斗星的两颗（北斗二和北斗一）连线，延伸大约 5 倍远，可以看到一颗很亮的星星，那就是北极星。北极星所在的方向就是正北方。

3. 看万物

太阳对世间万物的生长都有影响。在北半球，植物南侧向阳的一面，枝叶生长更为茂密；果实向阳的一侧最先成熟；沟渠北面的积雪融化较快……古人以此确认方向。

4. 立竿见影

在阳光下竖立一根竹竿，观察竹竿的影子，会发现影子的位置和长短随太阳位置的移动而变化。在我国大部分地区，正午时分，影子指向竿子的正北侧。

5. 华表

华表是一种装饰用的巨大石柱，富有深刻的内涵。有学者认为华表是由春秋时期的观天仪器“表”发展而成的，“表”既可用于百姓刻画上书，也可用于校准建筑物的方位。

6. 指南车

指南车与指南针的原理不同，它不用磁性，而是利用齿轮传动原理，实现指向功能。相传三国时期的机械制造家马钧制造了指南车。在车厢的平台上方，立有一个手指南方的人偶，不论指南车如何转向，人偶永远手指南方。

指南针的演变

1. 司南

战国时期发明的司南是最早的磁性指向器，它是由天然磁石制成的“杓”和铜质的“栻盘”组成。“杓”因磁铁指南的特性，可指出南北。“栻盘”为方形，刻有文字，“子”代表北，“午”代表南。

2. 磁针

指南针的发明是一个相当漫长的过程。人们在不断地寻找比司南更加方便的指向方法时，发现了磁针。将单根蚕丝线用蜡固定在磁针的中部，悬吊在空中，针就会指向南方。这个方法虽然容易受风的影响不停摆动，但是指南精度和操作方便程度远胜过司南。

3. 水浮磁针

水浮磁针的制作方法首见于北宋年间的《梦溪笔谈》。将铁针进行人工磁化后，以灯芯草作为浮体，放在注水后的碗中，针浮于水面，可转动指向。后来以此改良而成的水罗盘，在海上航行中得到了广泛使用。

4. 指南鱼

宋代发明的指南鱼是将薄铁片做成鱼形，放在炭火中烧红后取出，再把鱼头正对南方，浸入凉水中几分钟，便完成了磁化。

5. 旱罗盘

旱罗盘的底部中心设有立轴，并在磁针重心处开一个小孔作为支撑点，使其自由旋转，从而指示方向。

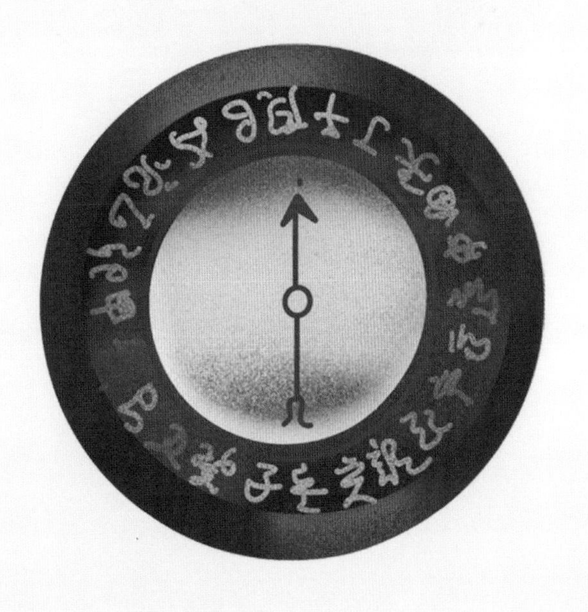

6. 指南龟

指南龟是将木块刻成龟形，在龟体内部放入磁石，用黄蜡封好，在龟体尾部插入一根铁针与磁石接触。将木龟放在支架上。测定方向时，转动木龟，其静止后龟尾指向南方。

7. 指南针

指南针的构造很简单，在圆盘内安置一个可以转动的磁针即可。指南针发明后，常被用于航海、旅行、军事和大地测量等方面。

指南针的运作原理

地球本身是一个巨大的磁体，而指南针的重要组成部分是磁针，因此指南针能够根据“同性相斥、异性相吸”的原理指示南北。

地磁的南北极和地理的南北极并非同一个东西。地磁的南极对应地理的北极，地磁的北极对应地理的南极。因此，在使用指南针的时候，磁针的北极指向地理北极，也就是磁场的南极；磁针的南极指向地理南极，即磁场的北极。

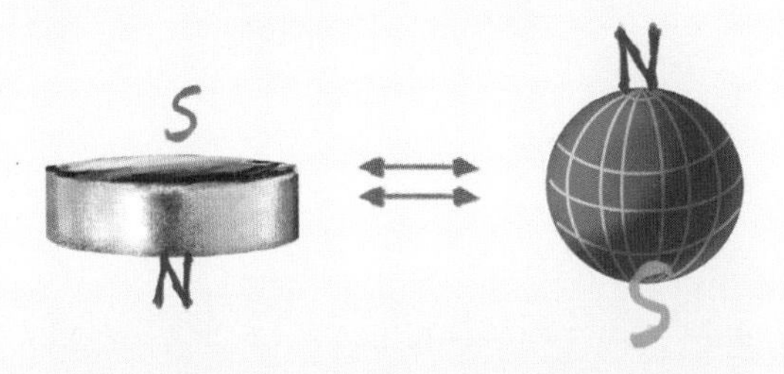

而且，指南针指向南方的时候，其实也并不在正南的角度，因为地理上的正南与地磁的南方之间有一个角度，叫“磁偏角”。

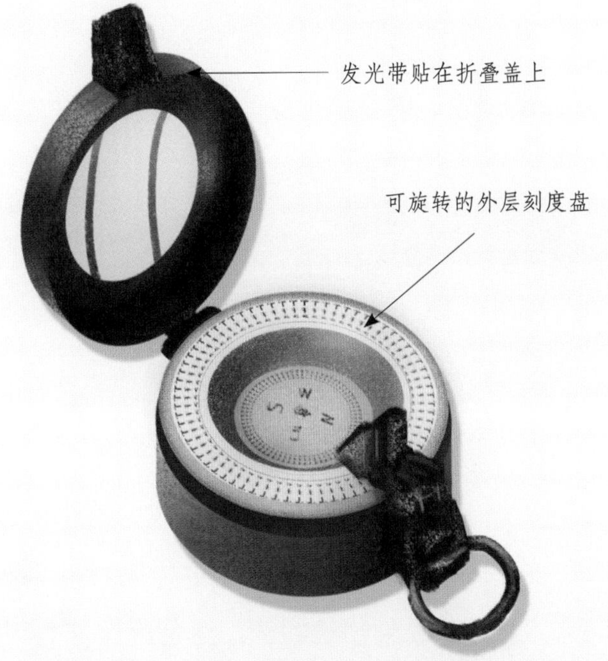

指南针的现代应用

随着科技的发展，人们发明了电子指南针，可以在手机上使用。这种电子指南针一般由磁场传感器和磁通门加工而成，能够消除误差，还具有抗干扰能力，精度高、稳定性强。

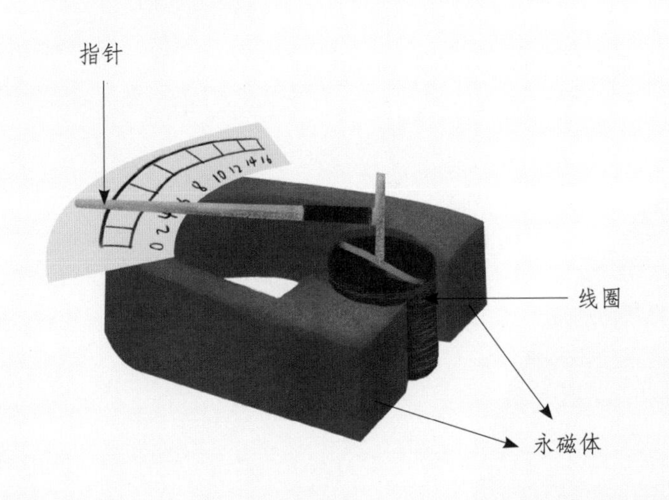

除了电子指南针之外，人们还研制出了“空中指南针”，也就是全球卫星导航系统。中国自主研发、独立运行的北斗卫星导航系统，与美国GPS、俄罗斯格洛纳斯、欧盟伽利略系统并称为“全球四大卫星导航系统”。

全球定位系统以高精度、高可靠度、全天候、全球覆盖的优势，被应用于生活中的导航、授时等方面。大到交通运输、气象探测、海洋监测、资源勘查、基础测绘，小到车载定位、手机导航等，都会借助于它。

火药的发明是一个意外。

春秋时期，人们为了追求长生不老，开始炼丹制药。他们将各种材料混合，在炼丹炉中进行炼制。在某种程度上而言，这其实是一种化学实验。炼丹家们把硫黄、硝石和木炭这三种物质混合在一起，却发现它们容易失火，严重时甚至会把房子烧掉。因此，他们掌握了很重要的经验：硫黄、硝石、木炭三种物质可以构成一种极易燃烧的药，这种药被称为“火药”。

火药当然不能解决长生不老的问题，虽然《本草纲目》也提到了，火药可以治疮癣、杀虫、去湿气、除瘟疫，但是炼丹家们对它毫无兴趣。不过，当火药这一武器被军事家们拿在手里，便被运用得淋漓尽致了。

第二十五章

火药与火器

火器的发展

1. 发机飞火

发机飞火发明于唐末，是一种火药兵器。在战争中，士兵将攻击物上绑缚易燃物，点着后再投掷出去打击敌人。

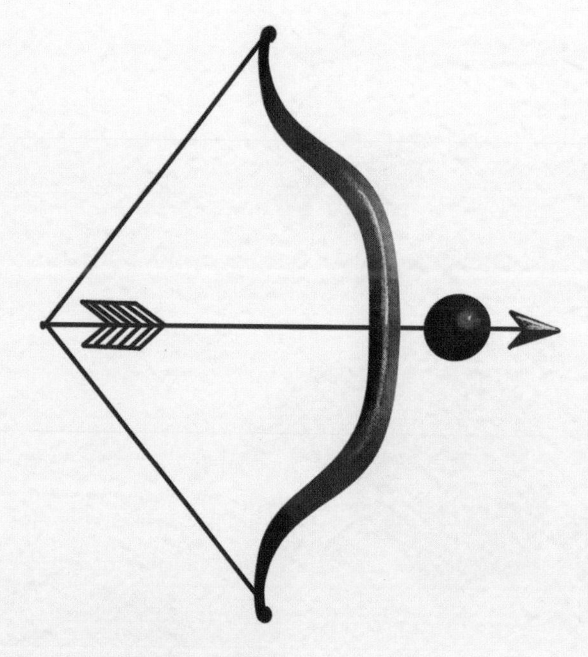

2. 纵火箭

北宋时期的纵火箭是最早的“火箭”。是在箭镞上绑缚火药包实现火攻。

3. 蒺（jí）藜（lí）火球、霹雳火球

北宋时期的蒺藜火球和霹雳火球都属于火球类火器，它们的制作方法是：把火药和铁片等杀伤性武器裹在一起并封好。在作战时，点燃引信，抛射到敌军阵地。

蒺藜火球又称“火蒺藜”，里面装有带刺的铁蒺藜，爆破后铁蒺藜飞散开来，遍落在道路上，阻止敌人兵马前进。霹雳火球则是在球的两头各留出约一寸长的管头，以便用一头做手持把柄，另一头装引火药和药捻，爆炸时射出的碎铁片可以杀伤敌人。

4. 起火

南宋时期，中国人发明了真正靠火药来发射的火箭。将火药筒绑在普通的箭上，点燃引线后，火药燃烧产生的气体从火药筒底部喷出，推动火箭向前飞行。

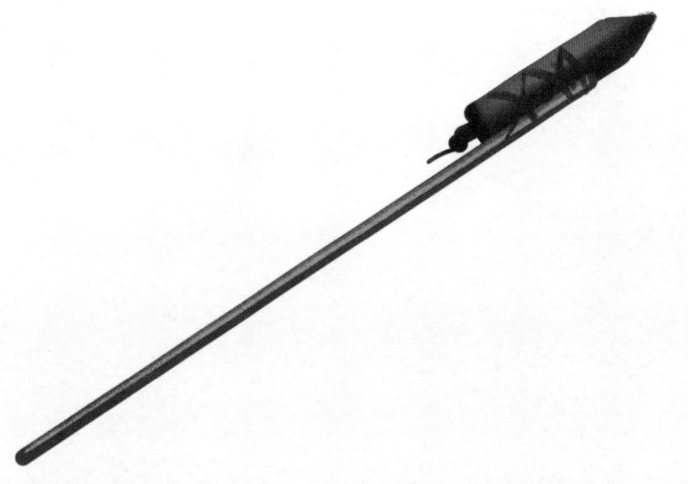

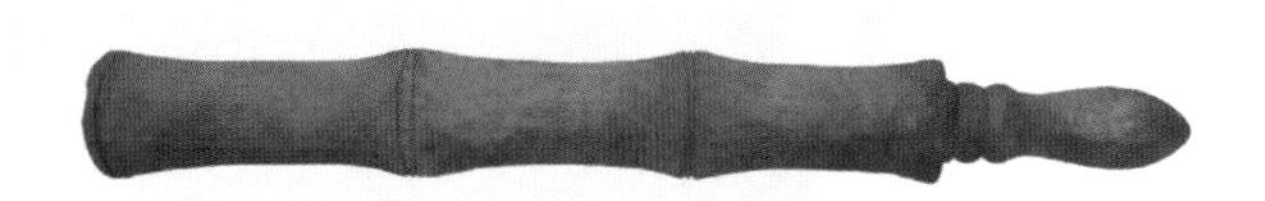

5. 突火枪

突火枪是南宋时期发明的竹管射击火器。以巨竹做枪筒，利用火药在筒中燃烧产生的气体推力，将弹丸射出竹筒。这种原始的火枪具有一定的杀伤力，而且能发出巨响，它的发明标志着中国古代火器的又一大飞跃。

6. 火铳（chòng）

火铳在元明之际登上历史舞台。人们把原先的竹筒火器改用金属制造，使热兵器的发展进入了新的阶段。火铳可以填入较多的火药和弹丸，大大提高了火器的威力。明代还组建了专用火器的神机营，创造了新型战术。嘉靖（1522~1566年）以后，明军装备的轻型手铳和重型火铳，逐渐被鸟铳和火炮所取代。

7. 一窝蜂

一窝蜂是明初发明的一种多发齐射火箭，一次能齐射 32 支火箭。明代茅元仪的《武备志》中记载了十几种多发齐射火箭，从三连发的神机箭，到一百连发的百虎齐奔，令人眼花缭乱。

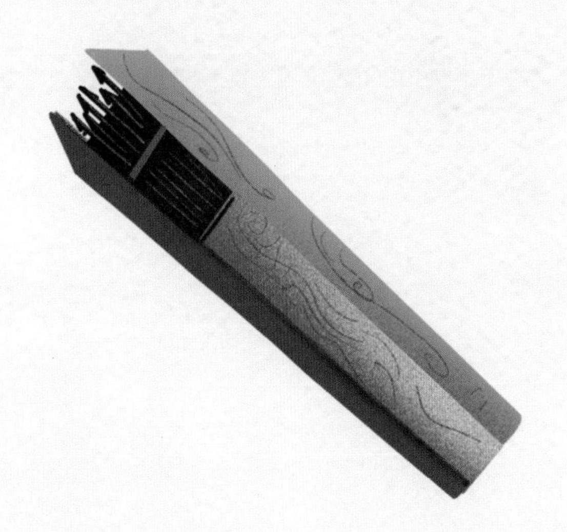

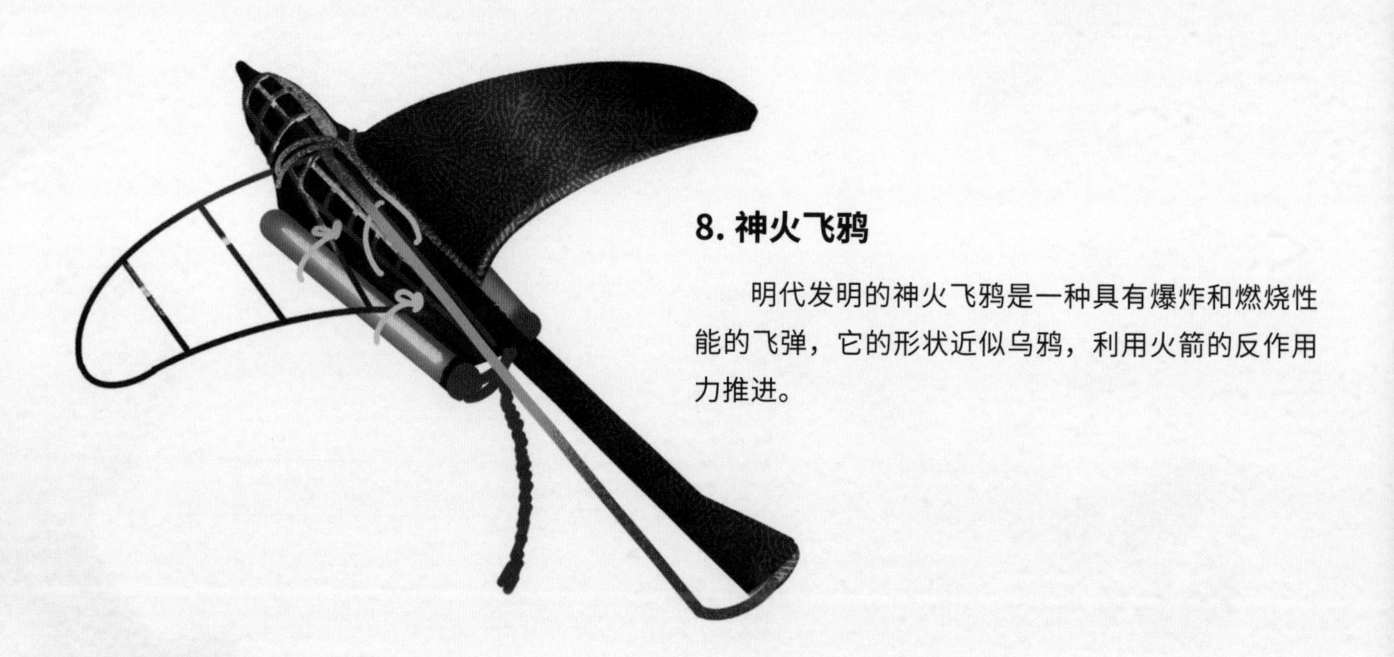

8. 神火飞鸦

明代发明的神火飞鸦是一种具有爆炸和燃烧性能的飞弹，它的形状近似乌鸦，利用火箭的反作用力推进。

9. 火龙出水

火龙出水是明代军队著名武器之一，是一种水陆两用的新式火箭。它发明于明代中期，水战时，能在水面飞行上千米。

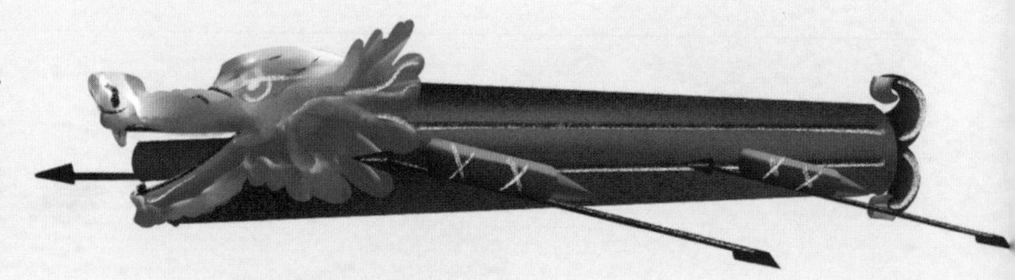

10. 鸟铳

鸟铳发明于欧洲，是近代步枪的雏形，明代嘉靖年间（1522~1566 年）经日本传入中国。鸟铳的出现引起了军队装备的重大变化，很快就成为装备明、清军队的主要轻型火器之一。

13、14 世纪，中国火器经阿拉伯传入欧洲，不仅为欧洲国家带来了新的武器，也动摇了西欧的封建统治，是欧洲文艺复兴、宗教改革的重要支柱。总的来说，中国的火药大大推进了世界历史的进程。

火药的成分

火药在点燃后，会产生大量的热和气体，它的体积急剧膨胀，内部压力猛烈增大，产生巨大威力。那么，火药有哪些成分，又是什么决定了它有如此大的威力呢？

俗语说的“一硫二硝三木炭”，硝石、硫黄和木炭就是火药的主要成分。

硝石

硝石是一种无色、白色或灰色结晶状无机物，有玻璃光泽，是制造火柴、烟火药、黑火药、玻璃和食品防腐剂的原料。硝石的主要成分是硝酸钾。

大约 2000 年前，人们便开始对硝石的产地和分布有了了解。春秋时期，有《范子计然》记载：“硝石出陇道。”在中国，硝石的主要产地有甘肃、四川、青海、山西、河北、内蒙古等地区。

硫黄

硫黄别名“硫”“胶体硫”“硫黄块”。天然硫黄的外观呈淡黄色脆性结晶或粉末，有特殊臭味，不溶于水，是一种易燃固体。

硫黄主要用于制造染料、农药、火柴、火药、橡胶等。

木炭

木炭是木材经过不完全燃烧后残留的固体燃料，主要成分是碳元素。商代的青铜器和春秋战国时期铁器的冶炼都用到了木炭。

“火龙出水”与多级运载火箭

前面，我们介绍了“火龙出水”是一种明代的二级火箭，《武备志》中曾有详细记载。它用竹管做龙身，用木料做龙头龙尾，首尾两侧各装一支火箭，龙腹内装数支火箭，外部四支火箭的引信与腹内火箭的引信相连。

水战时，面对敌舰，点燃安装在龙身上的四支火药筒，这是第一级火箭，也是飞行动力。火药燃气从火药筒尾部喷出，产生反冲力，推动火龙飞行上千米远。当第一级火箭燃烧完毕，就自动引燃龙腹内的火箭，这是第二级火箭。这时，从龙口里射出数支火箭，烧毁敌船。由于“火龙”多从船上发射，故称“火龙出水”。

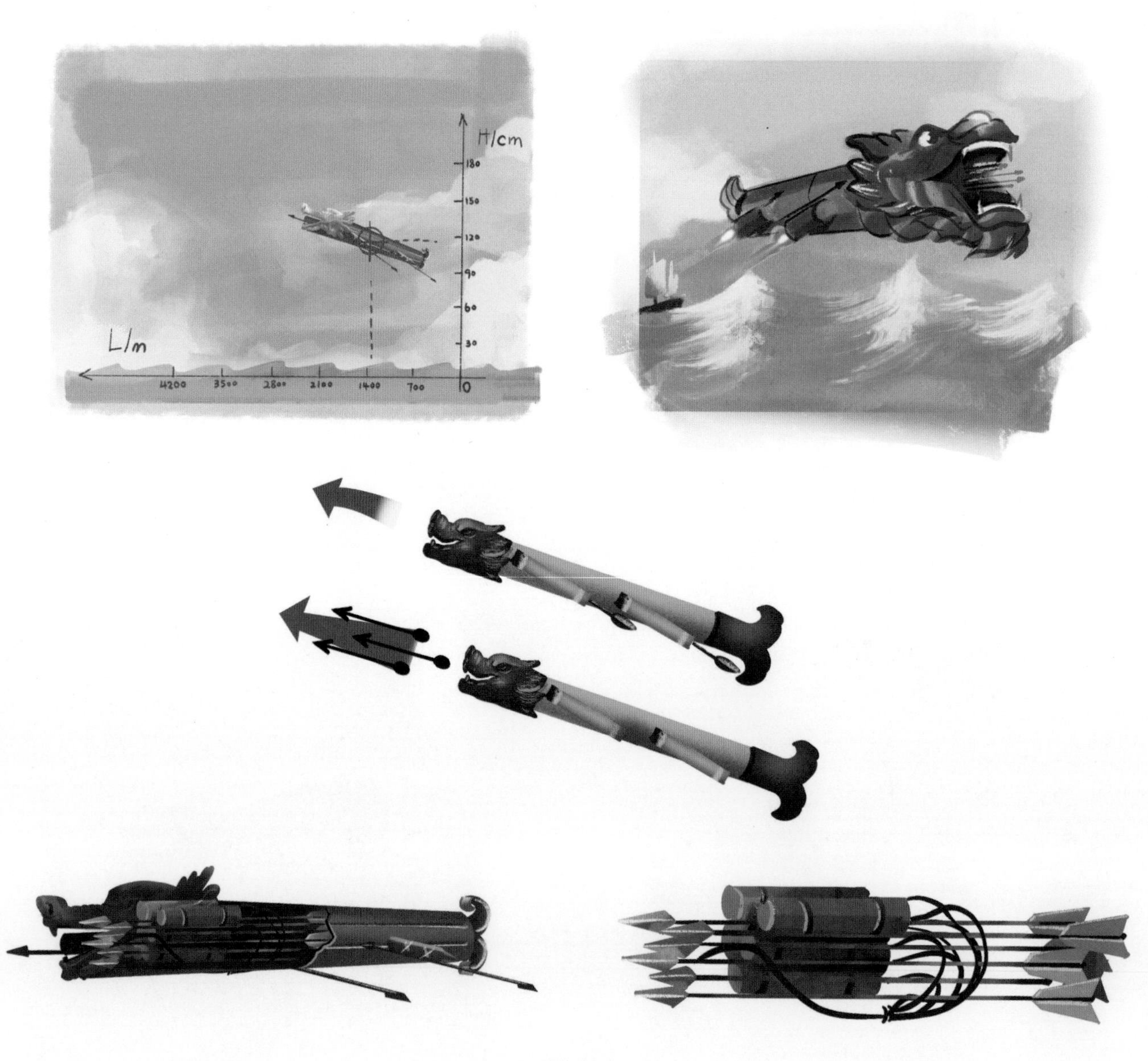

引信相连

如今的运载火箭一般都是由多级火箭组成，这是为什么呢？

其实，有一个很简单的答案，要想把火箭送入太空，就需要火箭达到第一宇宙速度：7.91 千米 / 秒。但是目前已知的单级火箭最大速度只能达到 6 千米 / 秒。

1903 年，俄国星际航行理论的开创者齐奥尔科夫斯基提出了著名的“火箭理想速度公式”，他认为有两种提高火箭速度的方法：一是提高燃料能量，二是减轻火箭重量。但是经过反复试验，这两种方法均告失败。于是齐奥尔科夫斯基提出了一个解决方案：制造多级火箭。

多级火箭可以实现接力飞行，先是第一级火箭点火“开跑”，在燃料耗尽后自动脱落。接着第二级火箭接过“接力棒”，继续燃烧，加速度飞行，燃料用完后，“接力棒”继续传递给第三级甚至第四级火箭。

火箭速度逐级提高，而“身体”逐级减轻，最终就能够超越第一宇宙速度，把卫星或者飞船送入预定轨道，实现宇宙航行。

不过，火箭分级并不是越多越好。因为火箭级数越多，需要的连接和分离结构就越多，这就增加了火箭的结构质量并降低可靠性。另外，火箭分级超过一定的数量后，对提高速度的作用就越来越不明显。所以，目前的运载火箭大多是由 2~4 级火箭组成的。

中国古代的邮驿系统很早就出现了，在殷墟甲骨文中就有相关记载。从西周开始，我国的通信形成了两套组织，一套以声光通信为主，一套以专人送信为主。

我国最早传递军情的时候用的是击鼓传声，后来我们的祖先利用火光和烟雾发明了烽火传信，并沿用了2000多年。长城上的烽火台，从先秦时期就开始见证历史。

随着文字的诞生，人们开始传递和记录信息。那个时候，我们把邮递称为“邮驿”。不过，古代的邮驿大都用来传递重要而紧急的公文，传递方式也以轻车快马为主。各个时期对“快递员”的称呼也都不相同，比如称作“驿夫”“邮人”等等。

由于通信往来频繁，政府专门铺设了驿道，设置驿站，促进了信息的快速传播，使政令可以迅速通达全国，使军令能够顺利传达边塞。邮驿在保证国土安全 、促进文化交流、促进经济发展等许多方面都做出了突出贡献。

闲时意趣

第二十六章 古人也发快递

古代邮驿的发展

1. 人力传递

商代，已经出现了最早的传递人员——“步传”。周代，设有“行夫”一职。北宋时期的“步递”则以接力形式，执行传送公文、运送官物或接送官员的任务。

2. 车马传递

从周代起，人们开始利用快马、邮车来传递紧急的信息，这大大提高了邮驿系统的运行效率。

3. 驿站的出现

春秋时期，由于通信范围和数量的不断扩大，出现了接力传递的形式，还在主要道路上设置了可供驿者中转休息的驿馆等设施。这标志着邮驿制度的重大转变。

4. 统一车道

秦始皇统一六国后，将全国道路的车轨宽度设为一致，即“车同轨”，解决了之前各国车与轨不匹配的难题，打通了以首都咸阳为中心的全国交通道路网，规定了驿路路线。

5. 国际驿路

汉代，为了加强与西域各国之间经济、文化和技术的交流，开始大力开辟国际驿路，这其中最著名的就是丝绸之路。

示意图

6. 驿置与邮亭

驿置和邮亭是汉代的主要通信组织。当时明确了马传称“驿”，每隔 30 里（15 千米）设一个负责此类长途骑马传递的设施——驿置；步递称“邮”，每隔 10 里（5 千米）设一个负责此类短途徒步传递的设施——邮亭。

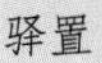

驿置

邮亭

7.《邮驿令》

三国时期，曹魏的陈群等人制定了我国第一部关于邮驿的专门法规——《邮驿令》，内容包括声光通信、传舍规定以及一些政治禁令，是邮政史上的里程碑。

8. 水路通道

同是三国时期，地处东南部的吴国，根据地形特点开辟出了水路传递的新通道。后来，随着贯通南北的京杭大运河开通，国家经济文化重心逐渐东移，水驿的作用更为突出。

9. 驿站崛起

隋唐时期，驿站的规模和地位得到大幅提升，涉及的范围也扩大了。除了负责传递公文、传达军情，还用作储藏贡品、迎送官员，甚至押送犯人。

10. 军事化管理

宋代的邮驿由兵部与枢密院共同管理，负责制定法规、人事任免以及物资发放等事务。邮驿工作人员也都是士兵，而非之前的百姓。

11. 金字牌急脚递

宋代的急递多用于传递紧急军情，驿马配有铜铃，随时提醒路人注意避让。宋神宗时期还特地为军事服务设立了金字牌急脚递，保证军事信息能在最短时间内送达。

古代的加密方式

1. 阴符

周代时战争频发，因此出现了加密方法“阴符”，即传信时使用一些长度不同的竹片，代表不同的内容，只有己方明白其中意思，这样敌军即使截获，也不能破解。

2. 阴书

周代的“阴书”则是把信息以明文方式写在竹简上，然后将竹简裁开分为三份，由三名驿使分别传送。只有收件方取得全部竹简，才能得知完整内容。

3. 符信

在汉代，符信是驿者的身份证明和通行许可证，需随身携带，分为多种级别，由形状、材质、文字等规制来区分。其中，虎符是皇帝调兵遣将的兵符，分为两半，一半由皇帝保存，一半交给将帅。

4. 封泥

汉代的封泥又叫“泥封”，通常应用于公文的封发。在捆扎竹简或包裹的绳结处，填上胶泥，打上印章，干燥后变为坚硬的泥团。只有破坏封泥，才能看到其中的信件或物品，可防止私拆泄密。

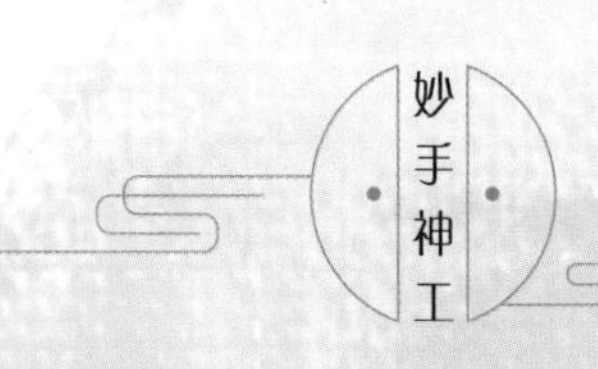

5. 信幡

三国时期的曹魏还发明了一种新的信物——信幡。信幡是一种用不同图案和颜色制成的纵向旗帜。

6. 矾书

宋代出现了一种利用化学变化来加密信件的方式：用明矾水代替墨汁书写信件，当水干后，字迹从纸上消失，只有把纸张浸湿后，字迹才能再次显现。

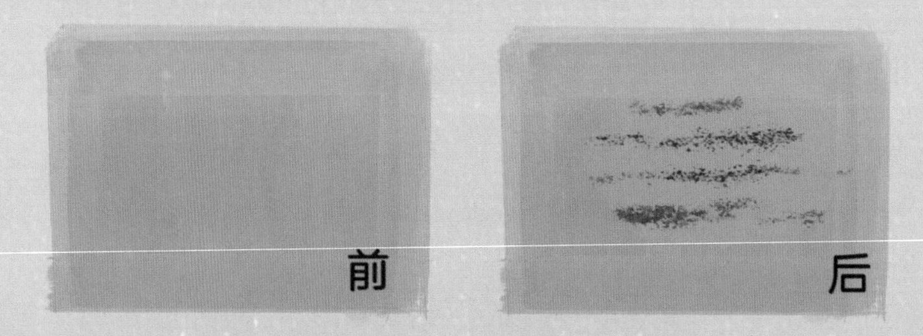

7. 字验

字验是宋代用于军事通信的加密方法，约定军中的 40 条事物，从密码簿中选字，一字代表一事。传信时，把关键字散藏于信中送出，收信方只有查阅密码簿才能破解。

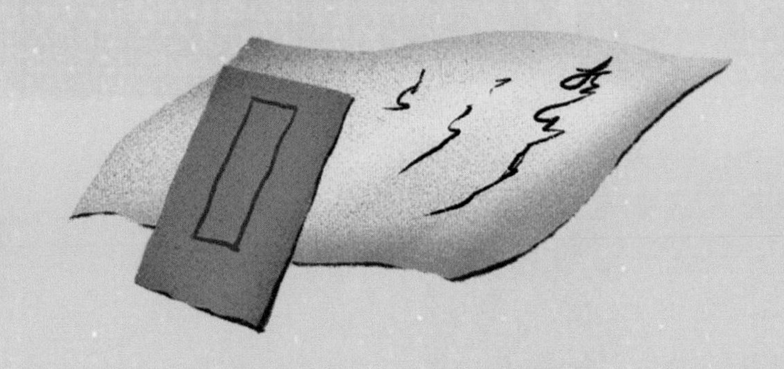

从邮驿到邮递

中国的邮驿制度起始于奴隶时期，盛行于封建时期，在历史进程中扮演着重要的角色。古代邮驿的发展，对政治、经济、军事都有着极大的推动作用。

政治上，驿道从都城出发，向四面八方辐射，再经由各大城市，互相并联、串联，交织成发达的交通通信网络，实现了中央直接领导地方、地方间快速联动的高效管理模式。孔子曾用邮驿的速度来比喻德政的流行，他说："德之流行，速于置邮而传命。"

经济上，邮驿的发展为工商业创造了机会，不仅能够传递信息、集散物流，还能促进消费。有些驿站还逐渐扩大规模，自己发展经济。

军事上，在战争时期，朝廷和军队间能够进行高效的信息沟通，邮驿功不可没。

但是，邮驿在很长一段时间里都被官方垄断，仅供朝廷使用。到了明代永乐年间（1403～1424年），出现了专业的民邮机构——民信局。清代，民信局更是发展到了数千家，广东甚至还成立了专门为海外侨胞服务的侨批局。

现在的邮递，不仅为人们快速、准确、安全、方便地传递信息和物品，还会涉及媒体发行、金融、电子商务等方面的业务。

甘肃嘉峪关驿使彩绘砖图

驿站

邮递

“春雨惊春清谷天，夏满芒夏暑相连；秋处露秋寒霜降，冬雪雪冬小大寒。”这首《二十四节气歌》相信大家都很熟悉，这里面提到的二十四个节气，就是古人根据自然节律的变化所制定的时节体系。

二十四节气是农耕文化的产物。我国是一个农耕大国，早在上古时期，人们就根据太阳的运行规律，制定历法，并用它来指导农业生产。

二十四节气被誉为中国的第五大发明，它不仅包含着中华民族的悠久历史文化，而且让农事活动规律化，为扩大农业生产提供了科学参考。

第二十七章

节气与习俗

春季

立春

俗话说：“一年之计在于春。”立春是二十四节气中的第一个节气，一般是在每年阳历 2 月 3、4 或 5 日交节。立春之后，天气回暖，万物复苏。民间有打春牛、吃春饼等习俗。

雨水

雨水一般是在每年阳历 2 月 18、19 或 20 日交节。气温回升，冰雪融化，降水增多。这个时节要做好春耕的准备工作，进行培土施肥和清沟排水。

惊蛰

惊蛰一般是在每年阳历 3 月 5、6 或 7 日交节。春雷始鸣，气温回升。古人认为，是春雷惊醒了蛰伏着的动物，故称“惊蛰”。惊蛰前后天气变化较大，要预防感冒等季节性疾病。

春分

春分一般是在每年阳历 3 月 20 或 21 日交节，是农耕的重要时节。春分这天，太阳直射赤道，南北半球昼夜平分。此后，北半球白天越来越长，黑夜越来越短。春分这一天民间有立蛋、踏青的习俗。

清明

清明节气一般在每年阳历 4 月 4、5 或 6 日交节。气温缓步上升，雨水增加，草木生长，是春耕春种的好时候。此外，清明也是一个重大节日。秦代之后，人们开始在这个节气祭祀扫墓。到了唐代，这种风俗扩展到了全国各地。

谷雨

谷雨是春季的最后一个节气，一般是在每年阳历 4 月 19、20 或 21 日交节。谷雨有“雨生百谷”的含义，意思就是这个节气的雨水使田野里的谷物开始生长。这一时期降水明显增加。

夏季

立夏

立夏一般是在每年阳历 5 月 5、6 或 7 日交节。它预示着季节的转换，此后万物繁茂，大地郁郁葱葱。这一天，民间有“斗蛋”的习俗，用白水煮蛋，拿冷水浸过，装进彩色线编织的网兜里，然后“比比谁的蛋壳硬”。

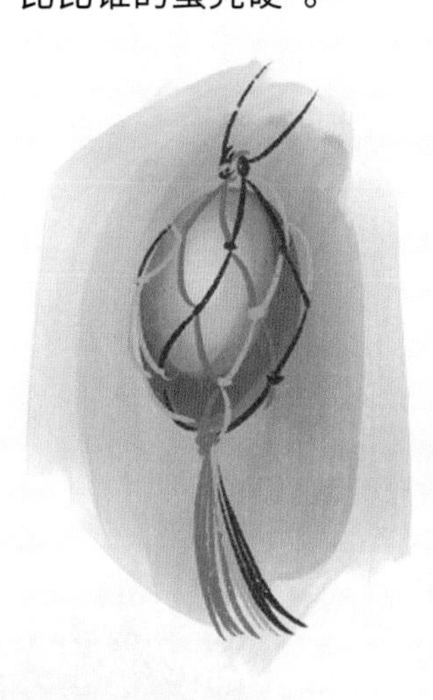

小满

小满一般是在每年阳历 5 月 20、21 或 22 日交节。这时，中国北方地区麦类作物的籽粒已开始饱满，不过还没有完全成熟。江南地区的农户开始养蚕。

芒种

芒种一般是在每年阳历 6 月 5、6 或 7 日交节。芒种的字面意思是“有芒的麦子可收，有芒的稻子可种”。这时候，大部分地区进入了夏忙季节。芒种时节，民间有送花神、煮青梅等习俗。

夏至

夏至一般是在每年阳历 6 月 21 或 22 日交节。这天，太阳直射北回归线，北半球白昼最长，黑夜最短。民间有“冬至饺子夏至面”的说法，因为这个时候，新麦已经收割，所以也有尝新的意思。

小暑

小暑节气在每年阳历 7 月 6、7 或 8 日交节。暑是炎热的意思，小暑就是天气开始炎热。这个时候已经是盛夏，“三伏天”的头伏到来，气温越来越高，雨季也随之到来。小暑期间，很多地方有吃藕的习俗。

大暑

大暑是一年中最热的时候，通常是每年阳历 7 月 22、23 或 24 日交节。这一天，各个地区都有独特的习俗，如浙江地区送“大暑船”，山西、河南等地晒伏姜，温州地区喝伏茶，华北地区喝暑羊（羊肉汤）等。此时天气湿热，要注意防暑祛湿。

秋季

立秋

立秋一般是在每年阳历 8 月 7、8 或 9 日交节。表示秋天开始。在自然界，万物开始从繁茂成长趋向萧索、成熟。民间有祭祀土地神、庆祝丰收的习俗。

处暑

处暑一般是在每年阳历 8 月 22、23 或 24 日交节。“处”有躲藏、终止的意思，“处暑”意味着炎热的暑天与我们告别，气温开始下降。这个时候的习俗多与祭祖和迎秋有关系，例如中元节、七夕节等。

白露

白露一般是在每年阳历 9 月 7、8 或 9 日交节。随着天气转凉，在清晨时分能看到草地和树叶上凝结着许多露珠，白露就因此得名。古人会在白露前后举行“秋社”，欢庆丰收。

秋分

秋分一般是在每年阳历 9 月 22、23 或 24 日交节。秋分之后，北半球白天的时间越来越短，黑夜的时间越来越长。这个时候的民俗与清明时节有些相似，称作“秋祭”。

寒露

寒露一般是在每年阳历 10 月 7、8 或 9 日交节。此时气候渐渐寒冷，气温明显下降。凉爽的空气催红了山中的枫叶，此时是登山观赏的好时节。在北方地区，还有斗蟋蟀的习俗。

霜降

霜降一般是在每年阳历 10 月 23 或 24 日交节。它是秋季的最后一个节气。纬度越高的地区，每年初次降霜的时间越早。古人认为“霜打菊花开”，所以民间习惯在这期间赏菊花。有一些地区有霜降吃柿子的习俗。

冬季

立冬

立冬是在每年阳历 11 月 7 或 8 日交节。它意味着冬季来临，很多动物开始储存食物，准备冬眠。古时的人们通常会在这时进补，杀鸡宰羊。

小雪

小雪是在每年阳历 11 月 22 或 23 日交节。这时候天气寒冷，开始降雪。这个时节宜吃温补的食物，如羊肉、牛肉、腰果、山药、栗子、核桃等。

大雪

大雪一般是在每年阳历 12 月 6、7 或 8 日交节。在这个时节，大部分地区进入冬季，天气寒冷，会降大雪。此时可以多吃富含蛋白质、维生素的食物，提高免疫功能，促进新陈代谢。

冬至

冬至一般是在每年阳历 12 月 21、22 或 23 日交节。一年中，冬至的白天最短，夜晚最长。从周代开始，冬至就是一个特别重要的节气，古人将它看作一年的开端。民间的“数九天气”是从冬至开始的，传统习俗是北方吃饺子、南方吃汤圆。

小寒

小寒一般在每年阳历 1 月 5、6 或 7 日交节。它的到来标志着一年中最寒冷的时候开始了。进入小寒，人们开始采购年货，准备过春节。

大寒

大寒是在每年阳历 1 月 20 或 21 日交节，是农历年最后一个节气，它意味着四时的终结和新春的开始。从大寒到立春，这段时间里有很多重要的民俗和节庆活动。

“二十四节气”是我国古人通过长期观察太阳周期运动总结出的规律，包括时令、气候、物候变化，比较准确地反映了一年中自然物候的发展变化，并蕴含丰富的历史传说、节令饮食文化和科学道理，是中华传统文化的重要组成部分。

2016 年 11 月，联合国教科文组织正式通过决议，将中国申报的“二十四节气——中国人通过观察太阳周年运动而形成的时间知识体系及其实践”列入《人类非物质文化遗产代表作名录》。

说起好玩的中国传统民间技艺，你能想到哪些呢？

传统民间技艺产生于民间，也流行于民间，深受人们的喜爱，有剪纸、皮影戏、口技、彩绣、泥塑等，林林总总，绚丽多彩。

我国各民族、各地区的民间技艺有着悠久的历史和深厚的底蕴。经过千百年来的不断发展，日益丰富的民间技艺已成为中华民俗文化的重要组成部分，也是中华儿女联系情感的纽带。

第二十八章 多彩的民间技艺

各式民间技艺

1. 脸谱

脸谱是一种特殊的化妆方式，能够表现戏曲中角色的性格特点。关于它的起源，有三种说法：一种是人们为了歌颂北齐兰陵王高长恭的战功和美德，创造了一种男子独舞，跳舞时需要像兰陵王一样戴上面具；一种是古蜀国祭祀中的青铜面具；一种是先秦时代的一种名为“傩礼”的风俗礼仪。京剧兴起后，脸谱造型逐渐完善，渐渐成为具有民族特色的文化符号。

川剧中有一门
绝活是变脸。

2. 空竹

空竹是一种民间传统玩具，有些地方称之为“扯铃”“空筝”。据考证，抖空竹最早是由抽陀螺演变而来的，在新石器时代的河姆渡文化遗址中就出土了木陀螺。后来，人们用竹制作陀螺，在上面开口，利用空气的冲击发出哨声，于是渐渐有了“空竹”的称呼。

3. 中国结

中国结是一种手工编织的工艺品。最早的时候，打结是一种实用技术，不仅能帮助人们记事，还能让衣服更好地保暖。此外，古人喜爱佩戴饰物，饰物需要打结，方便系在衣服上。

唐宋时期，中国结成为一种装饰艺术。到了明清时期，人们开始给不同的绳结命名，赋予了中国结各种美好的寓意，结绳艺术也达到了鼎盛。现在，中国结因其优美的造型、吉祥的寓意为大众所喜爱，也成为中华民族的标志性符号。

4. 剪纸

剪纸又称“刻纸”，是一项历史悠久、流传广泛的民间艺术，多用剪刀或者刻刀在纸上剪或刻成人物、花草、鸟兽等的形象。南宋时期，民间已经有了以剪纸为生的职业。明清时期，剪纸手工艺术走向成熟。

5. 年画

年画是过春节时民间张贴的表示欢乐吉祥的图画。年画多用木版水印制作，是中国特有的民间美术形式。年画起源于汉代，始于“门神画”，寄托着人们祈福辟邪求平安的心愿。北宋时期，日益成熟的雕版技术促进了年画的发展。到了明代，雕版印刷中的彩色套印技术更加成熟。在清代光绪年间（1875~1908 年），它被正式称为“年画”，发展也达到了鼎盛。

6. 皮影戏

皮影戏是中国民间传统的观赏娱乐形式。关于皮影戏最早的记载出现在《汉书》中，而皮影戏真正兴盛是在唐宋时期。后经元、明到清代，皮影戏逐渐发展形成了风格不同的流派，各地皮影的风格与韵律吸收了当地地方戏曲的精华，成为深受人们喜爱的民间娱乐活动。

7. 木偶戏

木偶戏也叫“傀儡戏”，在我国有着悠久的历史。艺人在幕后通过操纵木偶并进行演唱来完成剧目。追溯我国木偶戏的发展历史，目前学术界主张“源于汉，盛于唐”。宋代，木偶戏进入繁盛时期，明清时期在福建又得到进一步的发展。

8. 刺绣

刺绣是指用针线在织物上绣制各种装饰图案的工艺。早在周代，就已经有了专门的职位。战国时期，人们采用辫子股针法进行刺绣，针脚整齐，线条流畅。到了汉代，刺绣开始展现艺术之美。在长沙马王堆汉墓出土的大量绣品中，多有祥云、凤鸟、神兽等图案。唐代刺绣有了很大的创新，出现了平绣、打点绣、纭裥（jiǎn）绣等多种针法，以艳丽的色线代替了颜料。宋代，朝廷通过奖励提倡刺绣，由于审美水平的提高，人们更加注重绣品的艺术性。明清时期的刺绣流行于社会各阶层，出现了苏绣、粤绣、蜀绣、湘绣等地方绣派。

9. 泥塑

泥塑是一种古老的民间艺术，以泥土为原料，用手工捏制成人物、动物的形状。河姆渡文化遗址中就出土过陶猪、陶羊。汉代，泥塑种类更加丰富，有陶俑、陶兽、陶马车、陶船等。有手捏制的，也有模制的。佛教传入后，尤其是唐代，泥塑艺术达到了一个高峰。宋代开始有人专门从事泥人制作，泥人也开始作为商品出售。元代之后，泥塑艺术品流传广泛，深受人们喜爱。大家熟悉的天津“泥人张”，发展于清道光年间，其泥塑作品生动形象、栩栩如生。

皮影戏的奥秘

也许你没有看过皮影戏，但是一定玩过这样一个游戏：用手比画出各种形状，通过光，把它们的影子投射到墙上，形成各种动物的模样。

在 2000 多年前的《墨子》一书中，就已经出现了对光影现象的研究。皮影戏就是利用了这样一个物理原理：光沿直线传播，遮光成影。

皮影戏的道具是用兽皮或者纸板做成的。光从幕布之后照过来，就在幕布上投射出了影人的样子，光影配合当地的曲调和乐器，表演出经典的民间故事。皮影人物的一招一式都吸引着观众的目光。

为了让投射的影子更加美观，人们在制作皮影的时候会进行镂刻，并且会把皮子处理成半透明的材质，同时在皮上涂色，给人物安上关节，方便操作，使它们在表演的时候动作更加灵活。

皮影作为一种中国特有的民间技艺，有着非常悠久的历史。13 世纪的元代，它还曾传入西亚和欧洲地区，为世界所惊叹。18 世纪，德国诗人歌德对中国的皮影戏给予了高度评价，世界电影大师卓别林也盛赞过这一民间艺术。

2011 年，联合国教科文组织宣布，把中国皮影戏列入了《人类非物质文化遗产代表作名录》。

甲骨文中,“光”的字形是一个跪坐着的人,头上有火。本义是“明亮”。所以,人们很早就知道光可以通过火发出来,可以照明。

在对于光的研究中,古人进行过很多探索。起初,他们认为眼睛发出光线,光线照射到物体,进而物体被人眼看到。但随着认知的拓展,开始有学者对这种说法产生了质疑。

成书于 2000 多年前的《墨经》中,有“目以火见”的记载,意思就是人的眼睛靠着光照才能见到东西。东汉的王符在《潜夫论》中也指出:“此则火之燿也,非目之光也,而目假之,则为己明矣。”

此后,古人通过不断的实践研究,根据光的不同特性做了很多有趣的小实验,也发明了许多神奇的小物件。

第二十九章

光学的妙用

古人对光的探究和利用

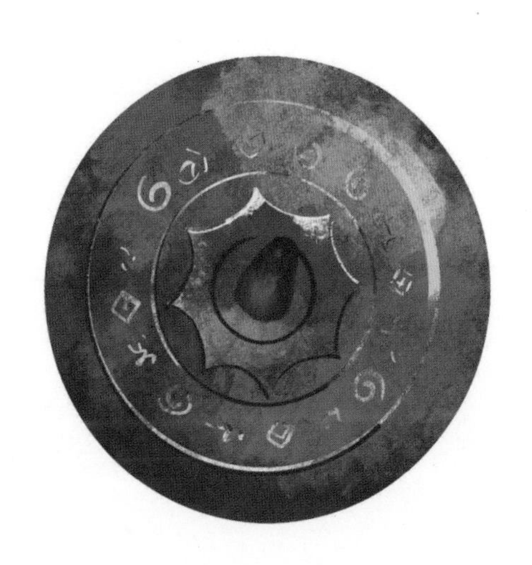

1. 铜镜

最早，人们以水照面，后来又用抛光的金属做反射面，利用光的反射原理制作出铜镜。

2. 小孔成像实验

春秋时期，墨子和他的弟子成功进行了简单的小孔成像实验，得出光沿直线传播的结论。

北宋沈括在《梦溪笔谈》中还记录了一次小孔成像实验。他观察老鹰在空中移动，地面上的影子也跟着移动。然后他在纸窗上开一个小孔，让老鹰的影子呈现在室内纸屏上，发现老鹰在东，影子在西；老鹰在西，则影子在东。同时，他发现从小孔透过来投射在墙上的楼塔影子，也都是倒转的。

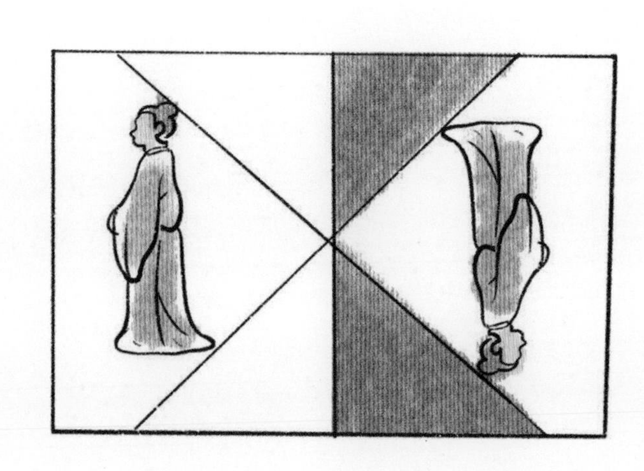

3. 海市蜃楼

海市蜃楼又叫“蜃景”，是一种因为光的反射和折射所产生的自然现象。西汉时期，司马迁所著的《史记·封禅书》中已经出现了关于海市蜃楼现象的记载。

4. 潜望镜

光的折射原理的应用，早在西汉时期的《淮南万毕术》中就有记录：“取大镜高悬，置水盆于其下，则见四邻矣。”这也是关于潜望镜的最早记载。

5. “透光”铜镜

“透光”铜镜出现于西汉时期，是一种特殊的青铜镜。它的外表与普通铜镜一样，但是在反射日光的时候，可以映现出镜子背面的纹路和上面的文字。

6. 景符

元代天文学家郭守敬利用小孔成像原理，制作出“景符”。景符用于辅助高表测影。高表的横梁所投射的虚影透过景符，能够清晰地投射在圭面上，有助于精确观测。后来，郭守敬将其添加到了天文仪器中。

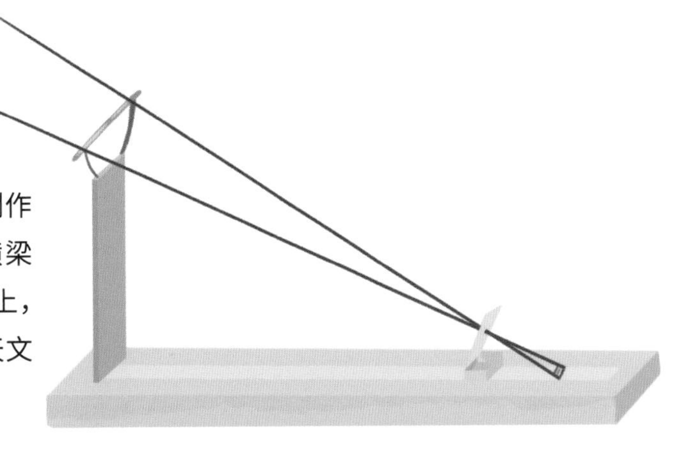

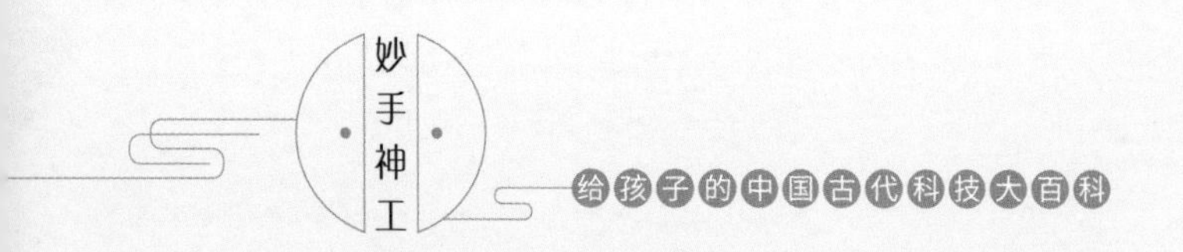

光的反射原理

潜望镜的发明就是光的反射原理的应用。古人利用平面镜组合来反射光线，将高墙外的景物映入“大镜”上，镜中的景象再反射到水盆，再从水盆反射到人眼中。这种光学装置和现在实际中所应用的许多较复杂的潜望镜的原理完全是一样的，是现在利用光的反射特性改变光的行进方向的仪器的祖先。

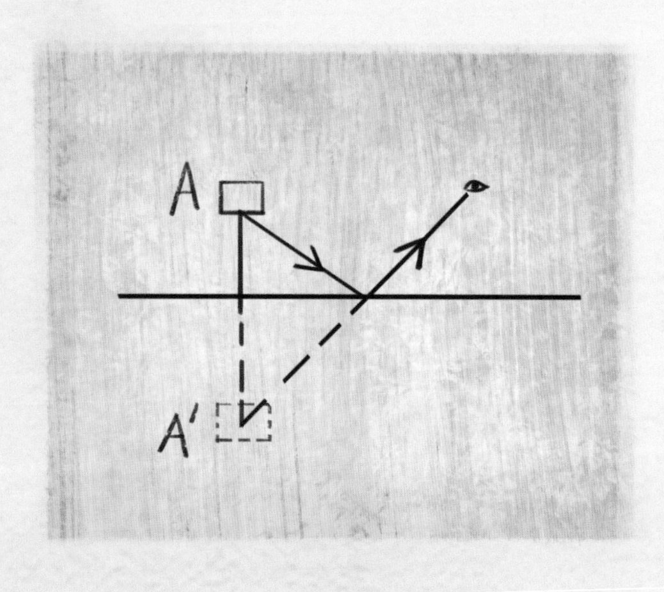

如果 A 表示一个物体箱子，直线表示平面镜，A 在镜子中的像表示为 A'。人的眼睛能看到 A' 并不是因为 A' 自身发光的，而是 A 对着镜子反射出的光线。这时我们就可以把 A 当作光源先发光射到镜子上，再通过镜子的反射传到眼睛中。人眼再通过光线的反向延长线看过去，便能看到镜子里的箱子（虚像）。

光的反射特点

反射，就是指入射光线和折射光线在同一个平面上。

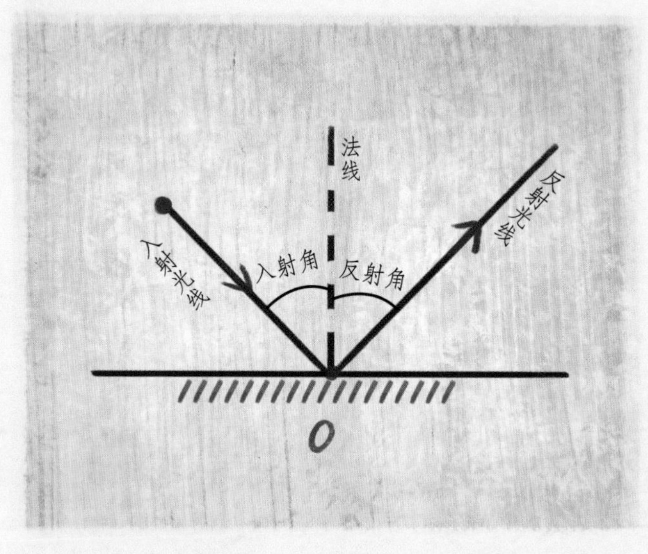

反射的特点是：三线共面，两线分居，两角相等。

也就是，反射光线与入射光线、法线在同一平面上；反射光线和入射光线分居在法线的两侧；反射角等于入射角。

而反射又分为镜面反射和漫反射。

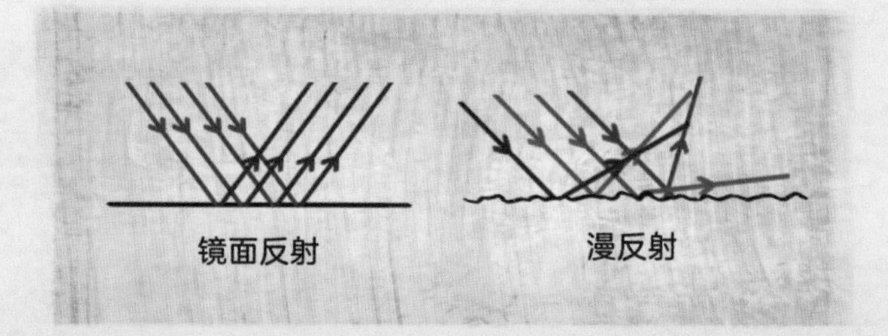

光滑平面所反射出的光是平行光，因此得到镜面反射，有规律可循；而漫反射则发生于凹凸不平的反射表面，由于各点的法线方向不一致，所以反射光线向不同的方向反射。

这种现象在生活中随处可见。例如，玻璃幕墙、平静的水面、汽车的反光镜以及化妆镜等都是发生镜面反射。而电影银幕、沙滩、粉笔在黑板上写出来的字等都是发生漫反射。

潜望镜的发展与应用

我们前面介绍了潜望镜在《淮南万毕术》中的应用，这说明，早在公元前 2 世纪的汉代，中国就已经在使用潜望镜了。

古人在作战时，为了不被敌方发现，会将自己一方藏在地势比较低洼的地区，例如天然的地沟，或者事先挖好的地道。藏在地道里的人不容易看到外面的敌情，使用潜望镜就可以不必爬出来，也能观察到地面的情况。

后来，潜望镜被装备到了坦克、潜艇等现代武器中。加入潜望镜装置后，潜水艇可以更加准确地到达潜浮目的地了。

1894 年，美国发明家西蒙·莱克建造了一艘潜水艇，但当时的潜水艇下潜后只能盲目航行，只有在潜水艇快接近水面的时候，才可以通过玻璃窗侦察水面的情况和所在的位置。1902 年，莱克制作出潜望镜，并将其安装到了自己的潜水艇中。加入了潜望镜装置的潜水艇就像有了眼睛，即使在水下航行也能看到水面的情况了。

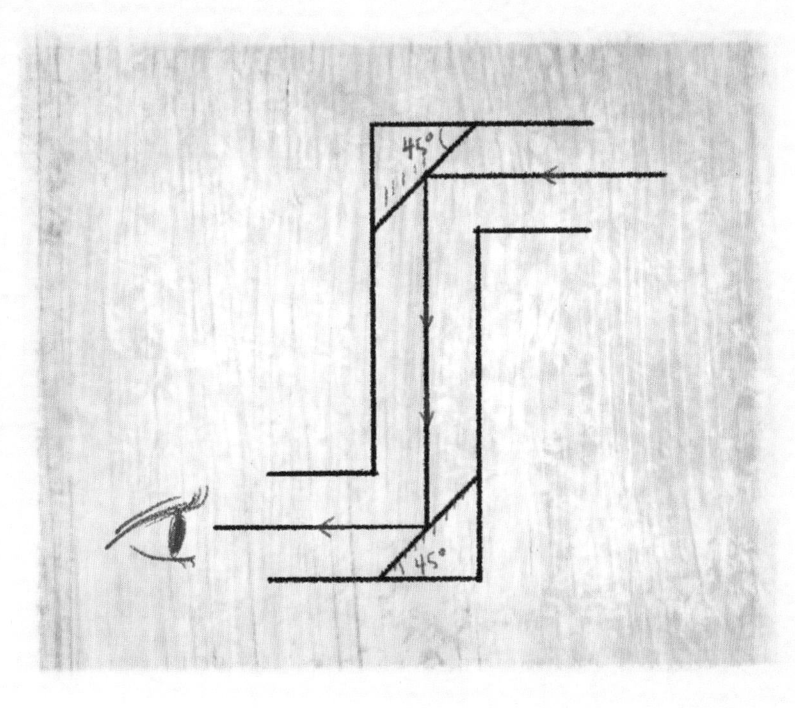

潜望镜的原理

游戏是人们不可或缺的生活组成部分，如今我们在享受着各类智能电子设备、高科技玩具带来的乐趣时，是否想过古人是如何度过闲暇时光的呢？

最早的时候并没有复杂的游戏，人们每天都要为温饱而进行劳作，一根长短适宜的木棍、一块形状有趣的石头也许就能缓解他们一天的乏闷。但随着时代的进步和科技的发展，人们发明了益智游戏。

这些益智游戏有着悠久的历史和文化底蕴，是中国传统文化的一部分，也是传统民俗的一部分，发挥着启智、益智的作用。

第二十章 益智游戏

古代益智玩具

1. 鲁班锁

鲁班锁也叫“孔明锁”，相传是春秋时期的能工巧匠鲁班发明的。鲁班锁运用了榫卯的结构原理，由六根中间均有缺口的短木组成，缺口之间相互卡扣、组合，形成稳定的结构。想要拆解的话，需要细心观察，找到其中的关键短木。这是个非常考验观察能力的玩具。

2. 围棋

围棋是一种策略类游戏，在春秋时期已经普及。棋具包括棋盘、棋子、棋钟、棋谱。棋盘有横竖各 19 条线，构成 361 个交叉点；棋子为黑白两色，各 180 粒；棋钟是比赛时的计时器；棋谱则是记录棋局的工具。围棋有着专门的规则，而且古代围棋与现代围棋下法基本相同，黑白两子对弈，采用数子法计算胜负。

3. 九连环

九连环最早出现在战国时期，在宋代以后广为流传。九连环，顾名思义，有九个金属圆环套在长形的框柄上，玩时可分可合，需要将 9 个圆环全部从框柄上解下或是套上。

解开九连环至少需要上百个步骤，而它的玩法和理论基础，来自数学中的“拓扑原理”。因此，我们可以用数学方法来解释九连环的解法。

九连环的 9 个环相互制约，第 X 环想上环 / 下环，必须满足 X-1 环在框柄上，且 X-1 环以前的所有环都不在框柄上，通过反复上环及下环完成操作。9 个环中只有第 1 个环和第 2 个环可以同时卸下，其他按步骤完成即可。

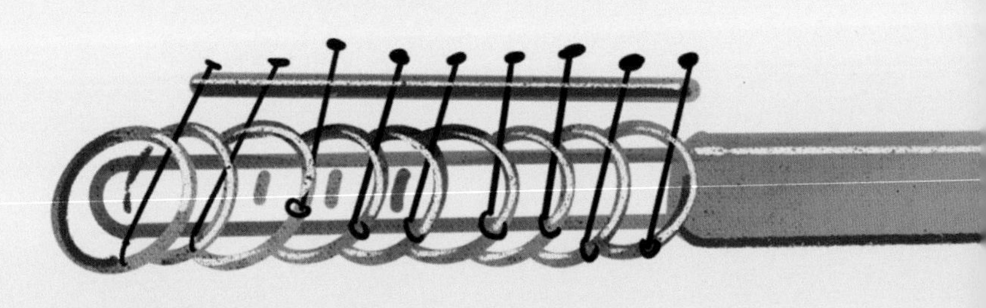

九连环

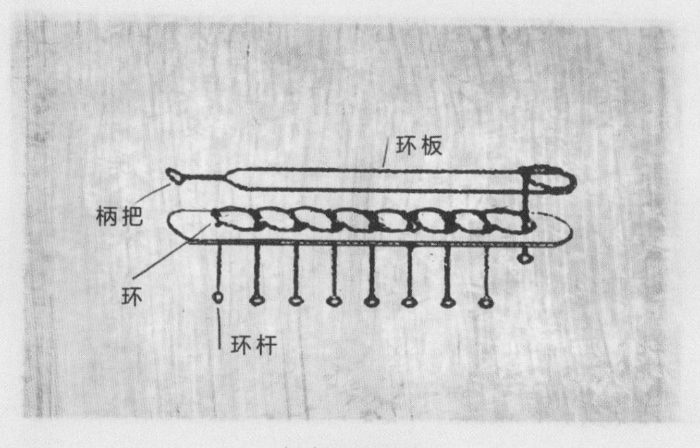

九连环原理图

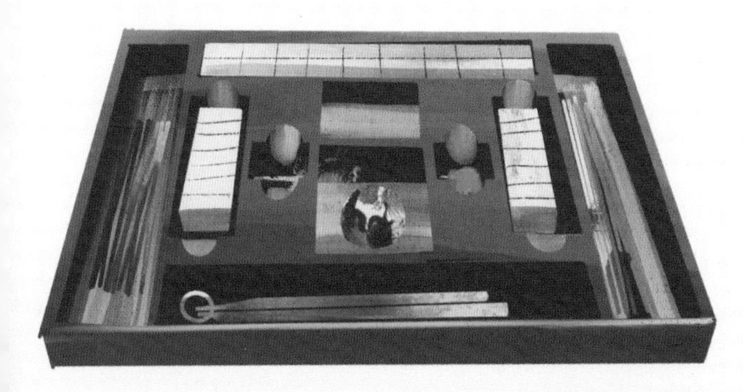

4. 六博

六博又叫“陆博”，是一种民间的博戏，因使用六根博箸（zhù）而得名。六博在战国时期便已出现，汉代更为流行。它的玩法为“掷采行棋”，以吃子为胜。

六博棋子共有 12 枚，分为黑红或黑白两色，棋子可由象牙、玉石或金属制成，有长方体和立方体两种形状，每组棋子大小相同。六博分为大博和小博两种玩法，区别在于大博是以六根箸当骰（tóu）子，小博以两根茕（qióng）作为骰子。

5. 双陆

双陆是一种博戏。棋子称作“马”，分为黑白两组，对弈双方各 15 枚，外加 2 枚骰子。棋盘为长方形，因有六梁，故名“双陆”。在游戏中，掷骰子来决定行棋的步数，最先将棋子移出棋盘者获胜。

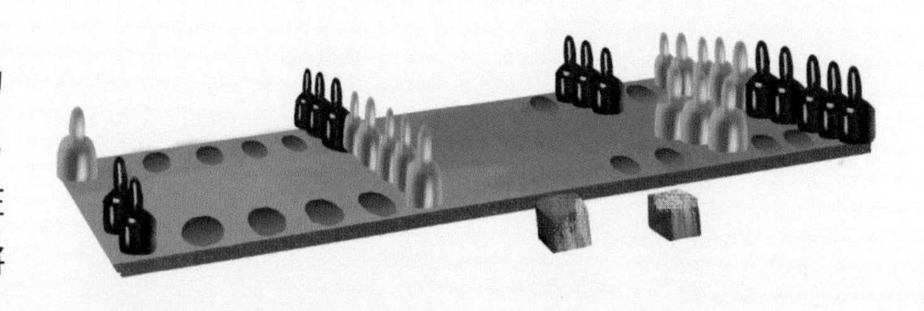

6. 象棋

象棋有着非常悠久的历史，至少在先秦时期就出现了，到了宋代基本定型。象棋有 32 枚棋子，分黑、红两组，棋盘由九道直线和十道横线所组成，构成九十个交叉点。棋子放在交叉点上，双方通过博弈，最终以把对方“将（jiāng）死”或对方认输为胜，不分胜负为“和”。

7. 七巧板

七巧板是一种古老的智力玩具，历史至少可以追溯到公元前 1 世纪，但是到了明代才基本定型。七巧板是由七块拼板组成的：小三角和大三角各两块，中三角、正方形、菱形各一块。七块拼板能够整体合为一个正方形，或一个长宽之比为 2∶1 的长方形。用七巧板既可以验证勾股定理，也可以演绎出入互补、面积守恒。

8. 华容道

华容道的名字取自著名的三国故事，是一种移图玩具。此类玩具源于远古时期的幻方和重排九宫。华容道由一个棋盘、十块棋子组成，通过移动各个棋子，帮助代表“曹操”的棋子从初始位置移到棋盘最下方中部，从出口“逃走”。规则为每个棋子一次只能移动一步，不允许跳步，还要设法找到最少的步数。

9. 饮水鸟

水鸟是一种古代玩具，大约出现于清代中期，如今一些民间艺人还会制作。在“鸟”的面前放上一杯水，然后沾湿鸟嘴，“鸟”就会俯下身去，把嘴浸到水里，而后直立起来，如此反反复复，如同一台“永动机”。

饮水鸟的奥妙

饮水鸟的构造非常简单，但是物理原理颇为复杂，这种小玩具遵守热力学原理和杠杆原理。接下来，我们就来看看它的原理吧。

（1）热力学原理

饮水鸟的“身体”是一根细长玻璃管，头部和尾部分别为圆形玻璃球，与身体相连，形成一个密闭的连通器，内装乙醚等易挥发的液体。乙醚挥发后，会在液面上形成充满乙醚的饱和气。鸟的嘴部有一块易吸水的布，先在布上滴少许水，布上的水蒸发吸热，使头部内的乙醚饱和气温度下降，根据密闭容器内温度与压强的关系，压强变小，所以饮水鸟底部的压强比头部的压强大，液体在压力差作用下，从底部流向头部。

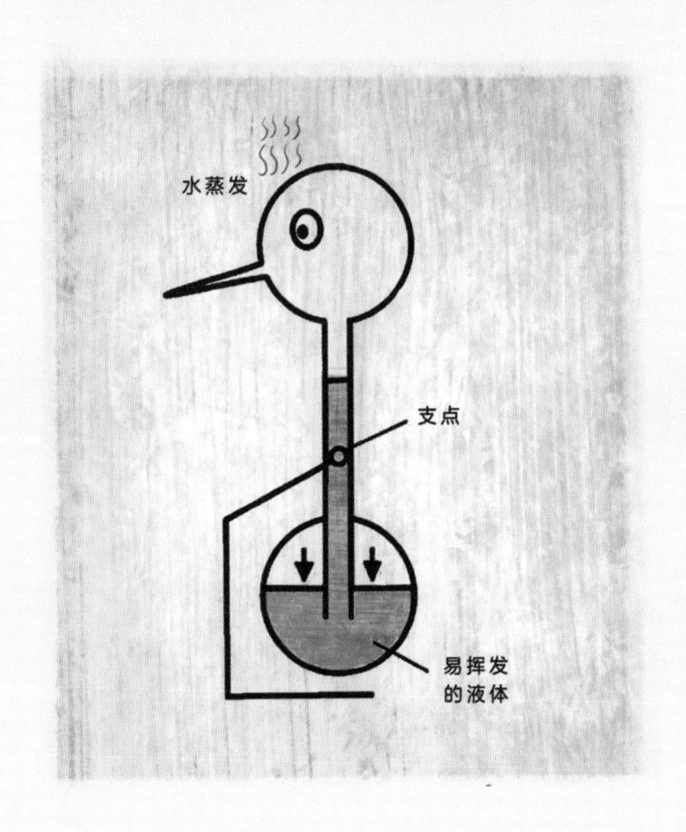

（2）杠杆原理

饮水鸟身体内的液体从底部流向头部，根据杠杆原理，饮水鸟就会低头“喝水”了。此时连通器内的两部分气体混合，压强差消失，在自身重力的作用下液体倒流回尾部，根据杠杆原理，饮水鸟重心下移，重新站立起来。因为在“喝水”的过程中头部又沾到水，水分继续蒸发吸热，饮水鸟就会一直重复“饮水—站立”的动作。

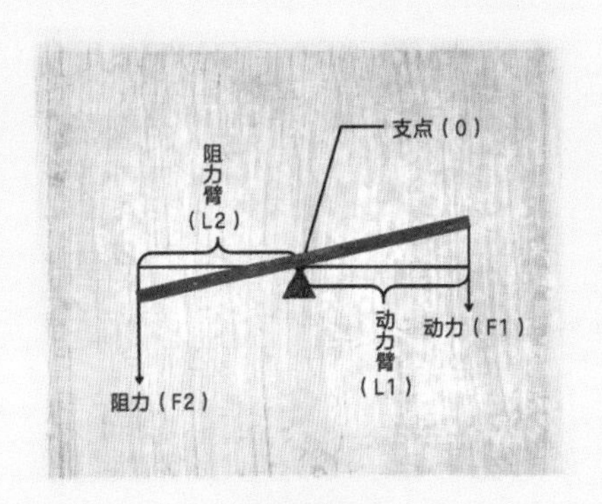

杠杆原理

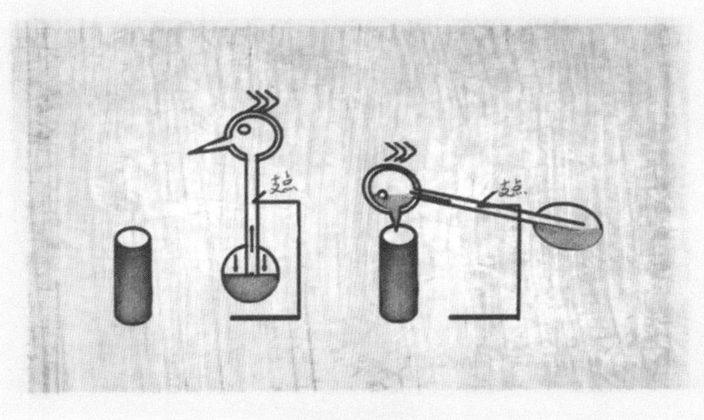

饮水鸟图解

益智玩具是我国古人智慧的结晶，它们蕴含着数学、物理、化学、逻辑学等众多学科知识。

*非卖品，《妙手神工：给孩子的中国古代科技大百科》随书赠送

中国古代科技发明创造

天地出版社 | TIANDI PRESS

薛凤祚《历学会通》

梅珏成《数理精蕴》

梅文鼎《方程论》《笔算》《筹算》《勾股举隅》

震兆六端

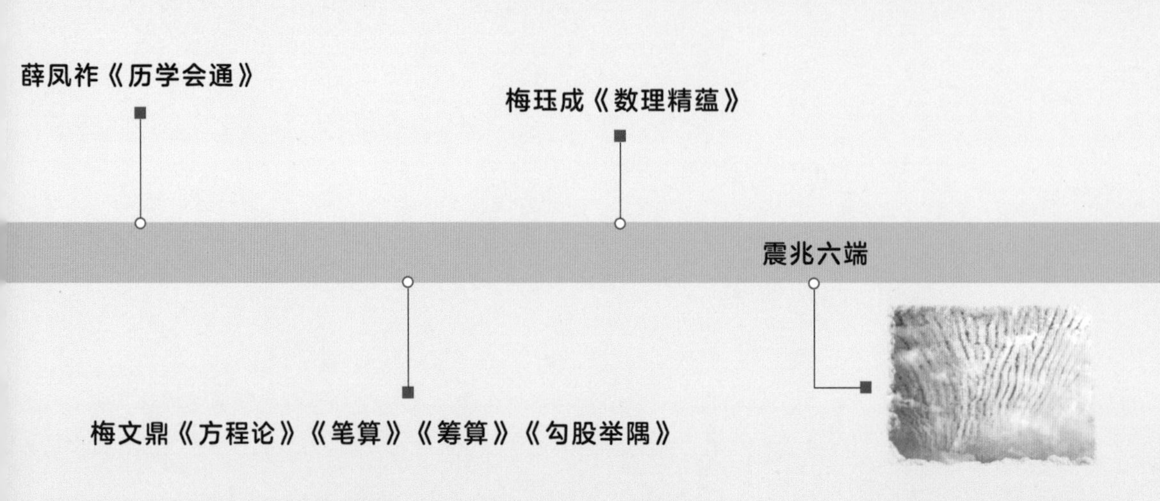

井盐业已经形成了一套完善和细致的钻凿工序

煤油灯

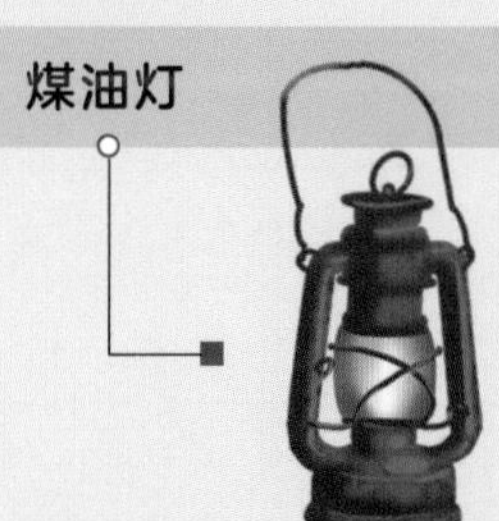

珐琅彩

布达拉宫重建

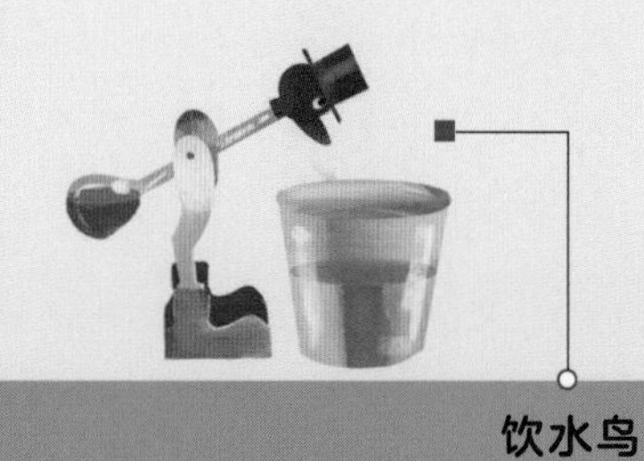

饮水鸟

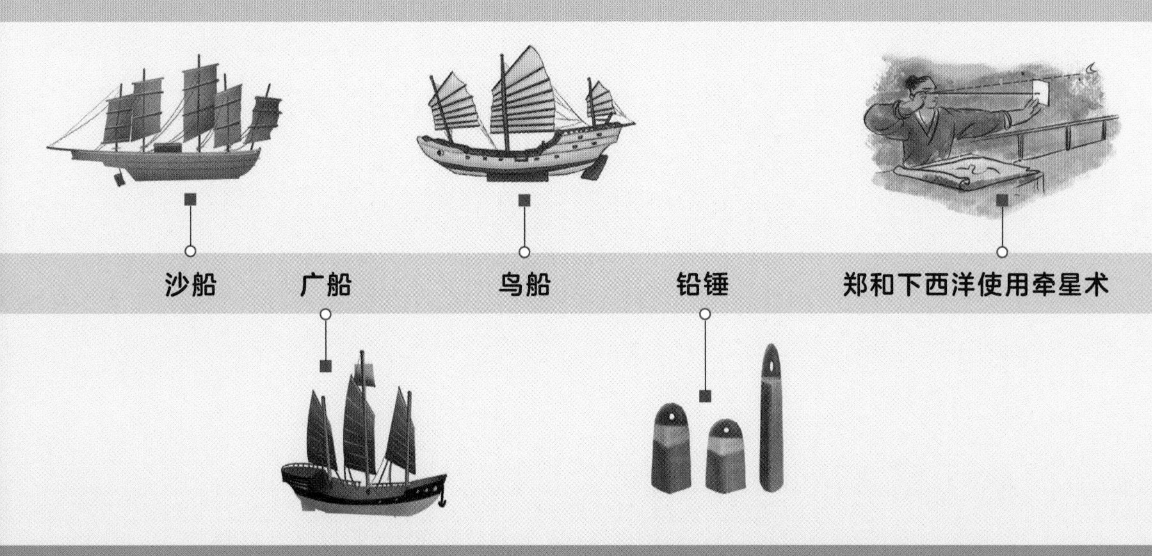
沙船
广船
鸟船
铅锤
郑和下西洋使用牵星术

弘济桥（敞肩拱桥）

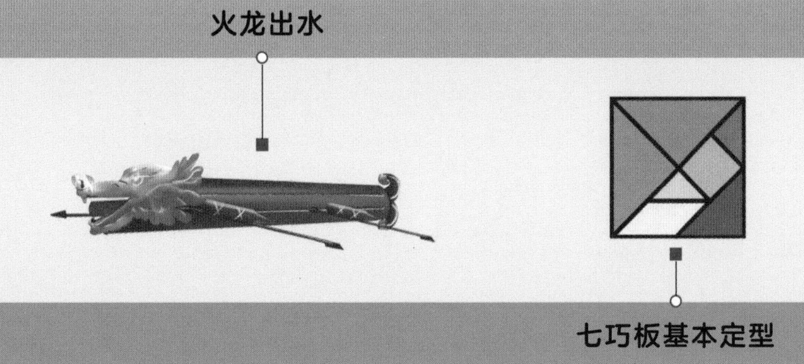
火龙出水
七巧板基本定型

《妙手神工：给孩子的中国古代科技大百科》从“自然科技”“衣食住行”“建筑与艺术”“四大发明”“闲时意趣”五个角度出发，涉及十几个学科，融合数百个知识点，系统全面地展现了中国古代科技的主要成就、传承与创新。

了解古代科技的成就与发展历程，能帮助孩子开拓视野、增长见识，能让孩子更好地了解中华优秀传统文化，对自己的民族知“根”知“底”。

古代的科技发明与创造多如繁星，我们按照时间顺序整理出一个跨越万年的时间轴长表，从石器时代到清代，挑选出了上百项重点的发明创造（所选配图仅为该发明创造的代表图片），系统罗列出来，帮助小读者一目了然地厘清古代科技的发展脉络。

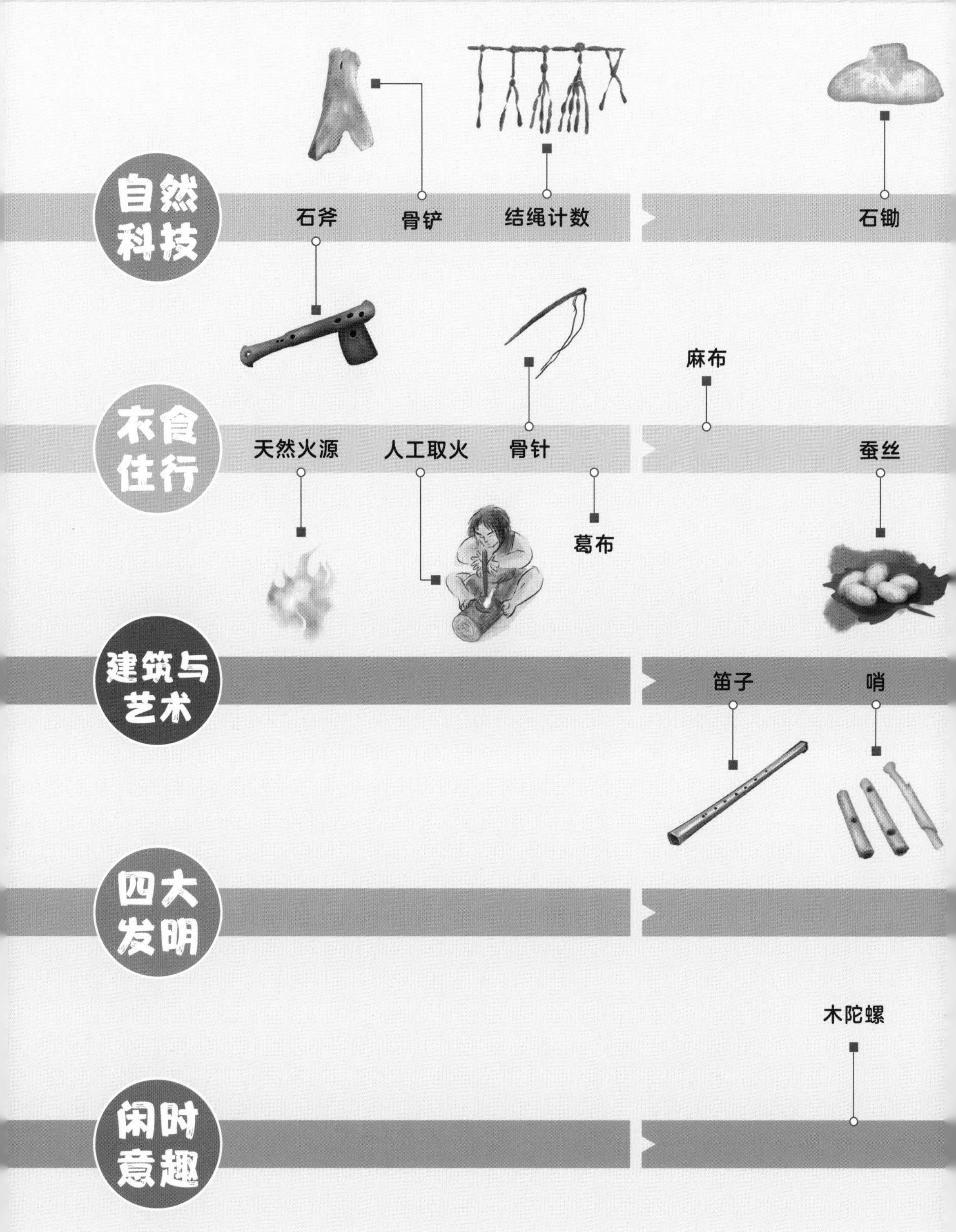

旧石器时代（公元前二三百万年—约公元前 8000 年）

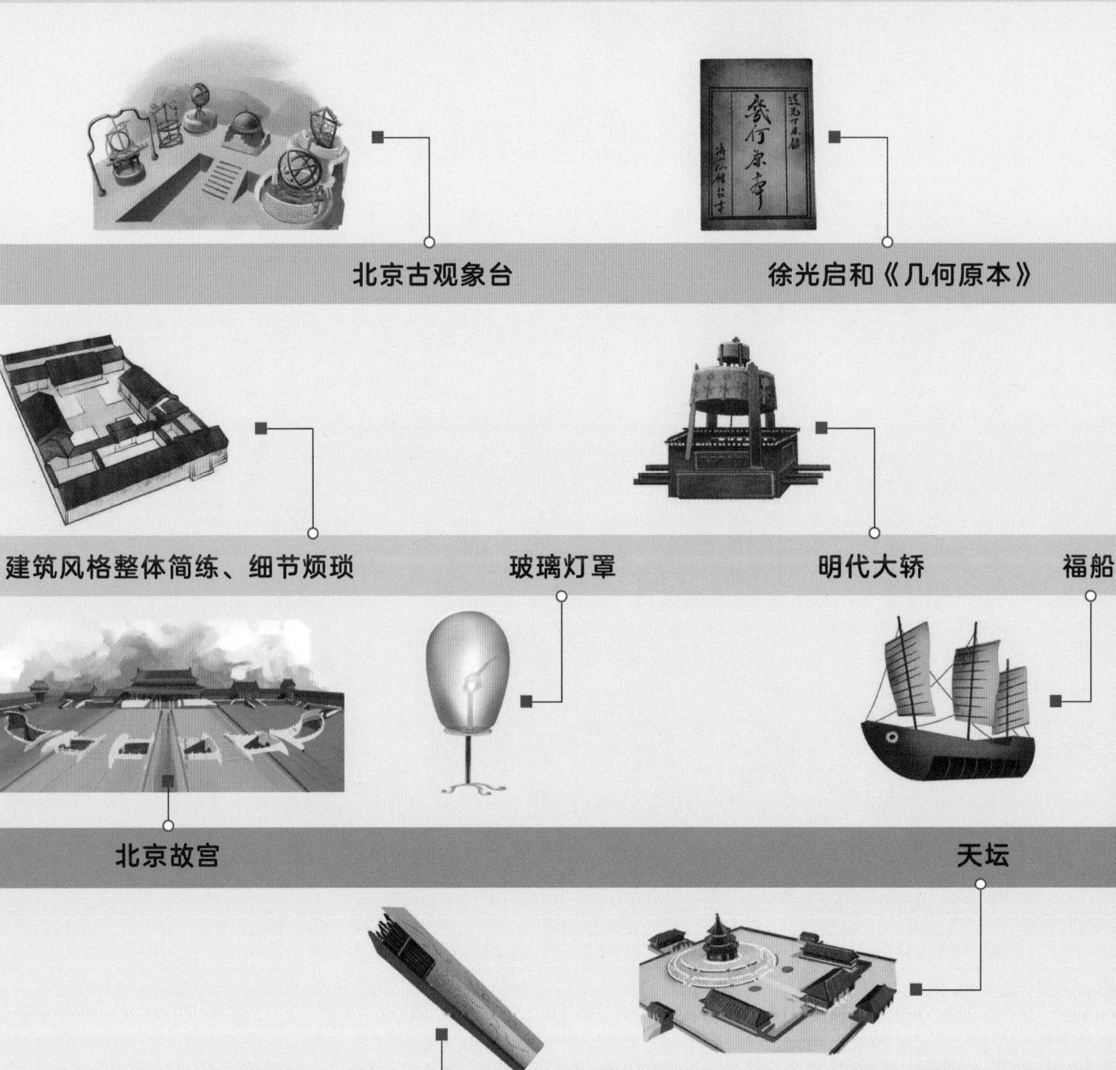

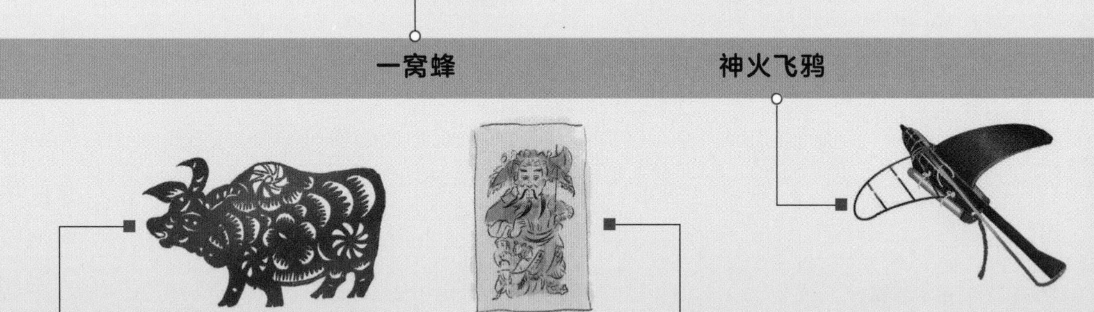

明（公元 1368 年—公元 1644 年）

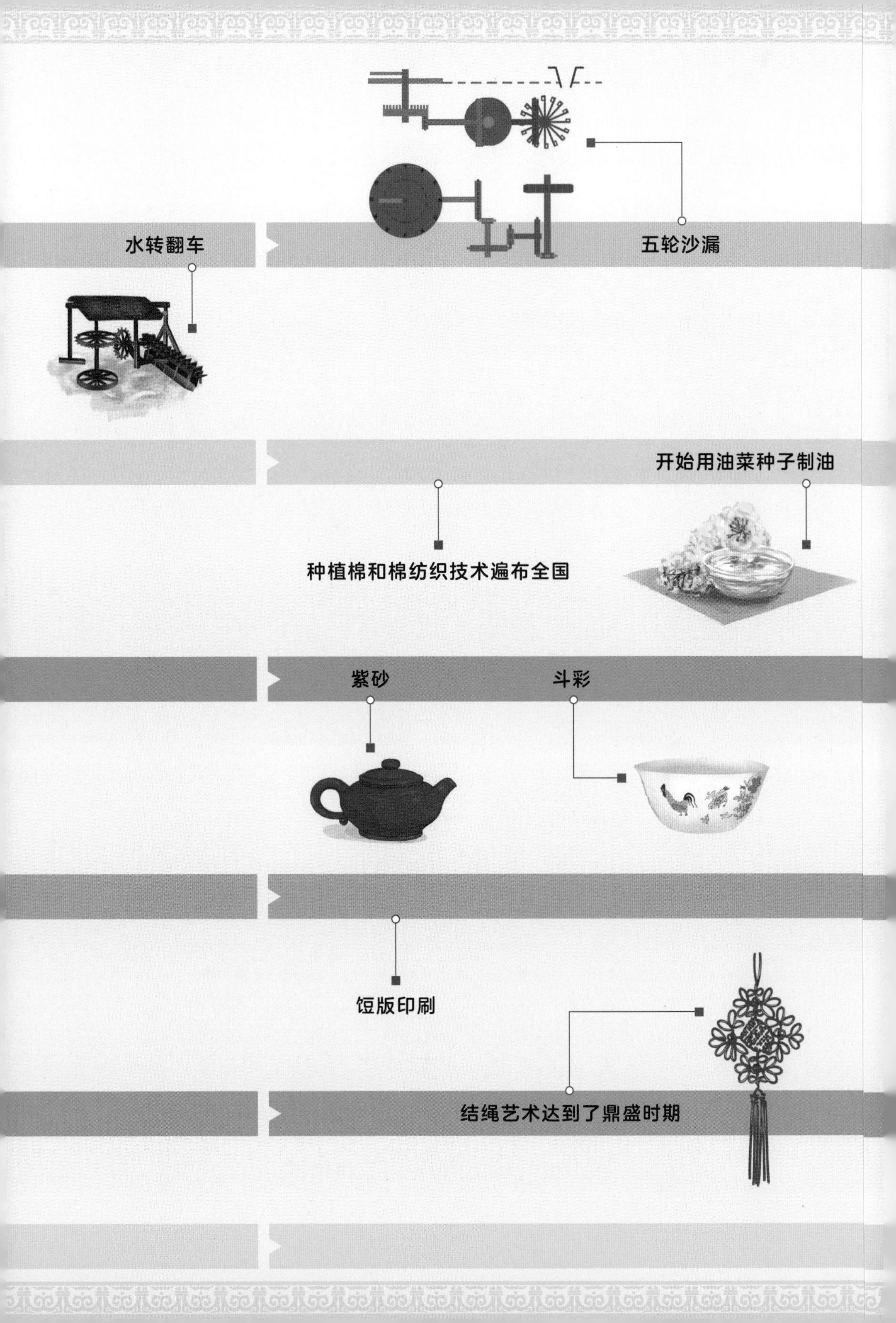

水转翻车
五轮沙漏
开始用油菜种子制油
种植棉和棉纺织技术遍布全国
紫砂
斗彩
饾版印刷
结绳艺术达到了鼎盛时期

契刻计数

手工缫丝　纺坠广泛使用　打纬刀　原始腰机　草木染

酿酒

埙　鼓

泥塑

新石器时代（约公元前 8000 年—公元前 2000 多年）

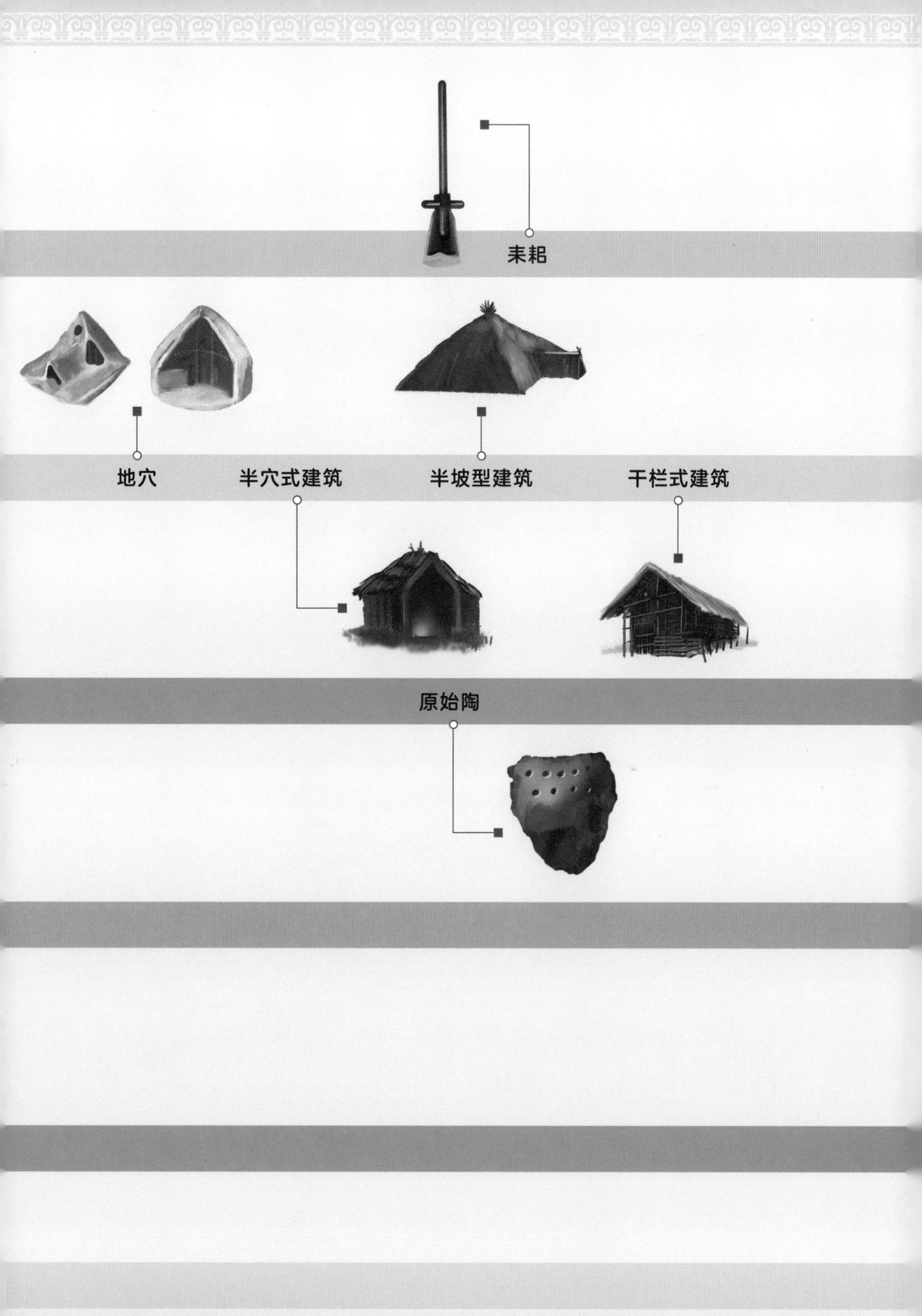
耒耜
地穴
半穴式建筑
半坡型建筑
干栏式建筑
原始陶

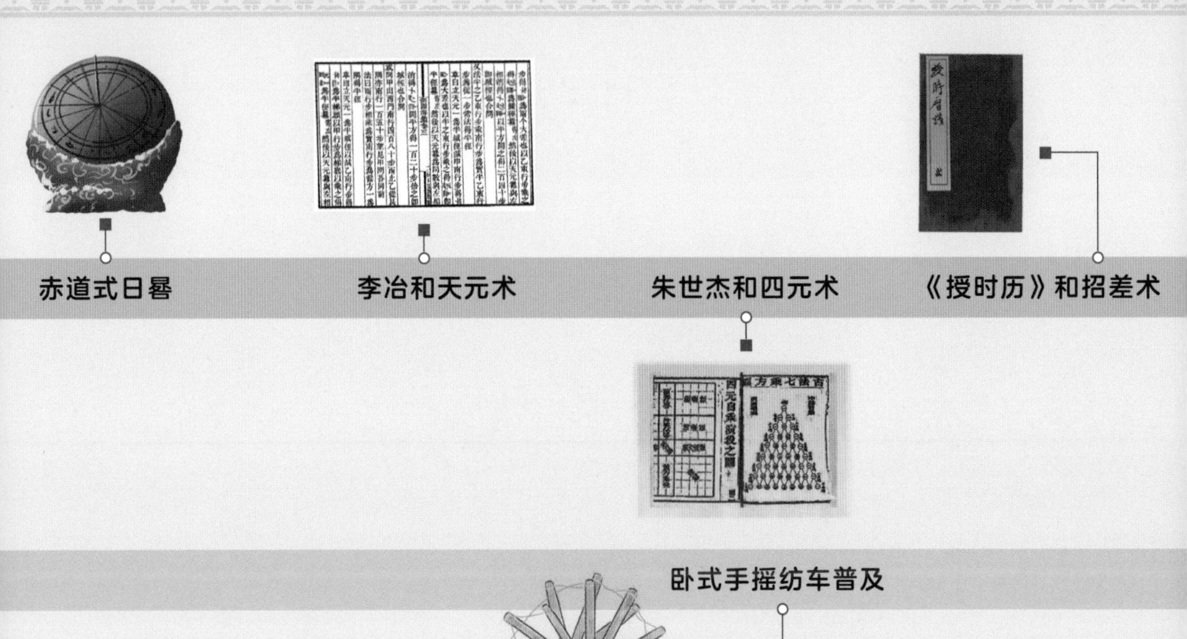

赤道式日晷　李冶和天元术　朱世杰和四元术　《授时历》和招差术

卧式手摇纺车普及

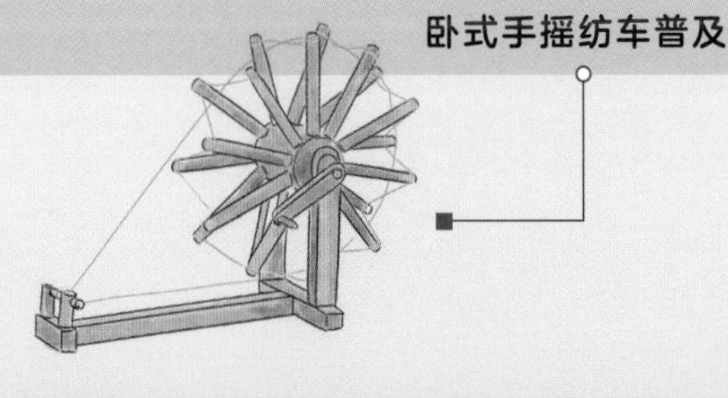

永乐宫三清殿

转轮排字盘　火铳

元（公元 1206 年—公元 1368 年）

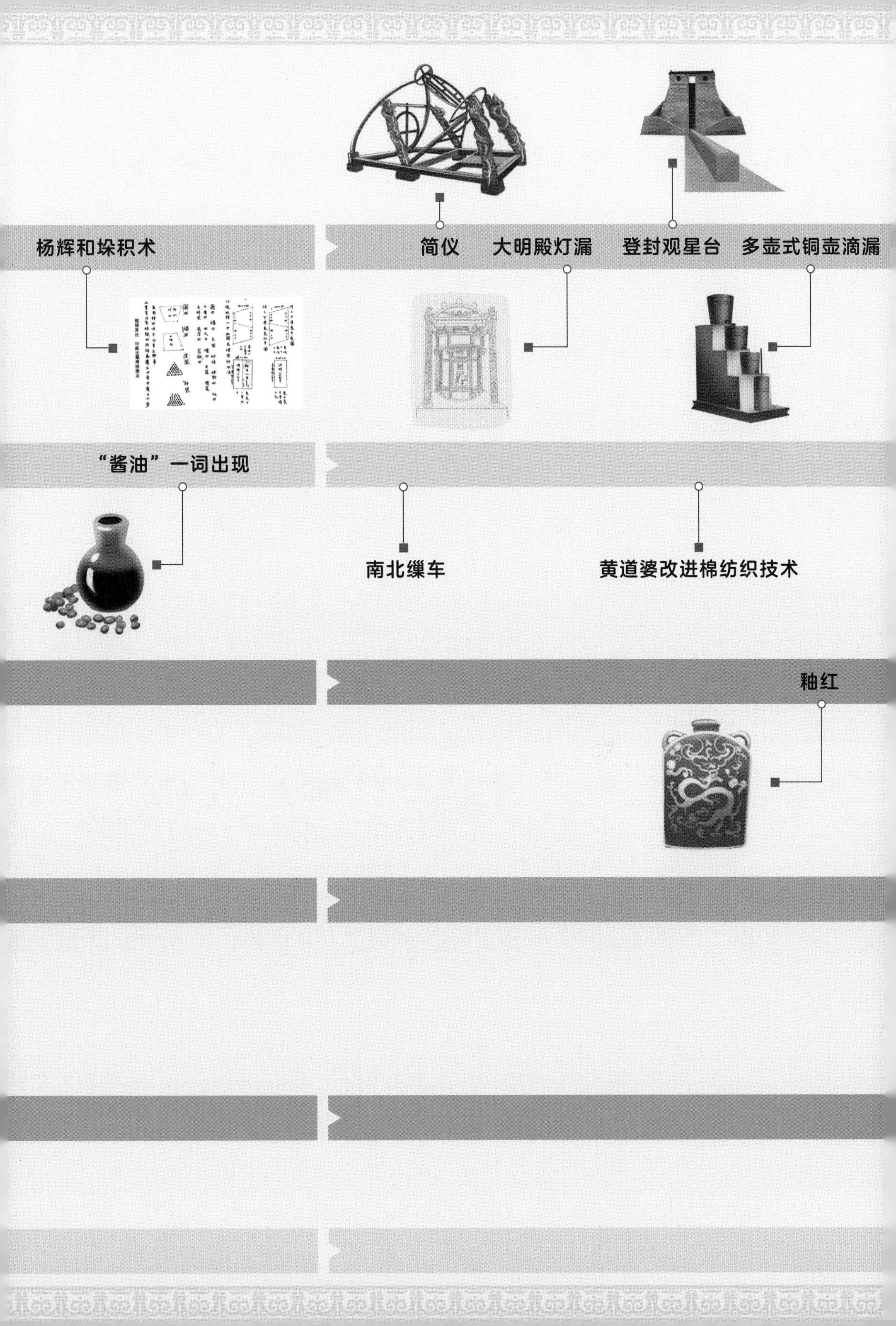
杨辉和垛积术
简仪
大明殿灯漏
登封观星台
多壶式铜壶滴漏
“酱油”一词出现
南北缫车
黄道婆改进棉纺织技术
釉红

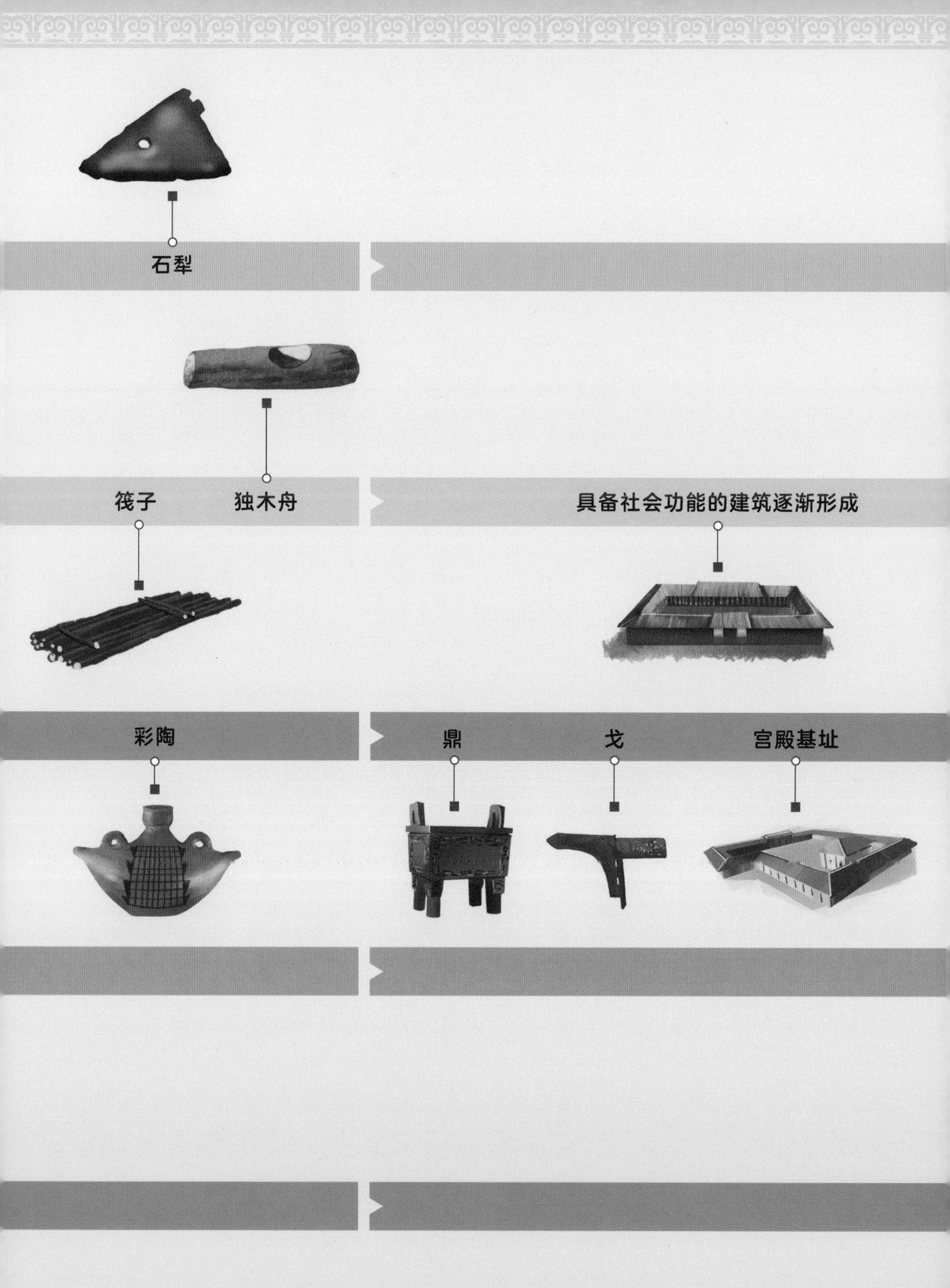
石犁
筏子
独木舟
具备社会功能的建筑逐渐形成
彩陶
鼎
戈
宫殿基址
夏（约公元前 2070 年—公元前 1600 年）

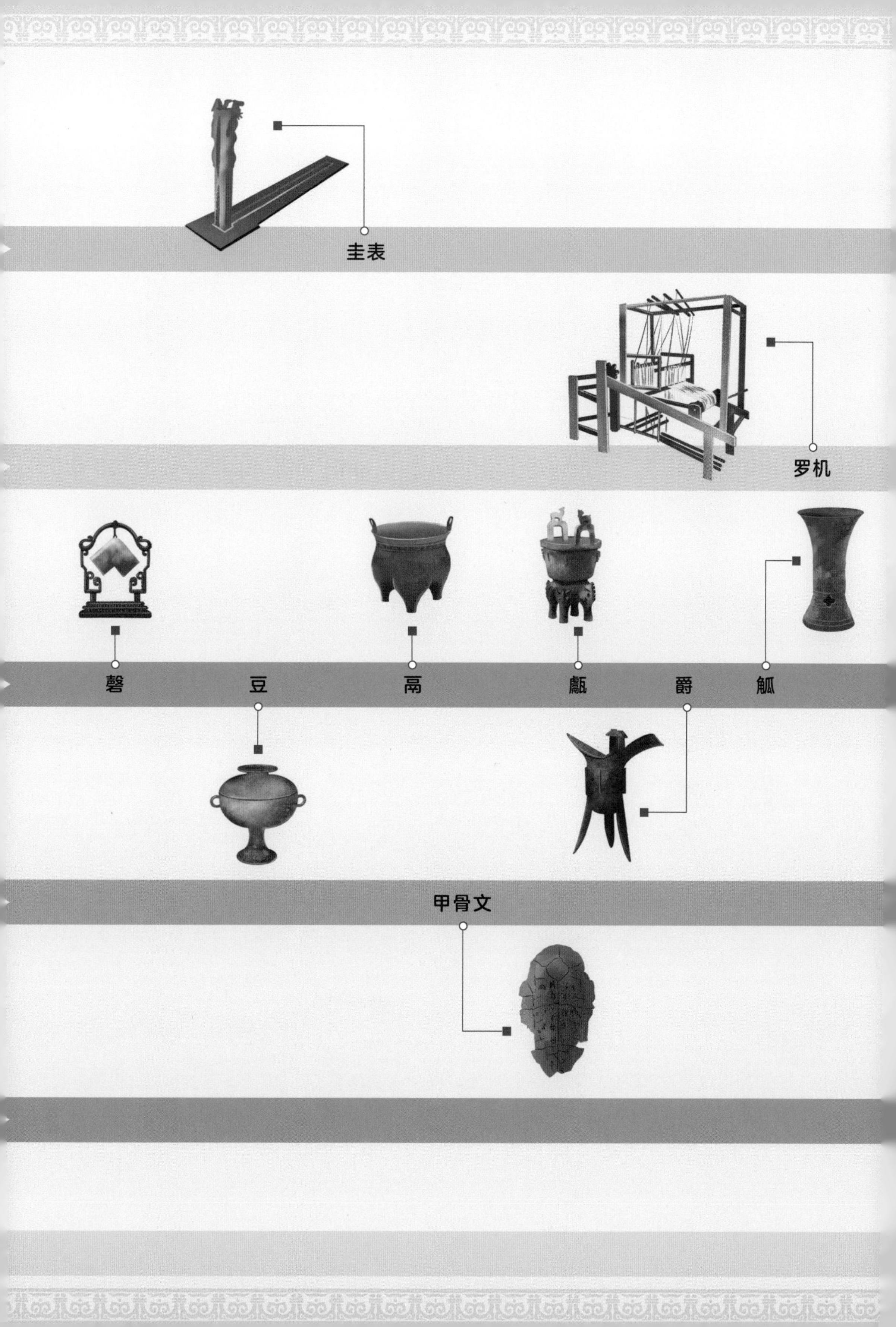
圭表
罗机
磬
豆
鬲
甗
爵
觚
甲骨文

香篆钟

秦九韶和《数书九章》

脚踏缫车

水转大纺车

中国第一部甘蔗炼糖的著作《糖霜谱》

官窑

哥窑

指南龟

起火

突火枪

南宋（公元1127年—公元1279年）

苏州石刻天文图

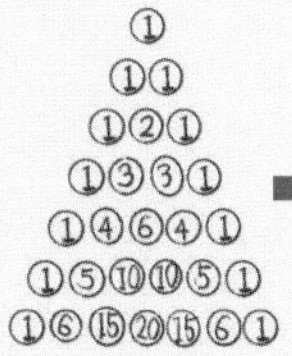

贾宪三角

建筑物的形式自由多变

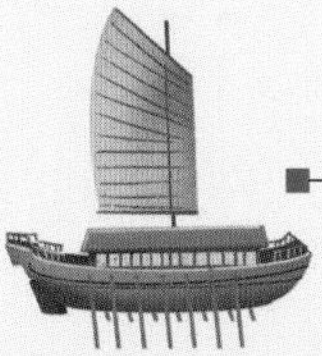

海鹘

罗盘

海道图

针路

独乐寺观音阁

应县木塔

水浮磁针

指南鱼

蒺藜火球、霹雳火球

纵火箭

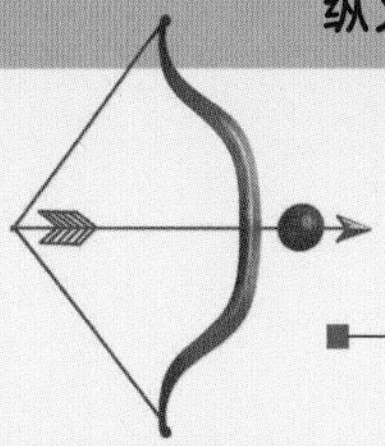

木偶戏进入繁盛时期

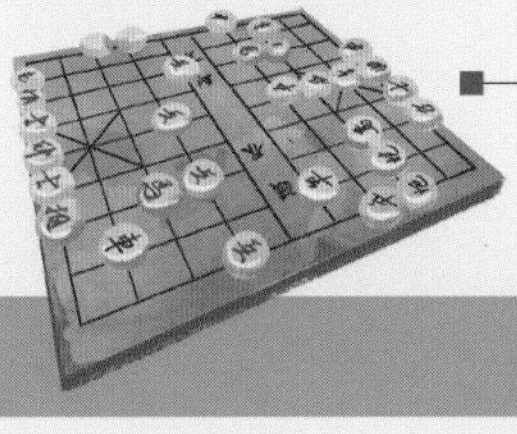

象棋基本定型

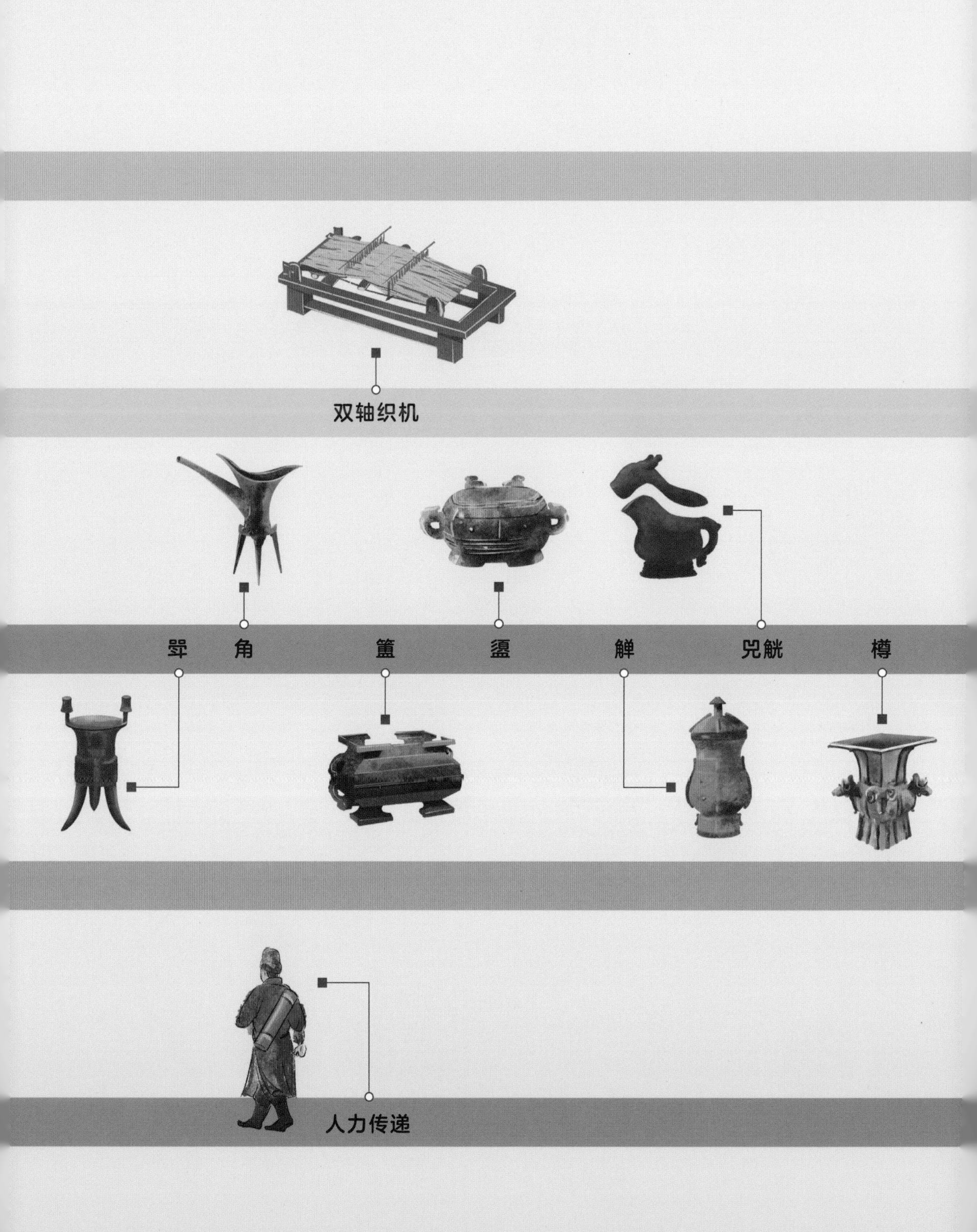
双轴织机
斝
角
簠
盨
觯
兕觥
樽
人力传递

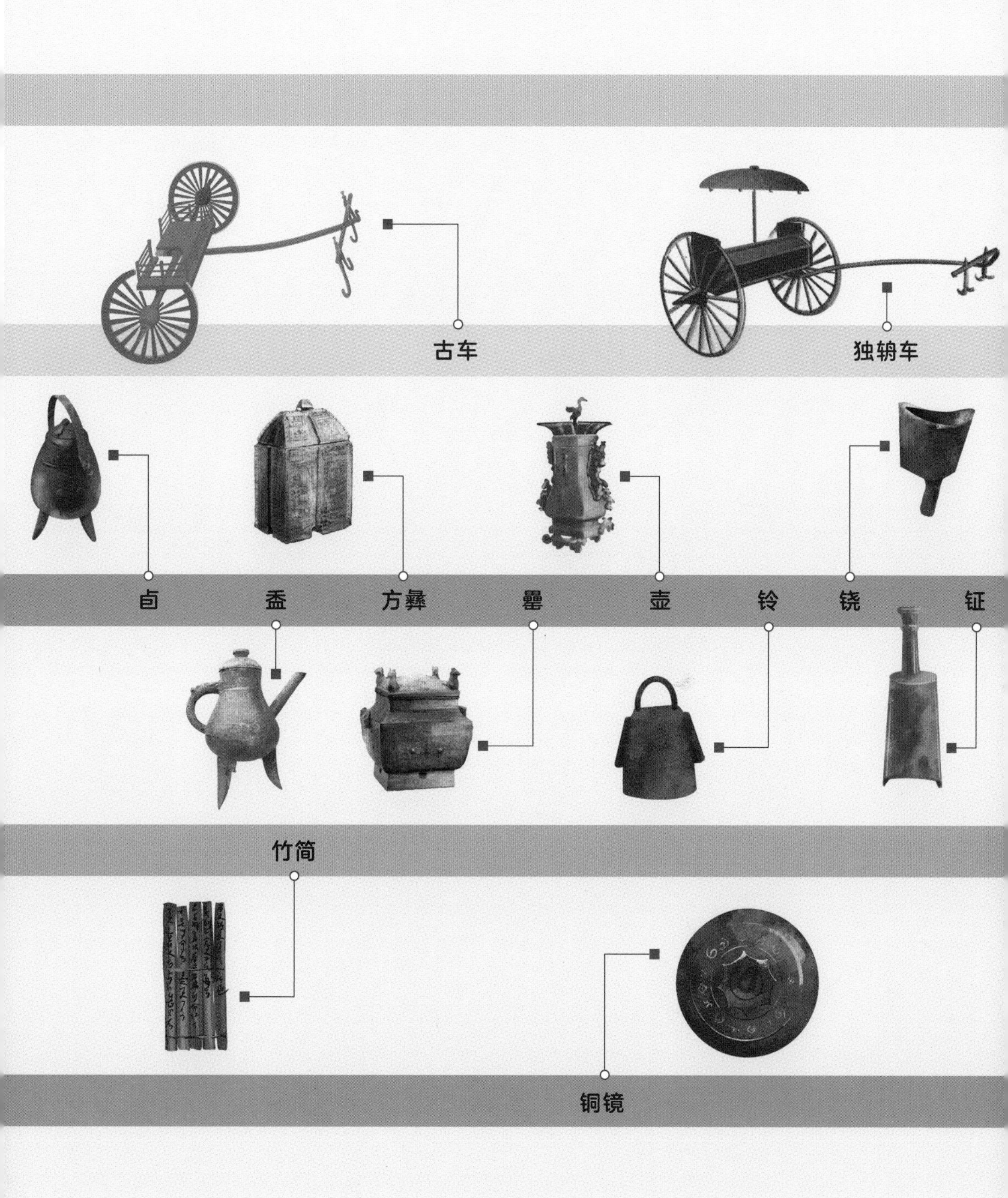
古车
独辀车
卣
盉
方彝
罍
壶
铃
铙
钲
竹简
铜镜

北宋（公元 960 年—公元 1127 年）

复矩仪

大驾玉辂

“下钩”测深

斗拱广泛运用

多孔拱桥

发机飞火

皮影戏兴盛

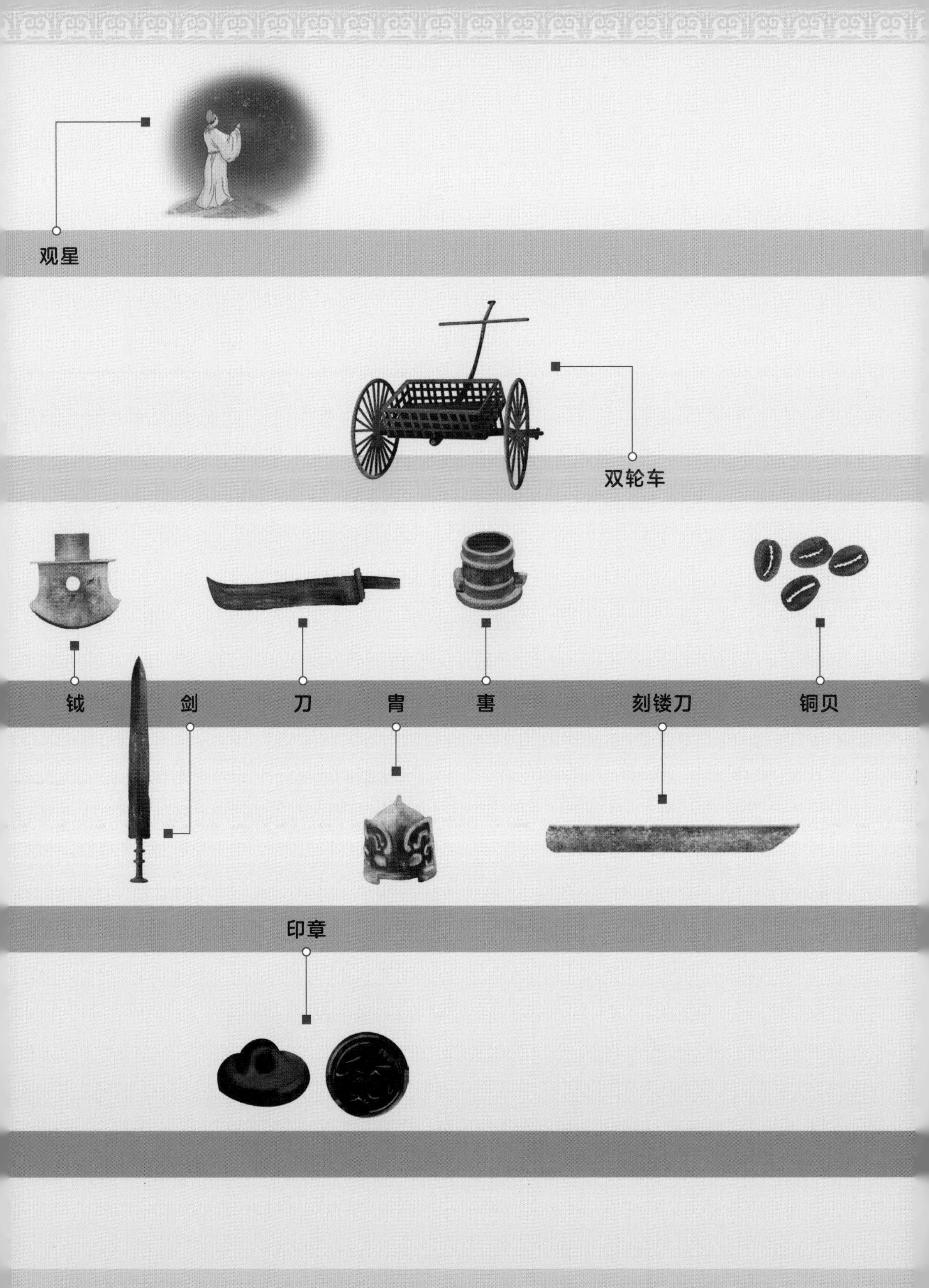
观星
双轮车
钱
剑
刀
胄
軎
刻镂刀
铜贝
印章

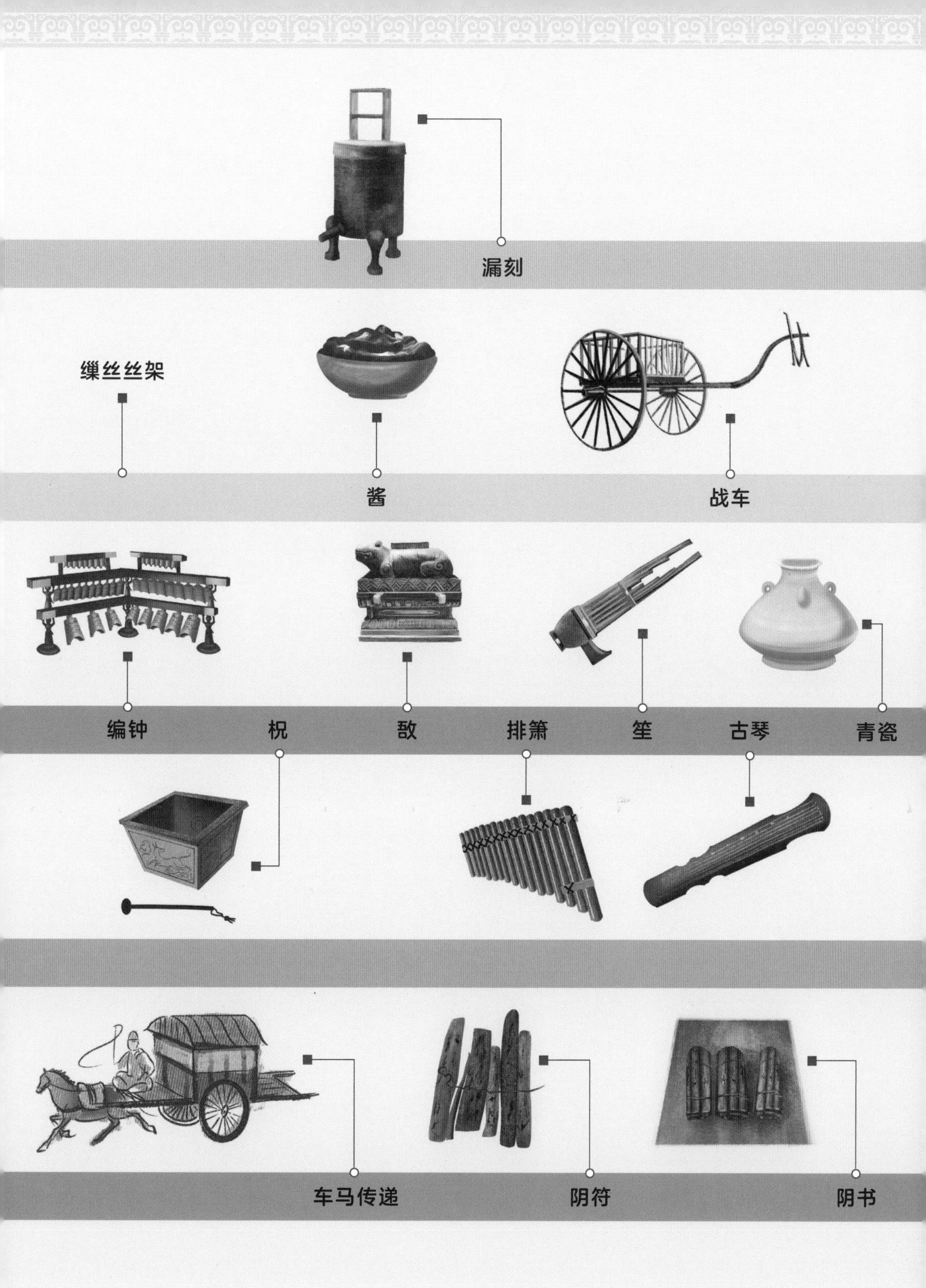

西周（公元前 1046 年—公元前 771 年）

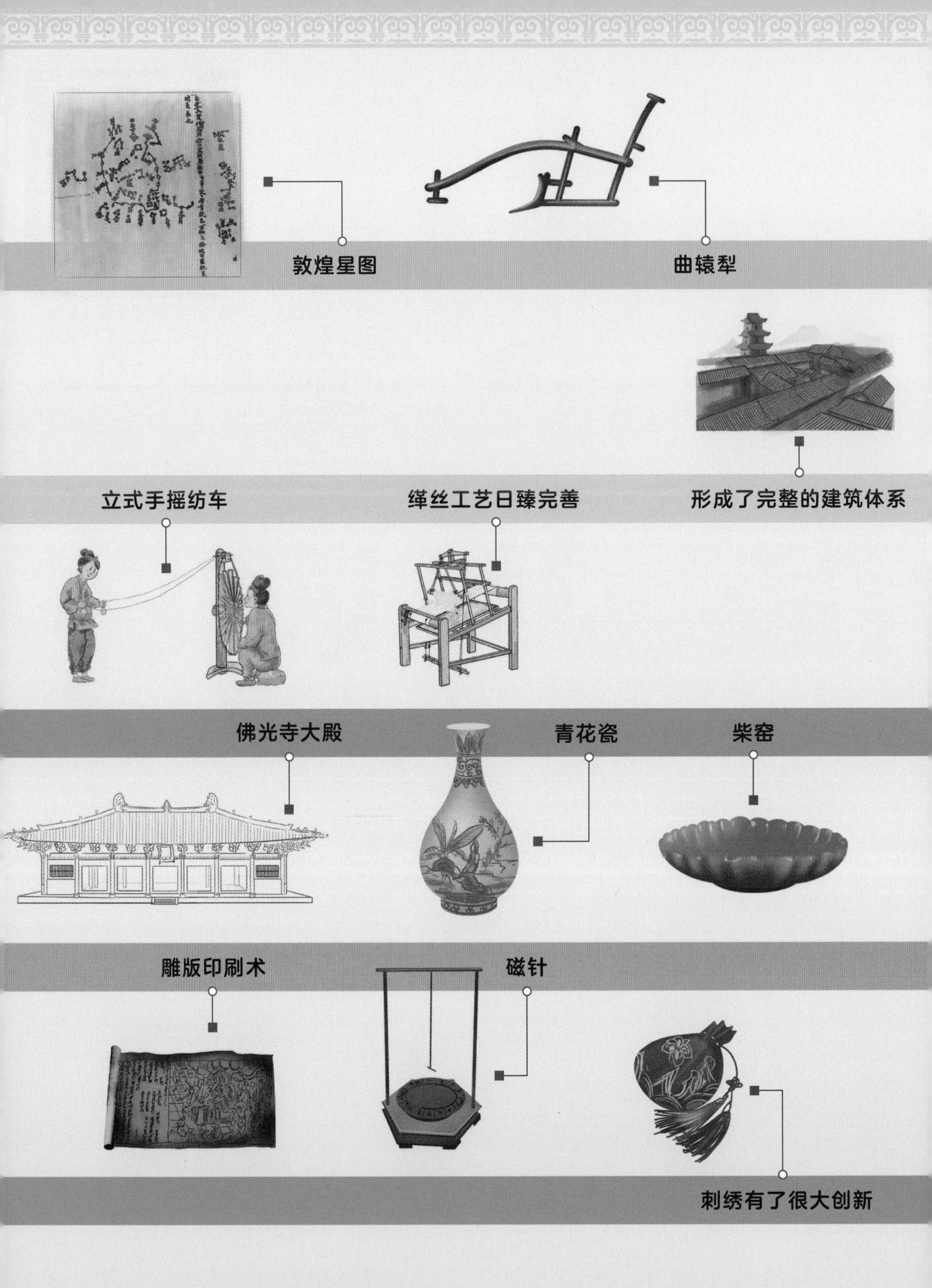

唐至五代（公元 618 年—公元 960 年）

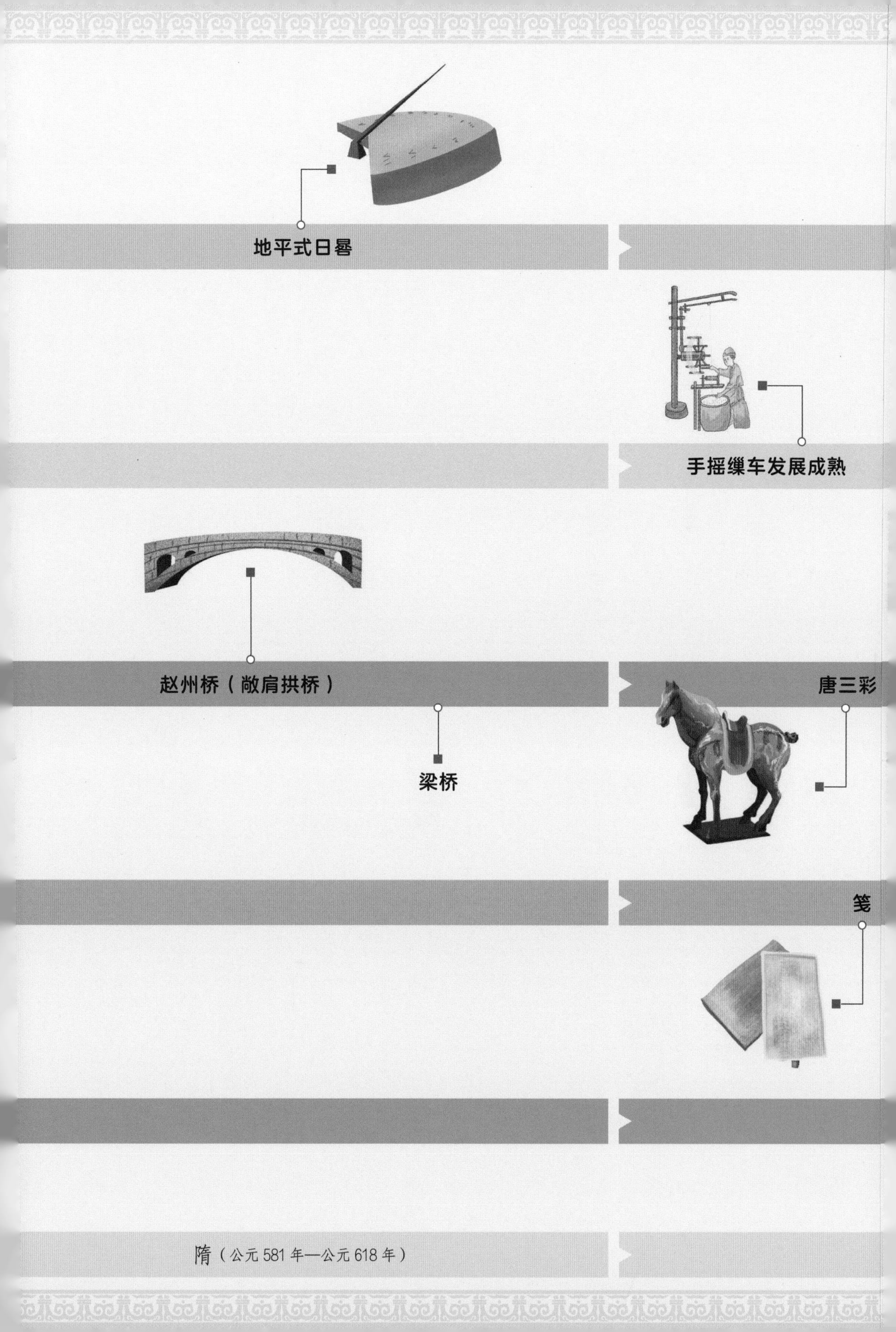
地平式日晷
手摇缫车发展成熟
赵州桥（敞肩拱桥）
梁桥
唐三彩
笺
隋（公元 581 年—公元 618 年）

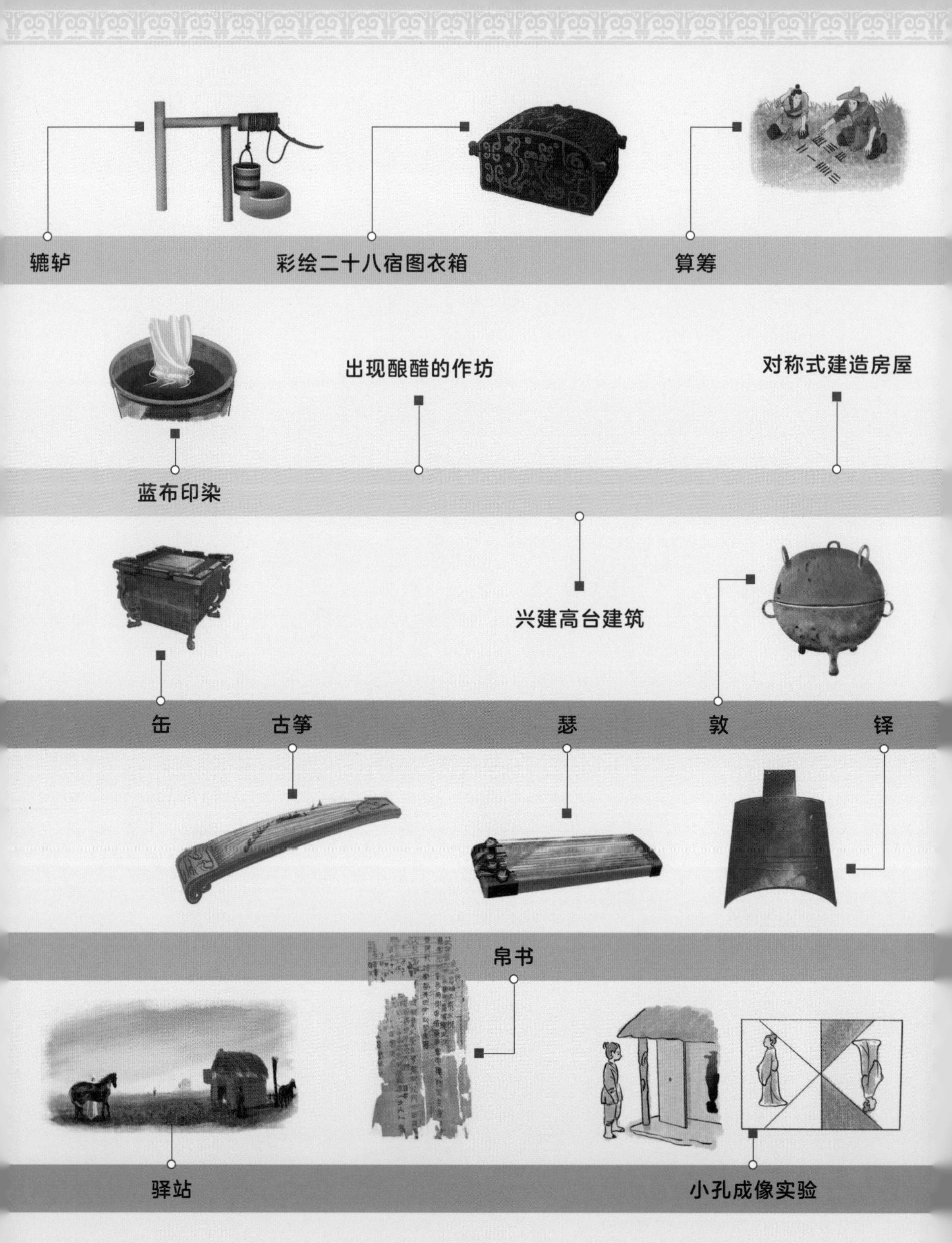

春秋战国（公元前770年—公元前221年）

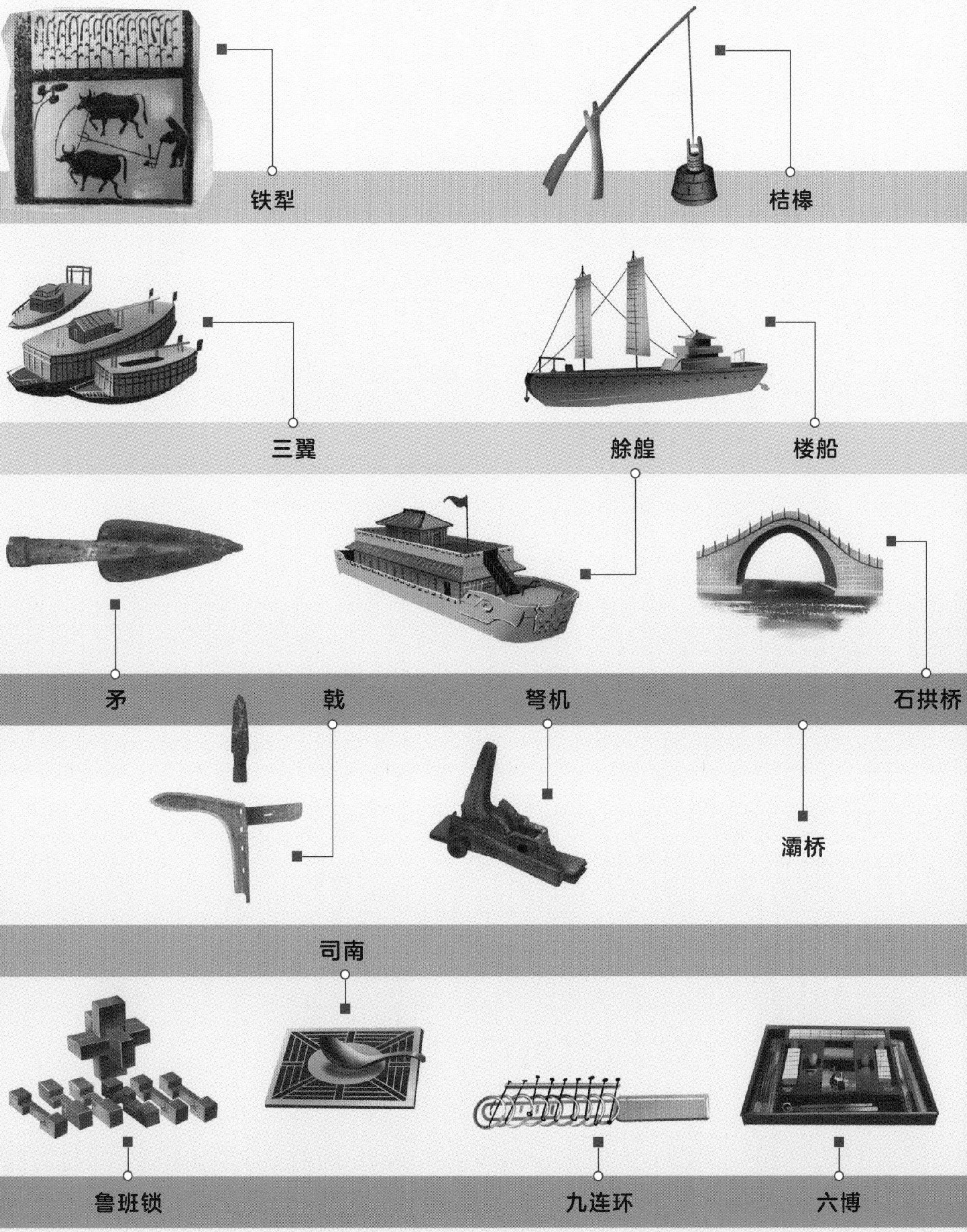

铁犁

桔槔

三翼

艅艎

楼船

矛

戟

弩机

石拱桥

灞桥

司南

鲁班锁

九连环

六博

祖冲之和圆周率的推算

北魏元乂墓星图

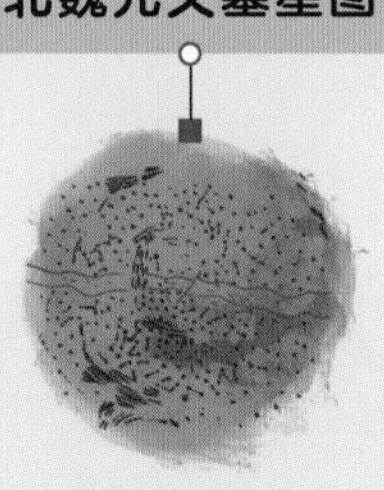

腐乳

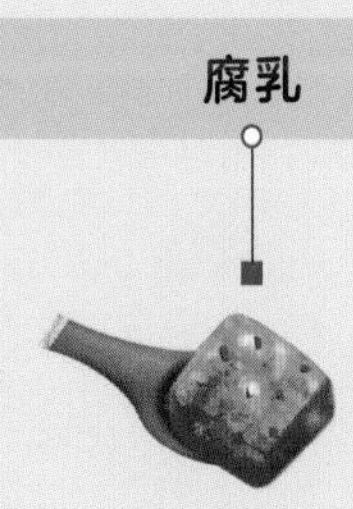

《齐民要术》全面总结古代酿酒技术和经验

南北朝（公元420年—公元589年）

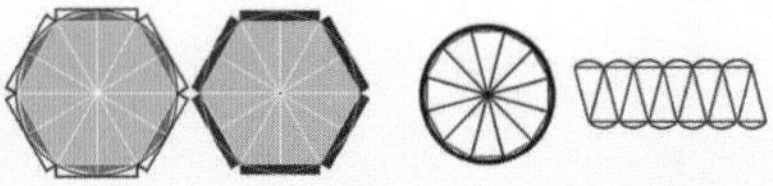

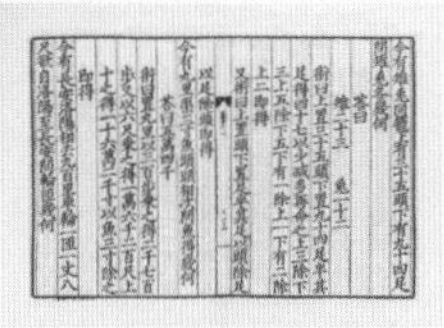

《九章算术注》

《孙子算经》

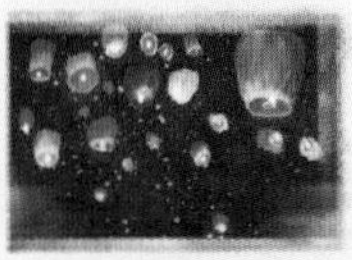

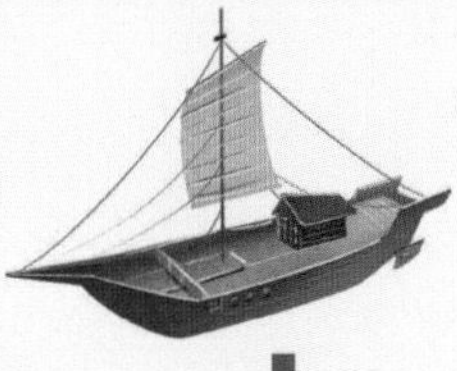

束综提花织机

坞堡

孔明灯

斗舰

走舸

计程仪

方顺桥（实肩拱桥）

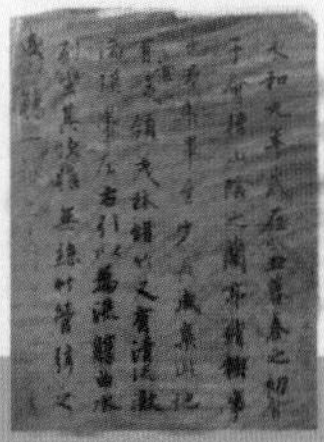

皮纸

竹纸

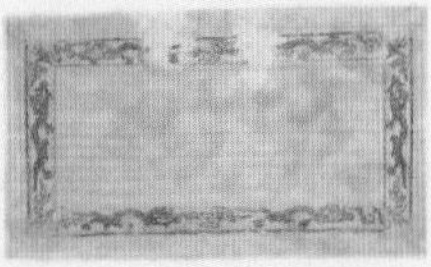

《邮驿令》

信幡

魏晋（公元 220 年—公元 420 年）

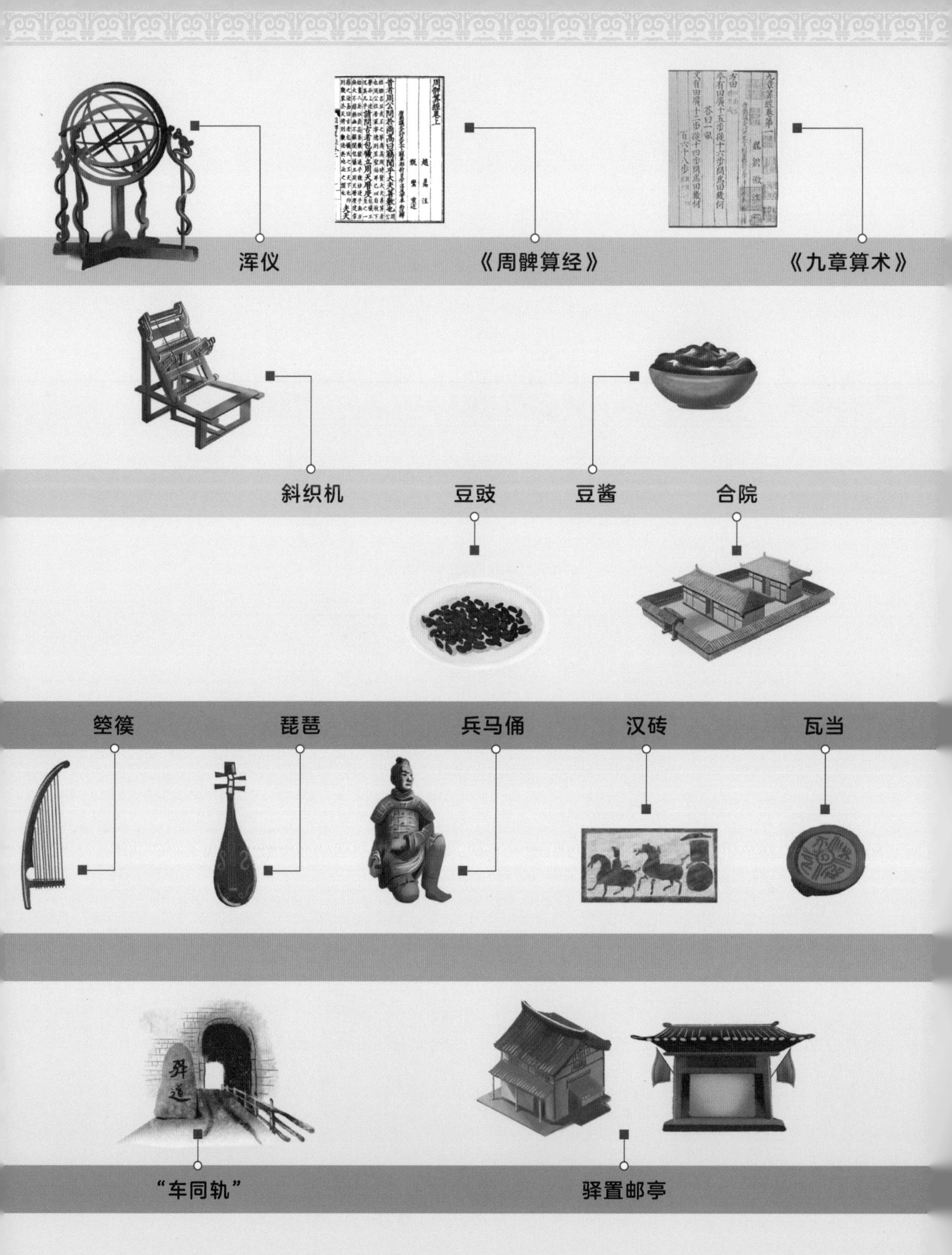
浑仪
《周髀算经》
《九章算术》
斜织机
豆豉
豆酱
合院
箜篌
琵琶
兵马俑
汉砖
瓦当
“车同轨”
驿置邮亭

犁壁
耧车
石磨
秦铜车马
长信宫灯
独轮车
铜斧车
记里鼓车
铅釉陶
度量衡器
博山炉
索桥
指南车
符信
封泥
潜望镜
“透光”铜镜

秦至西汉（公元前 221 年—公元 25 年）

浑仪 地动仪 龙骨水车 扇车

艨艟 走马灯 立织机

唢呐 白瓷 筚篥

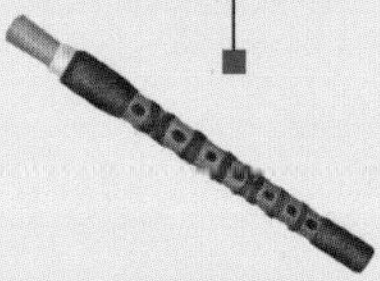

蔡伦改进造纸术

东汉（公元 25 年—公元 220 年）